Rotbuche
Hainbuche
Schwarzerle
Sommerlinde
Winterlinde

Biologie heute 1

Ein Lehr- und Arbeitsbuch

Erich Strauß · Joachim Dobers · Joachim Jaenicke

Schroedel Schulbuchverlag

Biologie heute 1

Herausgegeben von
Erich Strauß
Joachim Dobers
Joachim Jaenicke

Bearbeitet von
Joachim Dobers
Dr. Joachim Jaenicke
Axel Knippenberg
Wolfgang Miram
Günter Rabisch
Prof. Dr. Erich Strauß

unter Mitarbeit von
Christoph Macke
und der Verlagsredaktion

Illustrationen:
Andrea Mesdag
Sabine Schulenburg

ISBN 3-507-**76001**-0

Druck A [12] [11] [10] / Jahr 1998 97 96

Alle Drucke der Serie A sind im Unterricht parallel verwendbar. Die letzte Zahl bezeichnet das Jahr dieses Druckes.

Gesamtherstellung:
Universitätsdruckerei H. Stürtz AG, Würzburg

CHLORFREI
Gedruckt auf Papier, das nicht mit Chlor gebleicht wurde.
Bei der Produktion entstehen keine chlorkohlenwasserstoffhaltigen Abwässer.

Bildquellenverzeichnis

Titelbild: Traub/Lindenburger; 6.1.: Göbel; 7.1.A: Jaenicke; 7.1.B: Hubrich/ZEFA; 7.1.C, 7.2., 8.1., 8.2., 9.1., 10.1.A (oben): Jaenicke; 10.1.A (unten), 10.1.B (oben), 10.1.C (oben): Cramm; 10.1.B (unten): Sauer/ZEFA; 10.1.C (unten): Jung; S. 11: Carl Zeiss, Oberkochen; 13.1. (A, B): Jung; 14.1.A: Keil/V-DIA-Verlag; 14.1.B: Jung; S. 15: Jaenicke; 17.1.: Meier-Ude/BAVARIA; 17.2., 17.3., 20.1.A, 21.1.: Jaenicke; 21.2.: Knippenberg; 22.1.: Jaenicke; 23.1.A: Reinbacher; 23.2.A: Bildarchiv für Medizin, München; 24.1.: Hädeler/BAVARIA; 25.1., 25.2.: Bildarchiv für Medizin, München; 26.1., 27.1: Tegen; 28.1.: Jaenicke; 29.1.: Reinbacher/BAVARIA; 30.1A: FWU, München, 33.2. (links): Pfaff/ZEFA; 33.2. (rechts): Wirth/ZEFA; 33.2 (unten): Dobers; 34.1.: Tegen; 34.2.: Dobers; 36.1.: Leser/MAURITIUS; 38.1. (links): Schmied/BAVARIA; 38.1. (rechts): Photo-Center; 40.1.: Pilters/BAVARIA; 42.1.: Geiges/BAVARIA; 42.2.: Jung; 44.1.: Macke; 44.2.: Tegen; 45.2.: Jaenicke; 45.3.: DAK, Hamburg; 46.1.: Jaenicke; 47.1.: Julian/ZEFA; 47.2.: Ung. Werbestudio/ZEFA; 48.1., 49.1., 50.1.A: Jaenicke; 51.1.A: Reger/MAURITIUS; 51.1.B: Manus/MAURITIUS; 52.1.A: Jaenicke; 52.1.B: Dobers; 52.1.C: dpa/Frankfurt; 54.1., 57.2.: Jaenicke; 55.1., 58.1.: Giesel; 60.1.: Manus/MAURITIUS; 60.2.: Siska/MAURITIUS; 62.1.: L. Nilsson aus: Ein Kind entsteht, Mosaik-Verlag; 63.2.: Idem/ZEFA; 64.1.: Photo-Center; 64.2., 65.2., 65.3.: Jaenicke; 65.1.: ARTREFERENZ/Görsch; 66.1.: Oechslein/MAURITIUS; 68.1.: Angermayer; 68.2.: MAURITIUS; 69.1.: Ziesler/Angermayer (Wölfe), Leser/MAURITIUS (Schlittenhunde), Labat/JACANA (Yorkshire), Meyers/BIO-INFO (Münsterländer), Trouillet/JACANA (Windhund), dpa (Cocker), Nowotny/Lindenburger (Bernhardiner); 70.1: OKAPIA, Frankfurt; 71.2.: Naturfoto/Fischer-Nagel; 72.1.: Jaenicke; 72.2.A: Freytag/MAURITIUS; 72.2.B: Kalt/BAVARIA; 73.1.: Spönlein/Lindenburger; 73.2.: Lindenburger; 74.1.: Hubrich/BAVARIA; 75.2.: Pforr/Lindenburger; 75.3.: Franke/Lindenburger; 75.4.: OKAPIA; 76.1. (B, C): Dobers; 76.1. (D, E), 77.2.: Jaenicke; 78.1.: Dobers; 80.1.: Reinhard/Angermayer; 80.2.: Jaenicke; 82.1.: Hewerdine/ANTHONY; 82.2.: Angermayer; 83.1.: Heimpel/BAVARIA; 83.2.; V-DIA-Verlag; 83.3.: Koch/MAURITIUS; 83.4.: Angermayer; 84.1.: Angermayer (Bankiva), Orbis/BAVARIA (Rhodeländer), Reinhard/MAURITIUS (Wyandotte), Jaenicke (Padua, Zwerghahn); 85.1.: Dobers; 85.2.: Bob/MAURITIUS; 85.3.: Heilman/ZEFA; 86.2.: V-DIA-Verlag; 87.1., 87.2.: Pusch; 88.1.: Thonig/MAURITIUS; 88.2.: Jaenicke; 89.1.: Prenzel/MAURITIUS; 89.2.: Gewe/MAURITIUS; 90.1.: Binder/ANTHONY; 91.1.D: Jaenicke; 92.1.: BIO-INFO/Ecke; 93.2.A: V-DIA-Verlag; 94.1.: Frederic/JACANA; 95.1.A: Noailles/JACANA; 95.1.B: V-DIA-Verlag (li. oben), Chaumeton/JACANA (re. oben), Sauer/BAVARIA (unten); 96.1.: Reinhard/Angermayer; 96.2.: Reinhard/ZEFA; 97.1.: Cramm; 97.2.A: Moosleitner/OKAPIA; 98.1.: Pfletschinger/Angermayer; 99.1.: Rohdich/Lindenburger; 100.1., 101.1. (2, 3): Pfletschinger/Angermayer; 101.1. (1, 4): Photo-Center; 101.2.: Angermayer; 102.1.: Schrempp/Photo-Center; 102.2., 104.1., 105.1.: Pfletschinger/Angermayer; 105.2.: Schrempp/Photo-Center; 106.1.: Cramm; 108.1.: Weber; 109.1.: Schützenhofer; 110.1.: Danegger; 110.2.: Schrempp/BIO-INFO; 111.1.: Pott/Photo-Center; 112.1.: Diedrich; 112.2., 112.3., 113.2.: Cramm; 114.1.: Pollin; 115.1.: Söllner; 115.2.: Rabisch; 115.3.: Dobers; 116.1.: Cramm; 117.1.: Rabisch; 117.3.: OKAPIA; 118.1.: Reinhard/BIO-INFO; 118.2., 119.1.: Weber; 120.1.: Reinhard/BAVARIA; 120.2.: Jaenicke; 122.1.: OKAPIA; 123.2.: Dobers; 124.1.: Danegger/JACANA; 124.2.: Rosiak/Photo-Center; 125.2., 126.1.A: Angermayer; 127.2.: Kratz/Photo-Center; 128.1.: dpa, Frankfurt; 128.2.: Schwerdt/ZEFA; 129.1.: Sears/JACANA; 129.2.: Ellis/OKAPIA; 130.1.A: Reinhard/Angermayer; 130.1.C: Schrempp/Photo-Center; 131.1.: Maas/Lindenburger; 131.2.: Curth/MAURITIUS; 132.1.: Rabisch; 133.1.: Cramm; 134.1.: Labat/JACANA; 134.2.: Jaenicke; 135.1.: Pfletschinger/Angermayer; 136.1.: Holdemar/BAVARIA; 136.2.: Labhardt; 137.1.A: Danegger/JACANA; 139.1.: Müller/BIO-INFO; 140.1., 141.1.: Trötschel; 142.1.: Elfner/Angermayer; 142.2.: Meyers/Photo-Center; 144.1.: Ege/ANTHONY; 144.2.: Schmidt/ANTHONY; 145.1.: Damm/ZEFA; 146.1.: Dobers; 147.2.: dpa, Frankfurt; 148.1., 150.1., 151.1.A, 151 (Exkurs): Jaenicke; 152.1.A: Jung; 153.2., 154.1.: Jaenicke; 155.1.: Jung; 156.1., 158.1., 158.2.: Jaenicke; 159.1.A: Strauß; 159.1. (B, C): Jaenicke; 159.2.: Photo-Center; 160.1., 161.1., 161.2., 162.1., 163.1., 164.1.: Jaenicke; 164.2.: Jung; 165.1., 165.2., 165.3., 166.1., 167.1., 167.2., 168.1., 169.1., 169.2., 169.3., 169.4., 170.1., 170.2., 171.1., 171.2., 172.1., 173.1., 174.1., 174.2., 175.1., 175.2., 176.1., 177.1., 177.2.A: Jaenicke; 177.2.B: Strauß; 178.1.: Smith/ZEFA; 179.2.: Lederer/BAVARIA; 179.3.: Jaenicke; 180.1.: Schrempp/Photo-Center; 180.2.: Reinhard/ZEFA; 181.1.: Schrempp/Photo-Center; 181.2.A: Wolfstetter; 181.2.B: Jaenicke; 182.1.: Schrempp/Photo-Center; 184.1., 184.2.: Photo-Center; 184.3.: Rauch/BAVARIA; 185.1.: Reinhard/MAURITIUS (links), Keil/V-DIA-Verlag (rechts); 186.1.: Photo-Center; 187.3.: Cramm; 188.1.: Dobers; 189.1.: Pott/Photo-Center; 189.3., 190.1. (A, B), 191.1., 192.1., 192.2., 192.3., 193.1., 194.1.: Jaenicke; 195.1.: Dobers; 204.1.: Schilling/ANTHONY; 205.1.: Luftbild Brugger (Freigegeben v. Reg. Präsidium Stuttgart, Nr. 2/51152 C); 206.1.: Dobers; 206.2.: Mohn/ZEFA; 207.1.: Herfort/ZEFA; 207.2.: Baudisch/ZEFA; 209.1.: Baudisch/ZEFA (Mitte), Wisniewski/ZEFA (Rotkehlchen), Reinhard/MAURITIUS (Baumfalke), Reinhard/Angermayer (Baummarder, Fuchs), Pfletschinger/Angermayer (Ameise, Regenwurm), Henrion/JACANA (Eichhörnchen), Cramm (Raupe); 210.1.: Dobers; 212.1.A: V-DIA-Verlag; 212.1.B: Dobers (oben), V-DIA-Verlag; 212.1.C: Jaenicke (oben), Suter (unten); 214.1.: Pfletschinger/Angermayer; 216.1.: Kötter; 216.2.: Siebrasse; 217.1.: Toenges/BIO-INFO; 217.2., 218.2., 220.2.: Dobers; 219.1.: Cramm; 219.2.: Schrempp/Photo-Center; 222.1., 222.2.: Dobers; 223.1.: Keresztes/ZEFA; 224.1.: Luftbild Brugger (Freigegeben v. Reg. Präsidium Stuttgart, Nr. 2/42968 C); 227.2.: Schmidt-Luchs/MAURITIUS; 228.1.: Cramm; 228.2.: Mohn/ZEFA; 229.1.: Herman/ZEFA; 229.2.: dpa, Frankfurt; 230.1.: Dobers; 231.1.: Luftbild Brugger (Freigegeben v. Reg. Präsidium Stuttgart, Nr. 2/38408 C); 231.2.: Klammet/MAURITIUS (Freigabe d. d. Reg. v. Obb. G 42/154); 232.1.: Pott; 232.2.: Berger/MAURITIUS; 233.1.: Pfletschinger/Angermayer; 233.2.: Reinhard/MAURITIUS; 234.1.: Photo-Center (links), Dobers (rechts); 235.1.: Reinhard/MAURITIUS (1), Cramm (2, 6), Pfletschinger/Angermayer (3, 4), Pott (5); 235.2.: Kotzke/Photo-Center (1), Eigstler/MAURITIUS (2), Pfletschinger/Angermayer (3), Jaenicke (4), Reinhard/MAURITIUS (5), Wolfstetter (6); 236.1., 236.2.: Kalkstein; 236.3.: Raab/BAVARIA; 237.1.: Kroener/Photo-Center; 237.2.: Reinhard/ZEFA; 237.3.: Cramm.

Inhaltsübersicht

Haustiere und ihre Abstammung

Wirbeltiere in ihrer Umwelt

Verhalten bei Tier und Mensch

Bau und Leistungen der Blütenpflanzen

Pflanzen in ihrem Lebensraum

Verwandtschaft von Lebewesen

Mensch und Umwelt

Kennzeichen der Lebewesen

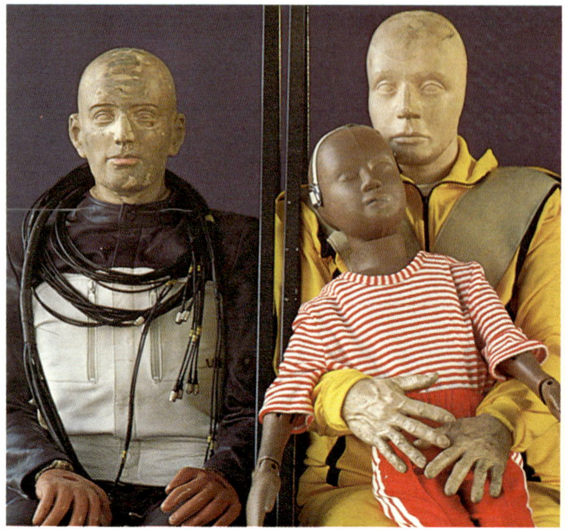

*6.1. **Dummies.** Dummies – sprich „Dammies" – verwendet man als Testpersonen für die Sicherheit im Auto.*

1. Menschen und Tiere sind lebendig

Ein Dummy „erzählt" aus seinem „Leben":

„Ich bin in einer Fabrik entstanden. Dort wurde ich aus vielen Einzelteilen zu einem Dummy-Mann zusammengesetzt. Seitdem diene ich einer Autofirma als Testperson. Hierzu eigne ich mich besonders gut. Ich sehe nämlich genauso aus wie ein Mensch. Ich bin 1,76 Meter groß und wiege 75 Kilogramm. Natürlich gibt es auch Dummy-Kinder und Dummy-Frauen. Allerdings wachsen die Kinder nicht; denn essen und trinken können Dummies nicht.
Mein Beruf ist sehr gefährlich. So setzt man mich in ein Auto und läßt mich mit 50 Kilometern in der Stunde gegen eine Mauer prallen. Empfindliche Meßgeräte in meinem Körper ermitteln die Stärke der Erschütterungen. Daraus läßt sich dann die Schwere der Verletzungen errechnen, die Menschen bei einem solchen Unfall erleiden würden. Mir sind dabei schon mein Gummihals und die Stahlrippen zerstört worden. Diese wurden dann gegen Ersatzteile ausgetauscht."

Dummies verwendet man, um Fahrzeuge auf ihre Sicherheit hin zu überprüfen. Menschen können für Unfalltests nicht genommen werden: Ihr Leben wäre ständig gefährdet. Woran erkennt man eigentlich, daß der Mensch ein Lebewesen ist?
Wie du leicht feststellen kannst, besteht der Körper aller Menschen aus Kopf, Rumpf und Gliedmaßen. Eine derartige **Gestalt** kennzeichnet den Menschen.
Auch Tiere zeigen eine für sie typische Gestalt. So kannst du leicht an der Gestalt einen Fisch von einem Frosch oder einen Vogel von einem Hund unterscheiden.
Die Gestalt allein ist jedoch kein eindeutiges Kennzeichen für ein Lebewesen. Ein Dummy besitzt keine Muskeln wie ein Mensch und zeigt somit keine **Bewegung**. Daher kann er zum Beispiel nicht selber in ein Auto einsteigen. Auch reagiert er nicht auf seine Umwelt. Der Mensch dagegen nimmt zum Beispiel über das Sinnesorgan Auge den Lichtreiz „Rot" einer Verkehrsampel wahr. Er reagiert darauf mit einem bestimmten Verhalten: Er bremst das Fahrzeug ab. Der Mensch zeigt also **Reizbarkeit**.

7.1. Der Mensch zeigt Kennzeichen des Lebendigen

1. Welche Kennzeichen des Lebendigen treffen für die Abbildungen A–C zu?

Das Betätigen der Bremsen erfolgt durch Muskelbewegung. Zur Bewegung benötigt ein Auto Brennstoffe, zum Beispiel Benzin. Menschen und Tiere verwenden als „Brennstoffe" Nährstoffe aus ihrer Nahrung. Diese werden in den Muskeln verarbeitet. Dazu ist Sauerstoff notwendig, den der Mensch einatmet. Ein Teil der Nährstoffe wird während des *Wachstums* auch als Baustoff zum Aufbau des Körpers gebraucht. Unverwertbare Stoffe scheidet der Mensch als Kot und Urin aus. Kein Dummy zeigt diese Vorgänge, die man auch **Stoffwechsel** nennt.

Ein Mensch stammt immer von Menschen ab oder ein Huhn immer von Hühnern. Dagegen stammt ein Dummy nicht von einem Dummy ab. Er kann sich nicht **fortpflanzen** und **entwickeln**, sondern er wird aus Einzelteilen zusammengebaut.

Menschen und Tiere sind also Lebewesen, da für sie folgende Kennzeichen des Lebendigen zutreffen: Gestalt, Bewegung, Reizbarkeit, Stoffwechsel und Wachstum, Fortpflanzung und Entwicklung.

2. Obwohl ein Dummy wie ein Mensch aussieht, ist er kein Lebewesen. Gib dafür eine Erklärung!

3. Betrachte die Abbildung 7.2. und finde zutreffende Kennzeichen des Lebendigen heraus!

7.2. Meerschweinchen

8.1. Reizbarkeit bei Pflanzen. *Kressepflanzen reagieren auf Lichtreize.*

8.2. Stoffwechsel bei der Wasserpest. *Die Wasserpest ist eine Wasserpflanze. Bei guter Beleuchtung kannst du beobachten, daß sie Gasbläschen ausscheidet. Diese Ausscheidung eines gasförmigen Stoffes ist ein Vorgang des Stoffwechsels.*

2. Sind Pflanzen auch lebendig?

Vermutlich wird es dir nicht leichtfallen, diese Frage sofort zu beantworten. Woran mag das liegen?
Auf den ersten Blick scheinen sich Pflanzen nicht zu bewegen. Natürlich können sie nicht wie Tiere laufen, springen oder fliegen. Sie können sich also nicht selbständig von ihrem Standort fortbewegen. Betrachtest du aber zum Beispiel im Verlaufe eines Tages Blütenblätter des Gänseblümchens oder des Löwenzahns, so stellst du fest, daß sie sich zu bestimmten Zeiten öffnen und schließen. Andere Pflanzen wie die Bohne *bewegen* ihre Laubblätter. Diese heben sich am Tage und senken sich gegen Abend.

Auch Sinnesorgane wie Augen und Ohren findest du bei Pflanzen nicht. Und doch *reagieren* sie auf *Reize* ihrer Umwelt. So hast du sicher schon beobachtet, daß Pflanzen ihre grünen Blätter dem Licht zuwenden. Auch die Schwerkraft ist ein Reiz. Pflanzen reagieren darauf, indem sie ihre Wurzeln in den Boden senken.
Über die Wurzeln nehmen Pflanzen Stoffe, zum Beispiel Wasser, auf. Mit Hilfe der Blätter können sie gasförmige Stoffe aufnehmen, verarbeiten und abgeben. So läßt sich bei der Wasserpest die Ausscheidung eines Gases recht gut beobachten. Pflanzen zeigen also *Stoffwechsel.*

Pflanzen benötigen während des *Wachstums* wie die Menschen und die Tiere einen Teil ihrer Nährstoffe zum Aufbau des Körpers. So entsteht aus einem etwa 2 cm großen Samen der Roßkastanie im Verlaufe der *Entwicklung* ein etwa 25 m hoher Baum. Dieser bildet nach dem Blühen erneut Samen aus. Neben der *Fortpflanzung* durch Samen können sich manche Pflanzen wie einige Kakteen auch anders vermehren. Sie bilden seitliche Triebe aus, die man Ableger nennt. In jedem Falle entwickeln sich wieder Pflanzen der gleichen Art.

Jede Art ist durch eine bestimmte *Gestalt* gekennzeichnet, an der du zum Beispiel eine Rose von einer Tulpe unterscheiden kannst.
Also sind Pflanzen auch lebendig, da sie die Kennzeichen des Lebendigen zeigen.

***9.1. Bewegung beim Kaktus.** Beobachtest du eine Kaktusblüte einen Tag lang, so stellst du fest, daß sie sich zu bestimmten Zeiten öffnet und schließt. Diese Erscheinung kann man filmen: Alle zwei bis vier Minuten wird ein Bild gemacht. Läßt man den entwickelten Film mit 18 Bildern in der Sekunde ablaufen, sieht man die Blütenbewegung eines Tages innerhalb weniger Minuten. Dieses Verfahren nennt man* Zeitraffer.

Ein kurzes Gespräch zum Nachdenken

Ute und Kai kommen an einem Blumengeschäft vorbei. „Du, sind das aber schöne Kakteen!“ sagt Ute. „Ach was,“ entgegnet Kai, „die sind doch langweilig! Ich habe zu Hause Zebrafinken, die können singen und fliegen. Und schön sehen sie auch aus!“ „Und ich finde eben Kakteen schön. Ich habe ein paar zu Hause auf der Fensterbank stehen. Einer ist so kugelig wie der dort. Ganz spitze Dornen hat er. Stell’ dir vor, zur Zeit blüht er gerade! Wenn ich morgens zur Schule gehe, sind die Blüten noch geschlossen. Wenn ich mittags nach Hause komme, sind sie geöffnet, und abends sind sie wieder geschlossen.“ „Hm,“ meint Kai, „das scheint ja doch interessant zu sein.“ „Wenn du willst, Kai, schenke ich dir einen Ableger von einem Kaktus.“ „Was muß ich denn da alles machen? Wie muß der gepflegt werden?“ „Ganz einfach, du mußt den Kaktus in ein wenig Erde pflanzen und ab und zu auch einmal gießen. Du stellst ihn am besten auf eine Fensterbank. Da bekommt er viel Licht. Das braucht er, um wachsen zu können. Glaub‘ mir, wenn du erst selber eine Pflanze hast, dann macht es dir auch Spaß. Dann kannst du selbst feststellen, daß ein Kaktus auch lebendig ist.“

1. Woraus kann Kai entnehmen, daß ein Kaktus ein Lebewesen ist?

2. Stülpe jeweils über das Blatt einer Zimmerpflanze (z. B. Alpenveilchen) und einer künstlichen Pflanze (z. B. Kunststoffpflanze) eine durchsichtige Plastiktüte, die du anschließend zuschnürst! Vergleiche die Ergebnisse der beiden Versuche am nächsten Morgen! Welches Kennzeichen für Lebewesen trifft hier zu?

3. Beobachte Zimmerpflanzen, die zu Hause oder in der Schule längere Zeit an einer Stelle standen! Vergleiche die Richtung des einfallenden Lichtes und die Stellung der Blätter miteinander!

10.1. Die Wasserpest – verschieden betrachtet. *A mit bloßem Auge; B mit Lupe; C mit Mikroskop*

3. Das Mikroskop zeigt Objekte vergrößert

Mit Hilfe eines Vergrößerungsglases, einer **Lupe**, kannst du den Fingernagel deines Daumens bis zu 20mal vergrößert betrachten. Dann erkennst du Einzelheiten, die du mit bloßem Auge nicht genau siehst. Du entdeckst rillenartige Unebenheiten der Nageloberfläche, ja sogar Kratzer oder auch Schmutzteilchen.

Eine noch stärkere Vergrößerung erzielst du, indem du zwei Lupen übereinanderlegst. Nur erscheint dann das Bild meist verschwommen oder unscharf. Lupen enthalten gewölbte und geschliffene Gläser: die *Linsen*. Zwei in einem bestimmten Abstand übereinander befestigte Linsen ergeben ein einfaches **Mikroskop.** So einfach waren die ersten Mikroskope, die man vor 300 Jahren baute.

Als **Okular** bezeichnet man die Linse, die sich beim Mikroskopieren unmittelbar vor dem Auge befindet, das lateinisch „oculus" heißt. Die andere Linse ist das **Objektiv**, da sie dem zu beobachtenden Gegenstand, dem Objekt, zugewandt ist. Auf dem Okular und dem Objektiv findest du jeweils eine Zahl. Sie gibt dir die Vergrößerung an. Auf einem zehnfach vergrößernden Okular steht die Zahl 10× (× = mal), auf einem vierzigfach vergrößernden Objektiv 40×. Die **Gesamtvergrößerung** eines solchen Mikroskops ist dann 400×. Zur Ermittlung der Gesamtvergrößerung multiplizierst du also die Vergrößerungszahlen von Okular und Objektiv.

Mit einfach gebauten Mikroskopen konnte der Holländer VAN LEEUWENHOEK schon im 17. Jahrhundert etwa 300fache Vergrößerungen erreichen. Mit modernen Mikroskopen lassen sich heute Objekte bis zu 2000fach vergrößern. Stelle dir vor, man könnte einen 1 cm langen Fingernagel 2000fach vergrößern! Er wäre 20 Meter lang.

In modernen Mikroskopen bestehen sowohl Objektiv als auch Okular aus mehreren Linsen. Diese sind besonders gewölbt, geschliffen und kratzempfindlich. Auch das Schülermikroskop ist ein modernes und teures Mikroskop. Daher müssen bestimmte Regeln bei der Bedienung beachtet werden.

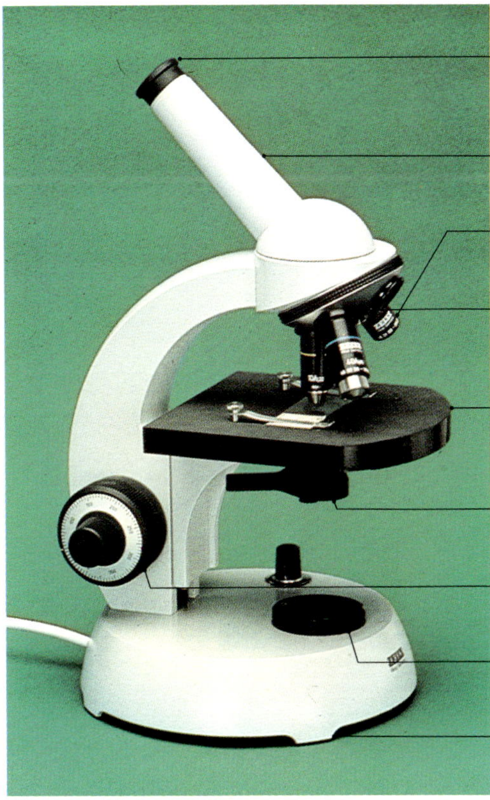

Okular	Das Okular ist die dem Auge zugewandte Linse. Es ist auswechselbar und vergrößert wie eine Lupe: zum Beispiel 5×, 10×, 15×.
Tubus	Der Tubus ist eine Röhre, die Okular und Objektiv in richtiger Lage und im richtigen Abstand hält.
Objektiv	Das Objektiv ist dem Objekt zugewandt. Es vergrößert zum Beispiel 10×, 45×, 100×.
Objektiv-revolver	Hier sind verschiedene Objektive eingeschraubt, die durch Drehen des Objektivrevolvers verwendet werden können.
Objekttisch	In der Mitte des Objekttisches befindet sich eine Öffnung, über die das Objekt auf einem Objektträger gelegt wird.
Blende	Mit der Blende können Helligkeit und Bildkontrast reguliert werden.
Triebrad	Mit dem Grobtrieb und auch mit dem Feintrieb kann das Objekt scharf eingestellt werden.
Beleuchtung	Sie kann entweder aus der Mikroskopierlampe oder aus einem Spiegel bestehen.
Stativ	Am Stativ sind alle wesentlichen Teile des Mikroskops befestigt.

Vorschrift zur sachgemäßen Bedienung eines Mikroskopes

§ 1 Zu Beginn des Mikroskopierens ist die kleinste Vergrößerung eingestellt.

§ 2 *Bei einem Mikroskop mit Spiegel:* Schaue durch das Okular und stelle mit dem Hohlspiegel die größte Helligkeit ein!
Bei einem Mikroskop mit Lampe: Schalte die Lampe ein!

§ 3 Lege das Präparat mitten über die Objekttischöffnung und klammere es eventuell fest!

§ 4 Schaue durch das Okular! Stelle durch vorsichtiges Drehen des Triebrades das Objekt scharf ein!

§ 5 Reguliere gegebenenfalls mit der Blende Helligkeit und Kontrast!

§ 6 Willst du die Vergrößerung ändern, vergrößere zunächst den Abstand zwischen Objektiv und Objekttisch!

§ 7 Stelle eine stärkere Vergrößerung durch Drehen des Objektivrevolvers ein!

§ 8 Bewege Objekttisch und Objektiv mit Hilfe des Triebrades vorsichtig aufeinander zu! Kontrolliere von der Seite, daß das Objektiv *nicht* das Präparat berührt! Verfahre weiter nach § 4 und § 5!

§ 9 Fasse nie mit Fingern auf die Linsen! Säubere die Linsen mit einem weichen Lappen!

§ 10 Stelle nach dem Mikroskopieren die kleinste Vergrößerung ein und schalte die Lampe aus!

1
Schneide eine Zwiebel längs durch und trenne eine Zwiebelschuppe ab!

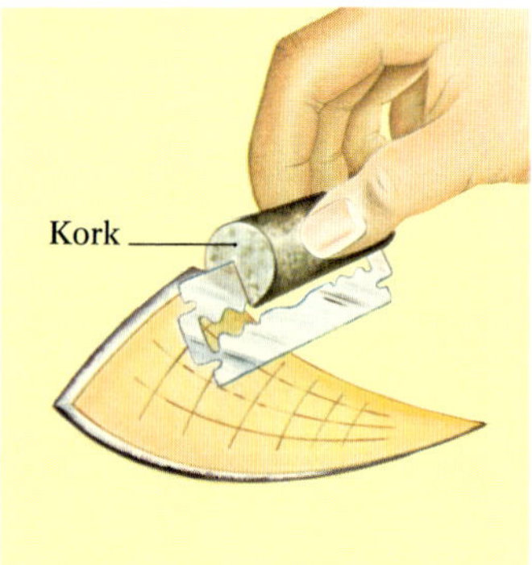

2
Schneide mit einer scharfen Rasierklinge ein Gittermuster in das innen gelegene Häutchen der Schuppe!

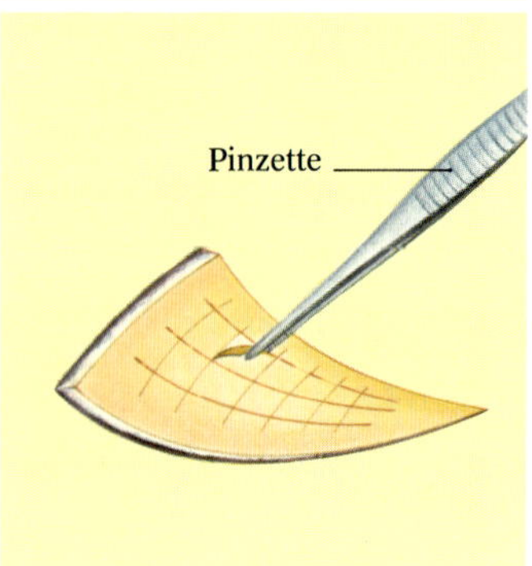

3
Löse mit einer Pinzette ein Stück des zarten Häutchens aus dem Gitterfeld!

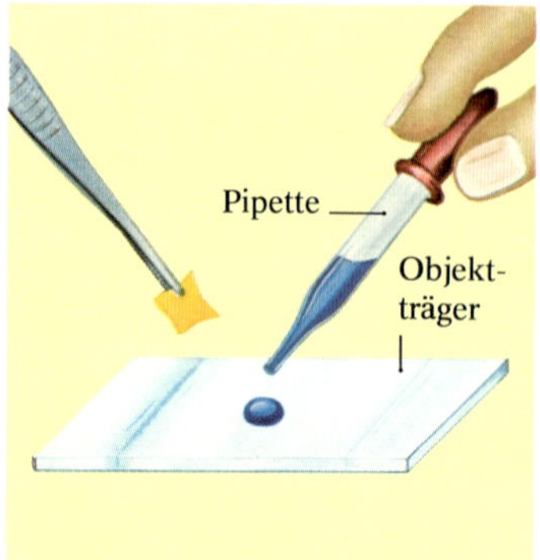

4
Gib einen Tropfen Leitungswasser mit der Pipette auf die Mitte des Objektträgers! Lege dann das Objekt auf den Wassertropfen! Achte darauf, daß es nicht gefaltet ist!

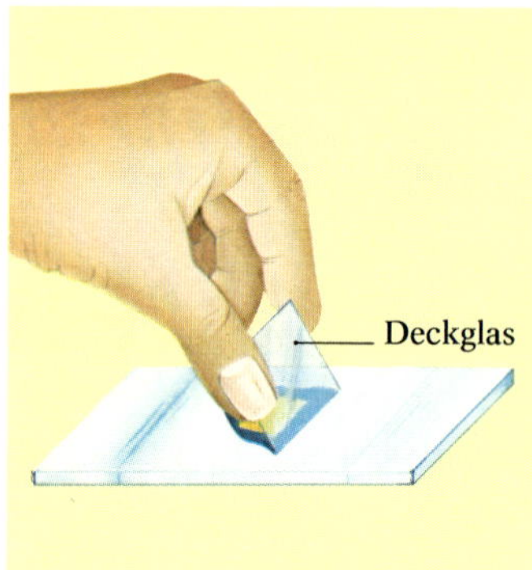

5
Setze das Deckglas seitlich an den Wassertropfen und lege es vorsichtig auf! Achte darauf, daß keine Luftblasen in das Präparat kommen!

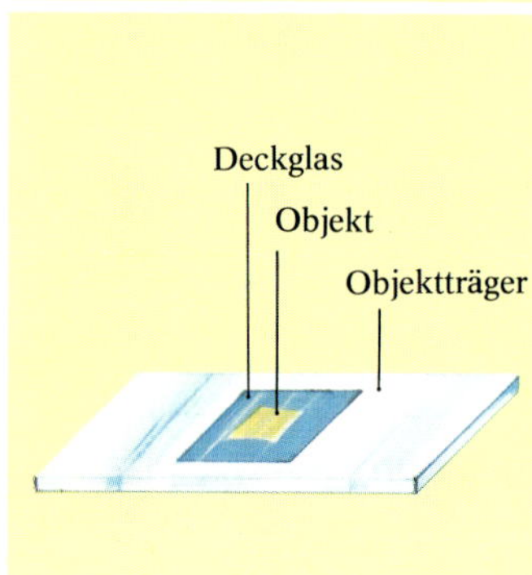

6
Überschüssiges Wasser sauge mit einem Streifen Filtrierpapier seitlich ab! Das Frischpräparat ist fertig zur Untersuchung.

12.1. Herstellung eines Präparates der Zwiebelhaut

1. Stelle ein Frischpräparat von der Haut eines Tulpenblattes her:
a) Bringe mit einer Pipette einen Tropfen Wasser in die Mitte eines Objektträgers!
b) Schneide mit einer scharfen Rasierklinge ein Gittermuster in die Außenhaut eines Tulpenblattes!
c) Löse mit Hilfe einer Pinzette ein Stück des Häutchens aus dem Gitterfeld!
d) Verfahre dann wie in den Teilbildern 4–6 der Abbildung 12.1.!
e) Mikroskopiere bei verschiedenen Vergrößerungen! Fertige eine Zeichnung des Objekts bei der stärksten Vergrößerung an!

2. Stelle ein Frischpräparat vom Fruchtfleisch einer Tomate her:
a) Bringe mit einer Pipette einen Tropfen Wasser in die Mitte des Objektträgers!
b) Schneide eine Tomate durch!
c) Entnimm mit einer Pinzette etwas Fruchtfleisch und übertrage es in den Wassertropfen!
d) Lege das Deckglas auf!
e) Klopfe vorsichtig mit der Pinzette auf das Deckglas, wodurch das Fruchtfleich etwas gequetscht wird!
f) Mikroskopiere und zeichne!

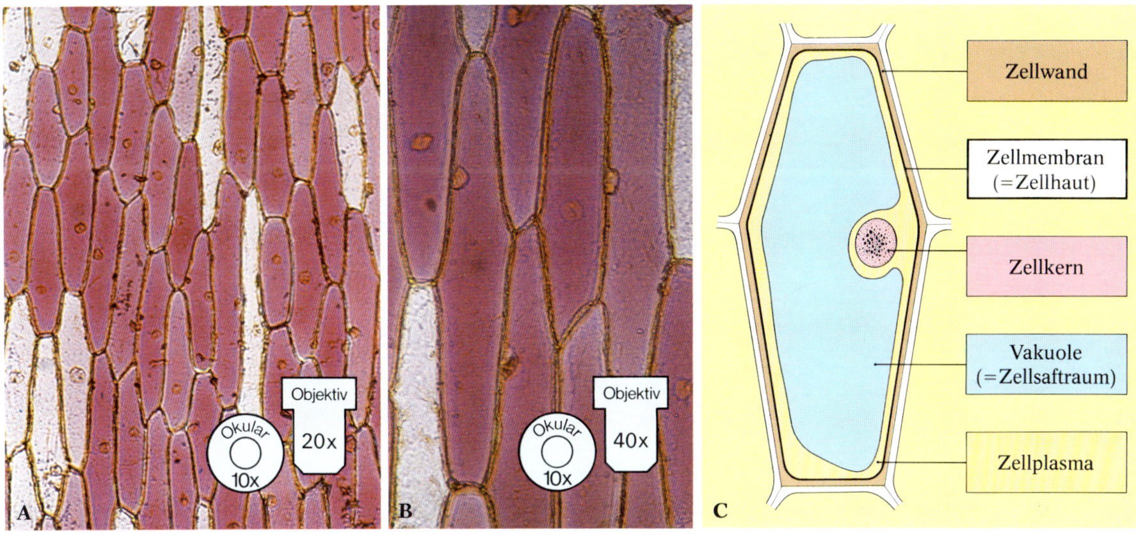

13.1. Zellen der Zwiebelhaut (Rote Zwiebel). *A, B Mikrofotos; C Schemazeichnung*

3. Berechne die Vergrößerungen der Abbildungen 13.1. A und B!

4. Mit dem Mikroskop erkennen wir Zellen

Betrachtest du deinen Daumen durch ein Mikroskop, siehst du nichts. Er läßt das Licht der Mikroskoplampe oder auch das Sonnenlicht nicht hindurch. Ein Objekt, das mikroskopiert werden soll, muß dünn und lichtdurchlässig sein. Selbst die Schuppe einer Zwiebel ist noch zu dick. Auf ihrer Innenseite besitzt sie jedoch ein dünnes Häutchen, das sich leicht abziehen läßt. Bevor das Zwiebelhäutchen mikroskopiert werden kann, muß von ihm ein mikroskopisches **Präparat** hergestellt werden. Wie das erfolgt, siehst du in den Teilbildern der Abbildung 12.1.. Dabei trägt ein Glasstreifen als *Objektträger* das *Objekt*, in unserem Beispiel das Zwiebelhäutchen. Ein *Deckglas* bedeckt das dünne Häutchen und schützt es vor dem Austrocknen. Ein solches Präparat nennt man *Frischpräparat* oder *Naßpräparat*. In *Dauerpräparaten* sind die Objekte mit chemischen Stoffen behandelt und meist gefärbt. Sie können so für längere Zeit aufbewahrt werden. Dauerpräparate enthalten keine lebenden Objekte mehr.

Was kannst du nun beim Mikroskopieren des Zwiebelhäutchens erkennen? Bei schwacher Vergrößerung siehst du ein Linienmuster, das an ein Netz erinnert. Die eckig verlaufenden Linien begrenzen kleine, wasserhell erscheinende Bereiche. Man nennt sie **Zellen**.

Einzelheiten einer Zelle siehst du bei stärkerer Vergrößerung. Jede Zelle ist von einer **Zellwand** umgeben. Sie verleiht ihr Festigkeit und bestimmt ihre Gestalt. Im Inneren der Zelle befindet sich eine zähe Flüssigkeit, das **Zellplasma**. Dieses wird von einer feinen Haut, der *Zellmembran*, umhüllt. Sie ist so dünn, daß du sie auch bei stärkster Vergrößerung nicht siehst. Im Zellplasma enthält jede Zelle einen **Zellkern**. Er ist ein rundliches, durchscheinendes Gebilde, das alle Lebensvorgänge in der Zelle steuert. Außerdem liegt im Zellplasma eine mit Zellsaft gefüllte Blase, die **Vakuole**. Der *Zellsaft* ist eine Flüssigkeit, die Farbstoffe enthalten kann. So ist zum Beispiel die rote Farbe von Blütenblättern der Tulpe auf den roten Farbstoff in den Vakuolen der Blütenblattzellen zurückzuführen.

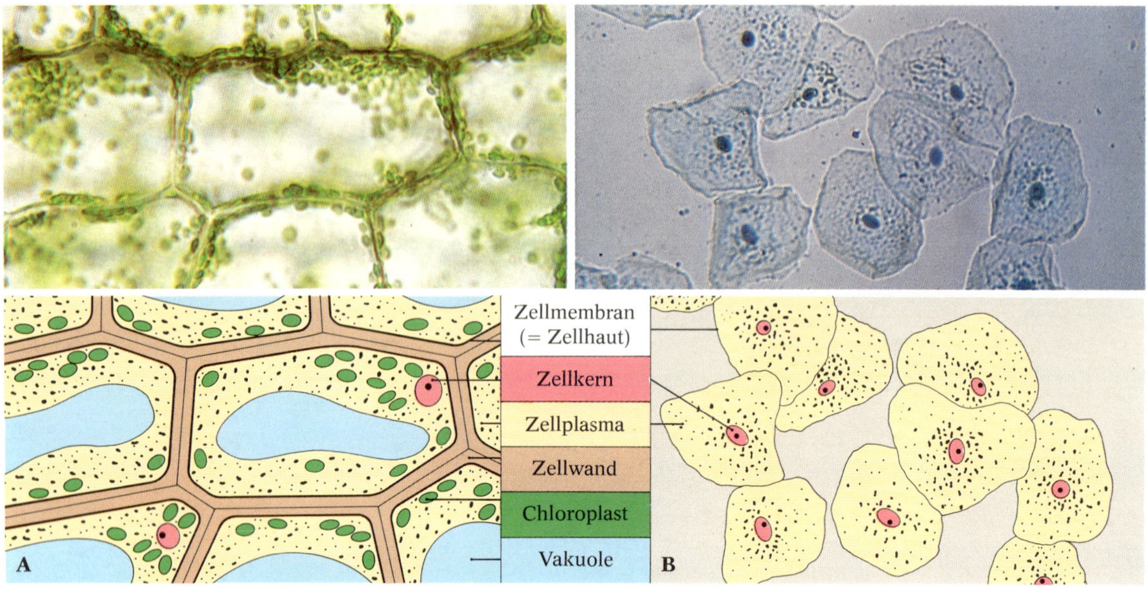

14.1. Blattzellen der Wasserpest (A); Mundschleimhautzellen des Menschen (B)

5. Wir mikroskopieren pflanzliche und tierische Zellen

Zwiebel, Tulpe und Tomate sind aus Zellen aufgebaut. Trifft dies auch für andere Pflanzen zu? Wir mikroskopieren ein Blatt der Wasserpest und stellen fest: Es besteht ebenfalls aus Zellen.

Besonders auffällig sind die grünen Körner im flüssigen *Zellplasma*. Sie enthalten den Farbstoff *Chlorophyll*, was mit *Blattgrün* übersetzt werden kann. Daher nennt man die Körner auch *Blattgrünkörner*. Der Biologe bezeichnet sie als **Chloroplasten**. Sie haben die Aufgabe, Nährstoffe für die Pflanze aufzubauen. Meist sind sie so zahlreich, daß sie den *Zellkern* verdecken. In manchen Zellen sehen wir die Chloroplasten nur in der Nähe der *Zellwand*.

Bei stärkerer Vergrößerung können wir eine Bewegung des Zellplasmas beobachten. Diese *Plasmaströmung* erkennen wir besonders deutlich an den mitgeführten grünen Chloroplasten.

Ob wir Blätter oder andere Teile von Pflanzen untersuchen, immer werden wir feststellen, daß sie aus Zellen bestehen.

Wie aber sind Tiere und Menschen aufgebaut? Wir untersuchen einmal die Schleimhaut, die unsere Mundhöhle auskleidet. Wir stellen fest: Auch die Schleimhaut besteht aus Zellen. Im Gegensatz zu Pflanzenzellen besitzen sie jedoch keine festen Zellwände. Ihr *Zellplasma* wird von der elastischen *Zellhaut*, der *Zellmembran*, begrenzt. Im Zellplasma liegt der *Zellkern*. Wir finden in den Schleimhautzellen weder Vakuolen noch Chloroplasten. Dies ist ein Merkmal aller menschlichen und auch tierischen Zellen.

Die Mundschleimhaut besteht aus vielen Zellen, die eng nebeneinander liegen und untereinander verbunden sind. Ein solcher Zellverband gleichartiger Zellen heißt **Gewebe**. Auch die Zwiebelhaut stellt ein solches Gewebe dar. Bei der Mundschleimhaut allerdings werden die Zellen durch das Präparieren teilweise voneinander getrennt.

Zellen und Gewebe treten bei allen Lebewesen auf. Je nach ihrer Aufgabe besitzen sie unterschiedliche Formen und Größen.

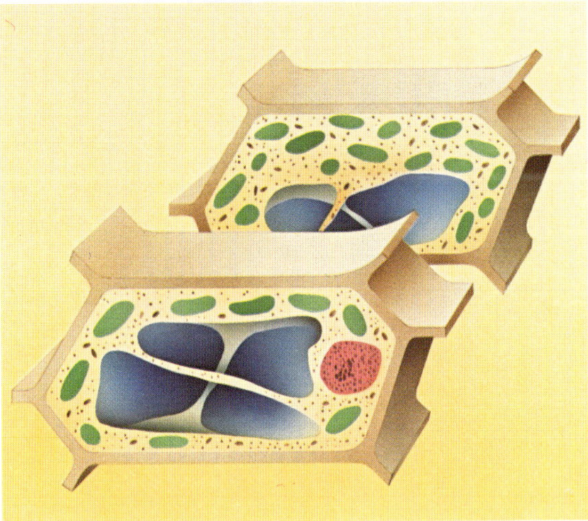

15.1. Räumliche Darstellung einer pflanzlichen Zelle. *An den auseinandergezogenen Schnitthälften siehst du, daß die Zellbestandteile innerhalb der Zelle unterschiedlich verteilt sind.*

Zellen sind jedoch meist so klein, daß du sie mit bloßem Auge nicht sehen kannst. Ein Stück Zwiebelhaut von dieser Größe □ (= 3mm × 3mm) besteht aus etwa 600 Zellen, ein gleich großes Gewebestück der Mundschleimhaut sogar aus etwa 4000 Zellen. Ein erwachsener Mensch unterscheidet sich von einem Kind nicht durch die Größe seiner Zellen, sondern durch deren Anzahl. Während des Wachstums nimmt die Anzahl der Zellen zu. Diese können sich teilen und somit vermehren.

1. Zupfe von einer Moospflanze mit einer Pinzette ein Blättchen ab! Präpariere nach Abbildung 12.1., Teilbilder 4–6! Mikroskopiere und zeichne einen Gewebeausschnitt bei stärkster Vergrößerung! Beschrifte die Zeichnung!

2. Fertige ein Präparat von deinen Mundschleimhautzellen an: Schabe mit einem Teelöffel über die Innenseiten deiner Wangen! Verfahre dann nach Abbildung 12.1., Teilbilder 4–6! Verwende anstelle des Wassertropfens Färbelösung wie Iod- oder Methylenblau-Lösung! Mikroskopiere und zeichne!

Wir bauen ein Zellmodell

Zellen sind räumliche Gebilde. Im Mikroskop sehen sie jedoch flächig aus. Diesen Unterschied können wir uns besser an einem Modell vorstellen. Modelle stellen vereinfacht und anschaulich dar, was in Wirklichkeit schwer zu durchschauen ist. Unser Modell einer pflanzlichen Zelle ist eine durchsichtige Plastikdose, wie sie im Haushalt verwendet wird. Die Wand der Dose entspricht der Zellwand. Ein kleiner Gummiball dient als Zellkern. Deckel und Boden der Plastikdose werden gekennzeichnet, zum Beispiel durch die Aufschrift „ZELL" und „MODELL".

Anstelle eines Mikroskops verwenden wir den Arbeitsprojektor. Projizieren wir das Zellmodell, erhalten wir ein flächiges Bild. Durch Heben und Senken des Objektivs stellen wir die Schrift „ZELL" auf dem Deckel scharf ein. Jetzt erscheint der Schriftzug „MODELL" des Bodens unscharf. Versuchen wir diese untere Ebene scharf zu erhalten, wird die obere Ebene unscharf. Auch im Mikroskop kann mit dem Triebrad immer nur eine Ebene des Objektes scharf eingestellt werden.

3. Jede Zelle enthält einen Zellkern. Im mikroskopischen Bild eines Zwiebelhautgewebes sehen wir ihn jedoch nicht in jeder Zelle. Erkläre diesen scheinbaren Widerspruch!

4. Worin stimmt das Zellmodell mit der Wirklichkeit nicht überein? Nenne Beispiele!

Bau und Leistungen des menschlichen Körpers

16.1. Vielseitigkeit des Menschen

1. Bewegung

Aus Sportreportagen

„... Die Latte liegt nun auf 2,05 m. Noch vier Athleten sind im Wettbewerb. Als nächster Springer macht sich Klaus Dojast vom TUS Raimberg bereit. Konzentriert steht er am Anlauf. Jetzt beugt er sich vor. Noch einmal blickt er zur Latte. Nun läuft er an. Locker und leicht sind seine federnden Schritte. Jetzt der Absprung! Dojast schnellt in die Höhe, dreht sich in der Luft, schwingt sich rücklings über die Latte, zieht die Beine hoch und klappt in der Hüfte wie ein Taschenmesser ein. Geschafft! Die Latte bleibt liegen! Damit hat er seine persönliche Bestleistung von ..."

„... Es ist bewundernswert, was dieses Mädchen leistet! Nur 10 cm breit ist der Schwebebalken. Die Turnerin dreht sich um die eigene Achse, hüpft federnd nach vorn, schwingt die Beine zum Handstand hoch und beugt dann wieder den Körper zur Brücke weit nach hinten. Ein Salto rückwärts schließt die Übung ab ..."

1. Vergleiche die verschiedenen Bewegungsformen der beiden Sportler!

1.1. Der Mensch ist vielseitig beweglich

Sportler sind meist außerordentlich wendig und beweglich. Sicherlich hast du auch schon erfahren, daß du vielseitig beweglich bist. Du kannst laufen, springen und werfen. Du kannst klettern, auf einem Balken balancieren, radfahren und vielleicht auch Überschläge machen. Bei der Rolle vorwärts krümmst du dich kugelförmig zusammen. Wenn du rücklings in die Brücke gehst, machst du ein hohles Kreuz. – Im Sportunterricht wirst du sicher noch mehr Bewegungsmöglichkeiten kennenlernen. Du mußt aber regelmäßig üben, wenn du geschmeidig bleiben und nicht bei jeder Anstrengung „außer Atem" geraten willst.

Woran mag es liegen, daß der Mensch so vielseitig beweglich ist? Die Abbildung 17.4. gibt dir einen Hinweis. Der hier dargestellte Hund läuft auf „allen vieren". Bei diesem *Vierfüßergang* ist die Last des Körpers auf die Vorder- und Hinterbeine verteilt. Nur für kurze Zeit kann sich der Hund aufrichten. Bald fällt er wieder in die Vierfüßerstellung zurück. – Der Mensch dagegen

17.1. Radfahren

17.2. Klettern

17.3. Bodenturnen

2. Welche Körperteile werden bei den dargestellten Bewegungsformen besonders beansprucht? Suche weitere Beispiele! Ergänze sie durch Abbildungen!

bewegt sich auf zwei Beinen in **aufrechter Haltung** fort. Sein Körper steht senkrecht. Arme und Hände brauchen den Körper nicht zu tragen. Sie übernehmen dafür andere Aufgaben. Mit ihnen kann der Mensch zum Beispiel greifen, werfen, schreiben oder auch basteln.

3. Berichte über das Bodenturnen aus deinem Sportunterricht in Form einer Reportage!

4. Betrachte die Abbildung 16.1.! Erkläre, welche besondere Leistungsfähigkeit des Menschen in den einzelnen Teilzeichnungen dargestellt wird!

5. Manche Tiere übertreffen den Menschen in bestimmten körperlichen Leistungen. Nenne Beispiele und erläutere sie!

6. Vergleiche anhand der Abbildung 17.4. die Körperhaltung von Mensch und Hund bei der Fortbewegung!

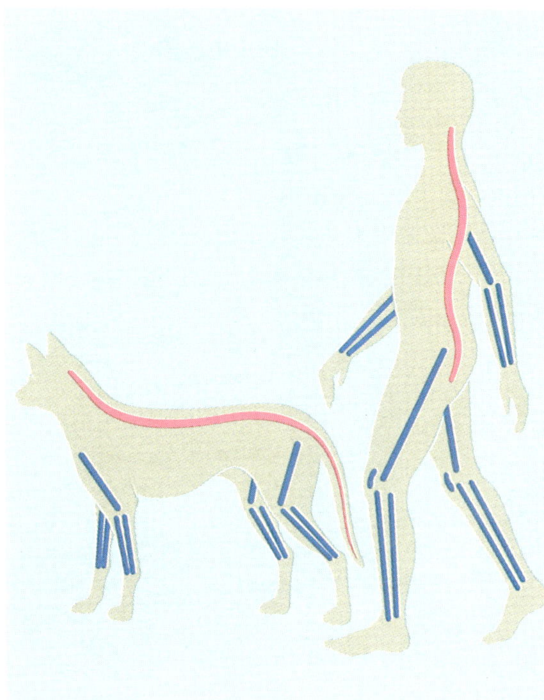

17.4. Aufrechter Gang des Menschen und Vierfüßergang des Hundes

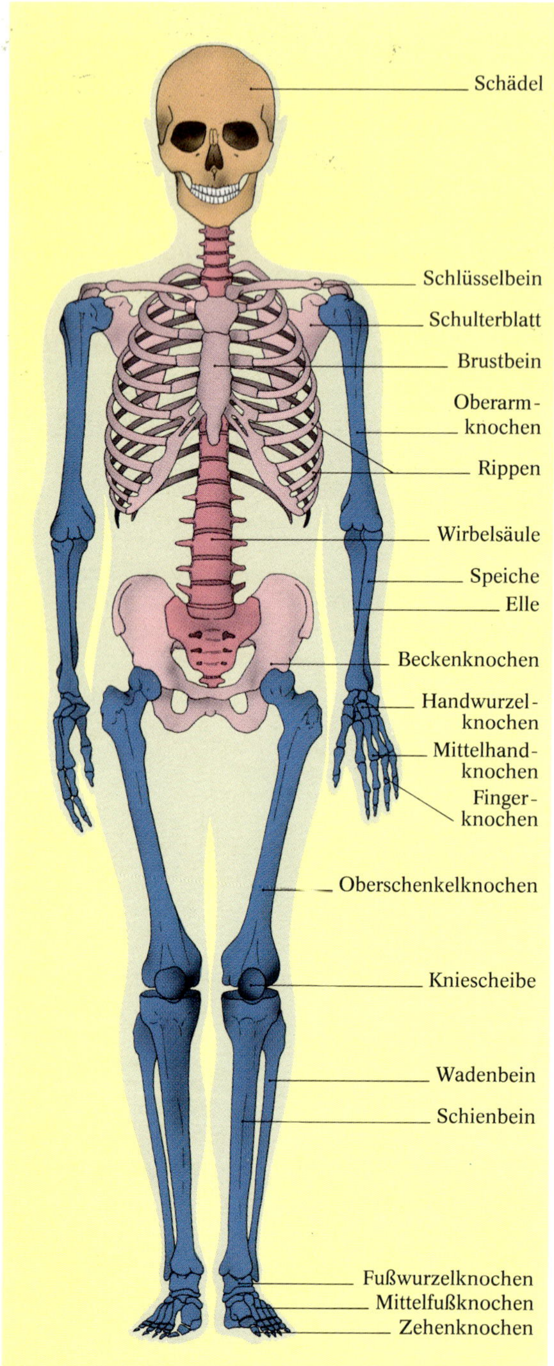

18.1. Knochengerüst des Menschen

1. Vergleiche den Bauplan des Arm- und Beinskeletts! Nenne Gemeinsamkeiten und Unterschiede! Fertige eine Tabelle an!

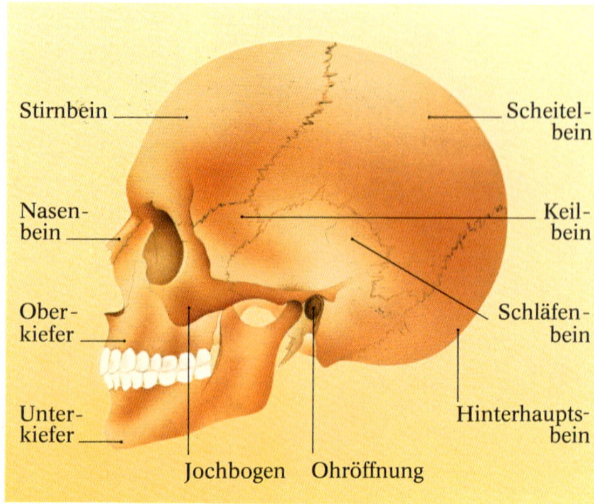

18.2. Kopfskelett des Menschen

2. Suche die bezeichneten Schädelknochen am Skelett eurer Schulsammlung! Welche Knochen kannst du an deinem Kopf abtasten?

1.2. Welche Aufgaben hat das Skelett?

Beim Laufen, Springen oder Turnen wird dein Körper stark belastet. Er muß Erschütterungen ausgleichen, Stöße abfangen und beweglich sein. Wie ist das möglich? Über 200 Knochen sorgen dafür: Sie sind zu einem Knochengerüst, dem **Skelett**, zusammengesetzt. Es verleiht dir Halt und schützt deinen Körper. Darum sind die Knochen besonders geformt und sinnvoll miteinander verbunden.

Das **Kopfskelett** ist besonders widerstandsfähig. Hier sind harte Knochenplatten zu einem starken Schutzpanzer miteinander verwachsen. Ihre gezackten Verwachsungsstellen bezeichnet man als Knochennähte. Dieser *Gehirnschädel* mildert Stöße ab und schützt dadurch das Gehirn. – Bei Neugeborenen sind die Schädelknochen noch nicht fest verbunden. Die Lücken schließen sich zwischen dem 10. und 12. Lebensmonat.

Der einzige bewegliche Knochen des Schädels ist der Unterkiefer. Er gehört zusammen mit dem Oberkiefer, dem Nasenbein und Jochbogen zum *Gesichtsschädel*.

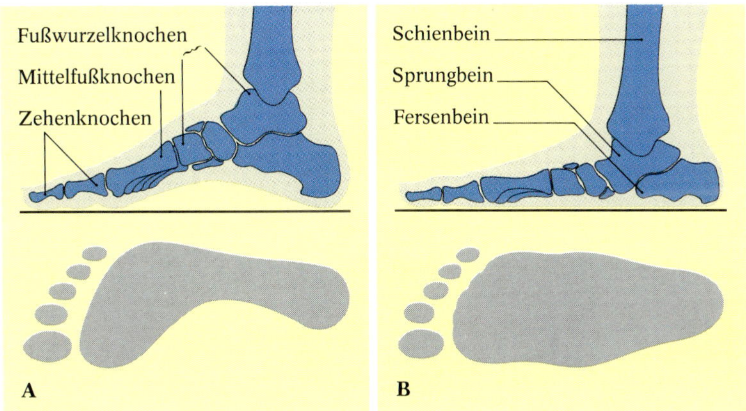

19.1. Fußgewölbe und Fußabdruck.
A Gesunder Fuß; B Plattfuß

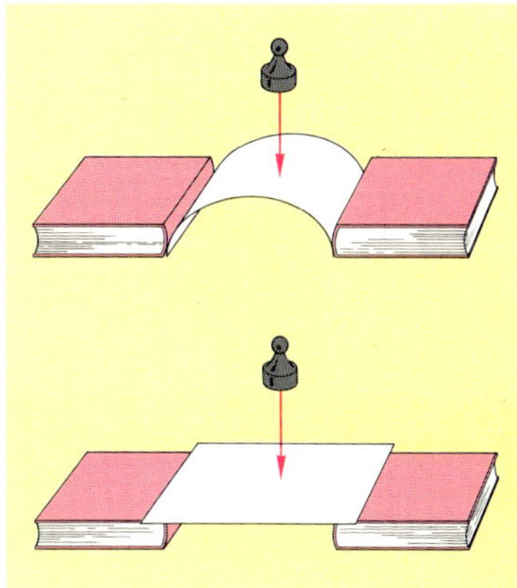

19.2. Versuch zur Belastung des Fußgewölbes

3. Stelle einen Fußabdruck her! Feuchte dazu deine Fußsohle an und drücke sie auf ein Stück Kartonpapier oder Pappe!
Zeichne den Fußabdruck mit Bleistift nach! Vergleiche ihn mit der Abbildung!

4. Führe den Versuch durch! Verwende Kartonpapier und unterschiedliche Gewichte! Vergleiche mit der Abbildung 19.1.!

Am **Rumpfskelett** fällt zunächst die *Wirbelsäule* auf. Sie trägt den Kopf und den Brustkorb und ist im Becken fest verankert. Der *Brustkorb* schützt Herz und Lungen weitgehend vor Verletzungen. Zu ihm gehören 12 Paar *Rippen*, die mit der Wirbelsäule beweglich verbunden sind. Sie krümmen sich bogenförmig nach vorn. Die 10 oberen Rippenpaare sind durch elastische Knorpelstücke mit dem *Brustbein* verbunden. Der Brustkorb erfüllt also zwei Aufgaben: er bietet Schutz und ist gleichzeitig beweglich.

Am beweglichsten aber sind die Arme und Beine. Man bezeichnet sie als obere und untere **Gliedmaßen**. Ihre große Beweglichkeit hängt mit dem Aufbau zusammen. So besteht jeder Arm und jedes Bein aus 30 Knochen. Die Gliedmaßen enthalten also mehr als die Hälfte aller Knochen unseres Skeletts. – Die Arme sind mit dem Rumpf über den **Schultergürtel** verbunden. Er besteht aus den beiden *Schulterblättern* und aus den *Schlüsselbeinen*. Der **Beckengürtel**, der die Beine mit dem Rumpf verbindet, stellt einen festen Knochenring dar. Er setzt sich aus dem *Kreuzbein* und den schalenförmigen *Beckenknochen* zusammen.

Wenn du stehst und gehst, wird deine ganze Körperlast von den Beinen und **Füßen** getragen. Diese Belastung erfordert ein besonders starkes Fußskelett. In ihm sind 26 kleine Knochen zu einem Gewölbe zusammengefügt. Muskeln und straffe Sehnen geben ihm zusätzlich Halt. Solch ein Fußskelett stellt eine Besonderheit des Menschen dar und ermöglicht auch seinen aufrechten Gang.
Der *gesunde Fuß* berührt den Boden mit Ferse, Außenkante, Ballen und Zehen. Sind die Fußmuskeln jedoch durch Überlastung geschwächt, so können sie das Fußgewölbe nicht mehr tragen. Es drückt sich durch, und es entsteht ein *Plattfuß*. Dieser Schaden erzeugt Fußschmerzen und kann auch zu Haltungsfehlern führen. Wir können solche Fußschäden vermeiden, wenn wir viel wandern, bei Gelegenheit barfuß laufen und damit unsere Fußmuskeln kräftigen. Wichtig sind auch passende Schuhe.

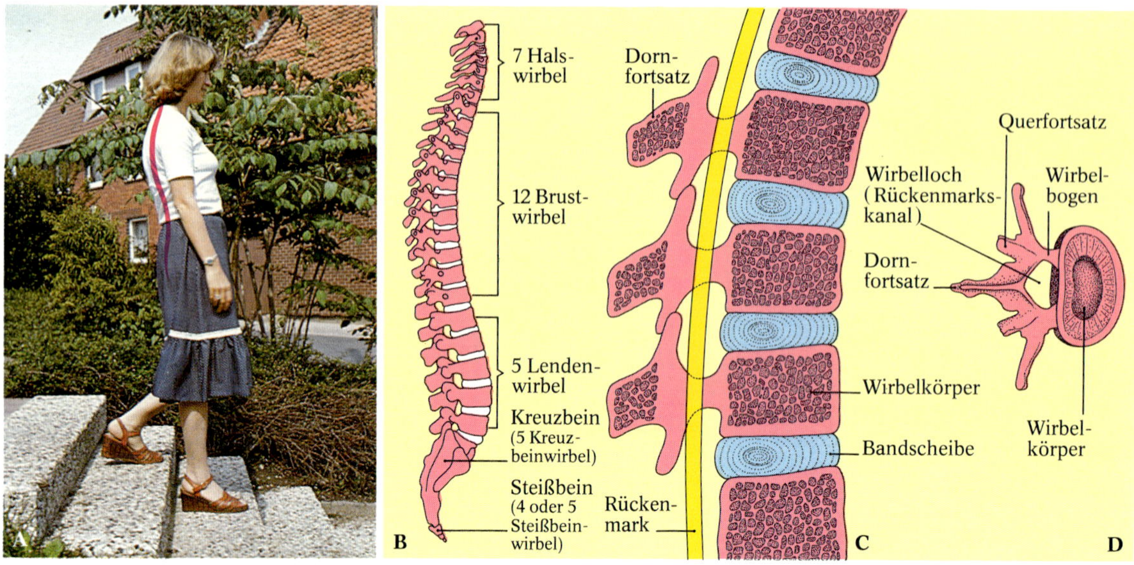

20.1. Wirbelsäule des Menschen. *A Lage im Körper; B Zusammensetzung; C Wirbelsäule gekrümmt (Längsschnitt); D Lendenwirbel von oben*

1.3. Die Wirbelsäule – Hauptachse des Skeletts

„Sitz gerade! Geh nicht so krumm!" Vermutlich hast du diese Auffordcrungen von deinen Eltern schon öfter gehört. Warum weisen sie dich eigentlich auf deine Körperhaltung hin?

Die aufrechte Haltung wird durch die **Wirbelsäule** ermöglicht. Sie durchzieht den Rumpf wie eine geschwungene Achse. Diese „Säule" ist jedoch kein starrer Knochenstab. Sie setzt sich vielmehr aus einzelnen **Wirbeln** zusammen und ist deshalb vielfältig beweglich. Die Beweglichkeit der Wirbelsäule wird noch dadurch erhöht, daß zwischen den Wirbeln elastische Knorpelplättchen liegen. Man nennt sie Zwischenwirbelscheiben oder **Bandscheiben.** Sie wirken wie Stoßdämpfer und fangen die meisten Stöße federnd auf. Gleichzeitig vermeiden sie die Reibung der harten, knöchernen Wirbel aneinander.
Alle Wirbel des Hals-, Brust- und Lendenabschnitts sind gegeneinander beweglich. So kannst du zum Beispiel den Rumpf vorwärts, rückwärts und seitwärts beugen. Die Wirbelsäule im Bereich der Lendenwirbel ist also besonders beweglich. Die 5 Kreuzbeinwirbel dagegen sind zum Kreuzbein verwachsen. Die 4–5 Steißbeinwirbel bilden schließlich das kurze Steißbein.
Betrachtest du die Wirbelsäule von der Seite, so fällt dir die *doppelt-S-förmige Krümmung* auf. Das erste „S" verläuft vom Beginn des Halsabschnitts bis etwa zur Brustmitte. Das zweite „S" reicht von der Brustmitte bis zum Steißbein. Aufgrund dieser Form kann die Wirbelsäule stark belastet werden. Außerdem federt sie Stöße ab und fängt dadurch Erschütterungen auf, zum Beispiel beim Laufen und Springen. Die Wirbelsäule wird mit Hilfe der Rückenmuskeln aufrecht gehalten. Diese Skelettmuskeln verkümmern, wenn du häufig krumm sitzt oder krumm gehst oder dich zu wenig bewegst. Es entstehen dann Haltungsschwächen, die sich schließlich zu **Haltungsschäden** entwickeln können.
Du weißt nun, warum dich deine Eltern immer wieder ermahnen, gerade zu gehen und gerade zu sitzen.

21.1. Tragehaltung bei Schülern

21.2. Sitzhaltung eines Schülers

1. Untersuche die Wirbelsäule am menschlichen Skelett eurer Schulsammlung! Unterscheide die in Abbildung 20.1. B angegebenen Abschnitte!

2. Stelle aus Klingeldraht die in Abbildung 21.4. gezeichneten Wirbelsäulenmodelle her! Stecke sie in passende Bohrungen eines Holzbrettes! Alle Aufhängehaken sollen gleich hoch stehen, etwa 30 cm. Hänge an die Drahtstücke 2, 3 und 4 gleiche Gewichte an! Als Gewichte kannst du gleich große Glaskugeln oder Schraubenmuttern verwenden. Fülle sie in kleine durchsichtige Plastiktüten und hänge diese an die Haken! Beschreibe das Versuchsergebnis! Welches Drahtmodell ist am stärksten belastbar? Welches entspricht der menschlichen Wirbelsäule?

3. Stülpe über das Ende der Drahtmodelle 1 und 4 je ein Glasrohr von 6 cm Länge! Die Glasrohre sollen so weit sein, daß sie über das Modell 4 rutschen können. Ihr oberes Ende ist mit Seidenpapier bespannt. Stoße das Grundbrett auf die Tischplatte! Erkläre das Versuchsergebnis!

4. Baue ein einfaches Modell der Wirbelsäule! Als Wirbel kannst du vorgebohrte Korken, als Bandscheiben Stücke aus Schaumgummi verwenden. Stecke diese Teile abwechselnd auf eine etwa 30 cm lange Stricknadel! Welche Baumerkmale und Leistungen der menschlichen Wirbelsäule kannst du an diesem Modell aufzeigen? Vergleiche dazu auch die Abbildung 20.1. C!

5. Worauf mußt du achten, um Haltungsschäden zu vermeiden? Siehe hierzu auch Abb. 21.1. und 21.2.!

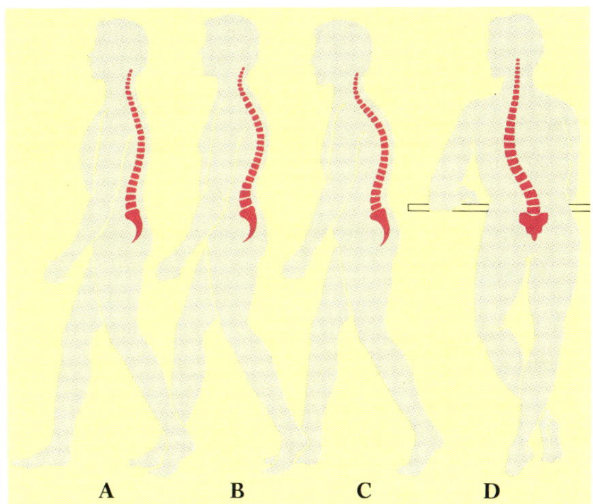

21.3. Haltungsschäden. *A normale Haltung; B Hohlkreuz; C Rundrücken; D seitliche Verkrümmung*

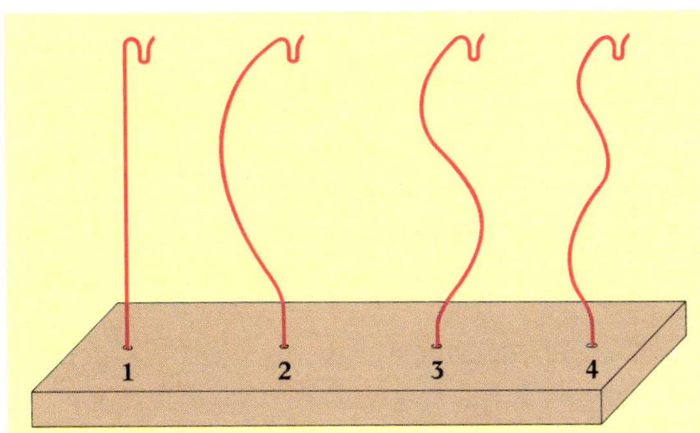

21.4. Drahtmodelle der Wirbelsäule zur Überprüfung ihrer Leistungsfähigkeit

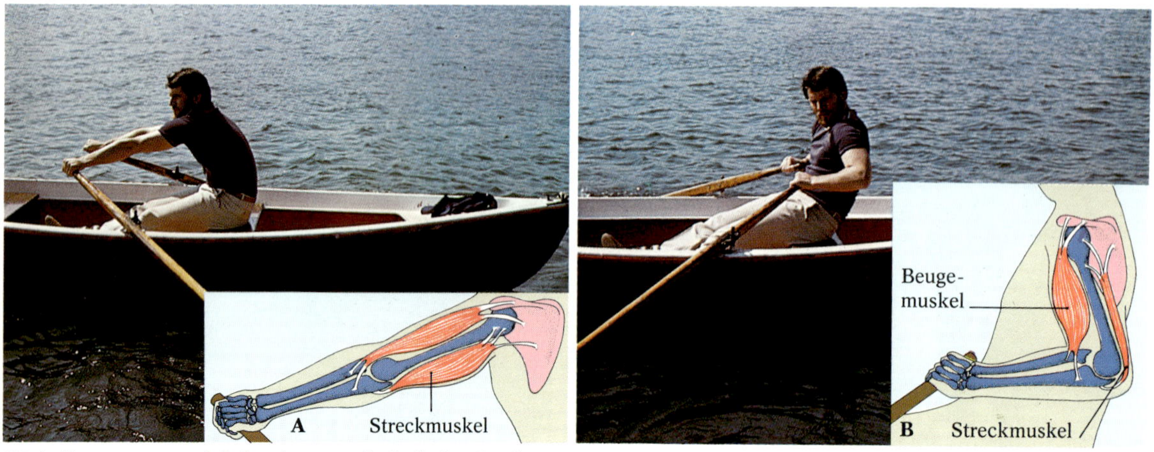

22.1. Zusammenspiel der Armmuskeln beim Rudern

1. Umfasse deinen Oberarm so, daß der Daumen den Strecker und die übrigen Finger den Beuger berühren! Beuge und strecke nun den Unterarm! Welche Veränderungen stellst du an den Oberarmmuskeln fest?

2. Nenne andere Muskelpaare deines Körpers, die als Gegenspieler zusammenwirken!

1.4. Wie kommen unsere Bewegungen zustande?

„Hau-ruck! Hau-ruck! Hau-ruck!“ Mit diesen Rufen feuert Kai als Steuermann im Ruderboot seine Mannschaft an. Bei „Hau“ strecken die Ruderer ihre Arme nach vorn, bei „Ruck“ ziehen sie die Ruder kräftig durch das Wasser. Ganz deutlich kann man nun die Wölbung im Oberarm sehen: Der Bizeps ist gespannt.
Der Bizeps wird beim Beugen des Unterarms verkürzt. Er ist ein **Beugemuskel.** – Soll das Ruder wieder nach hinten gebracht und der Arm wieder gestreckt werden, muß sich der hintere Oberarmmuskel verkürzen. Er streckt den Unterarm und wird daher **Streckmuskel** genannt. Beuger und Strecker wirken also beim Rudern in entgegengesetzter Weise zusammen. Sie sind *Gegenspieler.*

Für die Bewegungen unseres Körpers genügt also das Skelett nicht allein. **Muskeln** erzeugen die Kraft, mit deren Hilfe wir diese Bewegungen ausführen können. – Jeder Muskel ist aus vielen Muskelfasern zusammengesetzt und von einer festen Hülle umgeben. Die Enden dieser Muskelhaut gehen in straffe **Sehnen** über. Mit ihnen ist der Muskel an den Knochen, die bewegt werden sollen, angewachsen. Wenn er „arbeitet“, verkürzt er sich, wird dicker und härter. Dabei zieht er den entsprechenden Knochen mit und erzeugt auf diese Weise eine Körperbewegung.

An allen Körperteilen, die Bewegungen ausführen müssen, befinden sich **Gelenke.** Hier sind Knochen beweglich miteinander verbunden. Das Gelenk zwischen Becken und Oberschenkel, das *Hüftgelenk,* wird jeden Tag stark belastet. Es muß das ganze Gewicht des Oberkörpers tragen. Es muß aber auch so gebaut sein, daß das Bein nach allen Seiten bewegt werden kann. Solche Anforderungen erfüllt ein **Kugelgelenk.** – Das *Ellenbogengelenk* dagegen ist in seiner Bewegungsmöglichkeit weitgehend begrenzt wie ein Scharnier. Man spricht in diesem Falle von einem **Scharniergelenk.**

Den allgemeinen Aufbau eines Gelenkes siehst du in der Abbildung 23.3.. Das Ende des einen Knochens, der *Gelenkkopf,* paßt genau in die

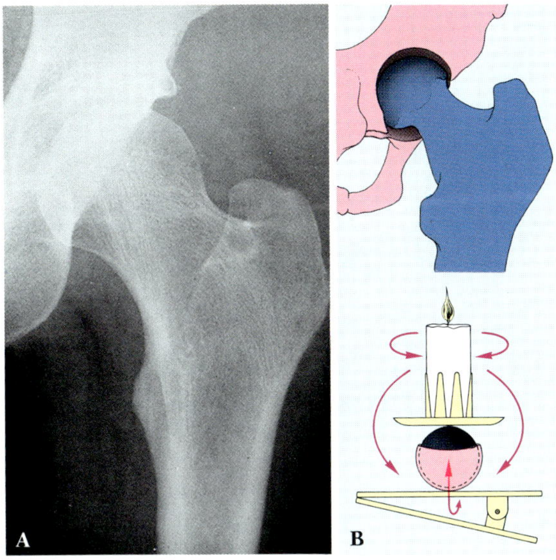

23.1. Das Hüftgelenk.
A Röntgenbild; B Schema

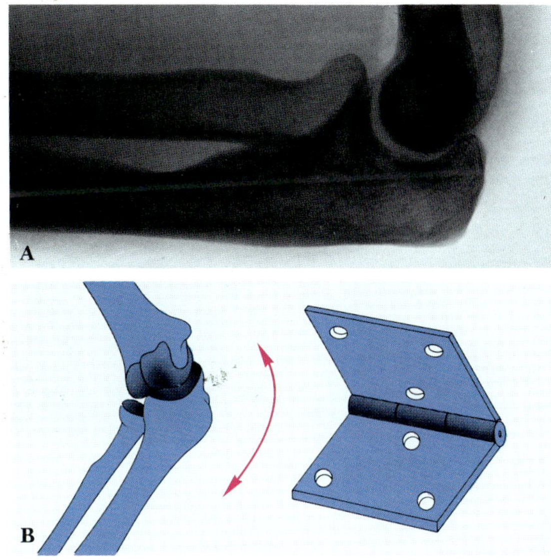

23.2. Das Ellenbogengelenk.
A Röntgenbild; B Schema

Vertiefung des anderen, in die *Gelenkpfanne.* Beide Teile werden von einer festen Haut, der *Gelenkkapsel,* umschlossen. Ein gesundes Gelenk funktioniert so reibungslos, daß du nichts spürst: Gelenkkopf und Gelenkpfanne sind nämlich mit elastischem *Gelenkknorpel* überzogen. Dazwischen befindet sich die sogenannte *Gelenkschmiere.* Es ist eine schleimige Masse, die von der Innenseite der Gelenkkapsel abgesondert wird und das Gelenk gleitfähig macht.

Damit Muskeln und Gelenke gesund bleiben, müssen sie regelmäßig bewegt werden. Sie werden sonst schwach und verkümmern sogar. Du kannst sie durch häufige und vielseitige Bewegung gesund und leistungsfähig erhalten. Übermäßige Belastungen schaden. Muskelzerrungen oder sogar Muskelrisse können die Folge sein.

3. Suche am menschlichen Skelett eurer Schulsammlung nach Kugel- und Scharniergelenken! Stelle sie in einer Übersicht zusammen!

4. An welchen Gegenständen kannst du Scharniergelenke und an welchen kannst du Kugelgelenke finden? Beschreibe die Aufgabe dieser Gelenke!

5. Erläutere die Redensart „Wer rastet, der rostet“!

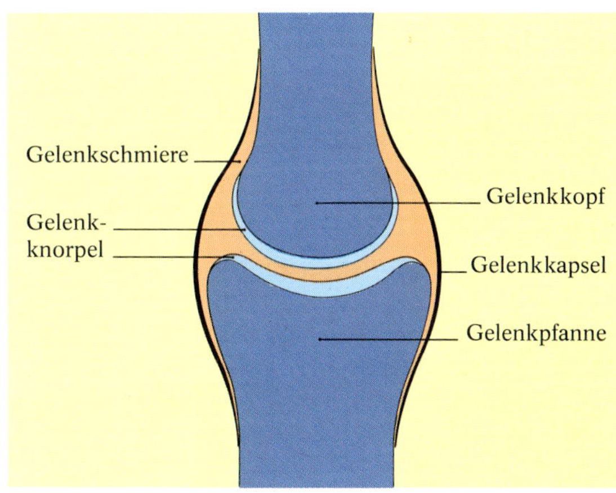

23.3. Einfaches Gelenk *(Schema)*

6. Baue ein einfaches Modell vom Kugelgelenk! Überlege, was du als Gelenkpfanne und als Gelenkkopf verwenden kannst!

24.1. Unfallgefahr

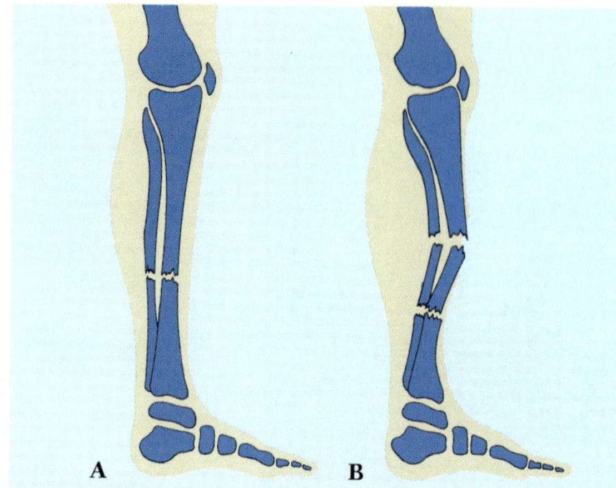

24.2. Bruch des Unterschenkels.
A geschlossener Bruch; B offener Bruch

1. Beschreibe die Abbildung 24.1.! Wie kannst du solche Situationen und dadurch mögliche Unfälle vermeiden?

3. Wie unterscheidet sich ein offener Bruch von einem geschlossenen Bruch? Begründe, warum die Wunde zunächst keimfrei abgedeckt werden muß!

Uwes Unfall

Frank und Uwe hasten über die Straße. Sie wollen den Schulbus noch erreichen. Uwe ist schon fast auf der anderen Seite, da übersicht er in der Eile ein herannahendes Auto. Er wird zu Boden gerissen und bleibt auf dem Bürgersteig liegen. Er kann nicht mehr aufstehen. „Mein Bein, mein Bein", stöhnt er. Schon bei der geringsten Bewegung spürt er heftige Schmerzen im Bein. Frank steht zunächst ratlos daneben. „Bleib' ruhig liegen, ich hole Hilfe", ruft er dann, rennt zum nächsten Telefonhäuschen und wählt die Nummer 110. Bald ist er wieder zurück. „Uwe, die Polizei kommt gleich! Beweg' das Bein nicht! Warte, ich lege meine Jacke darunter." Nach wenigen Minuten erscheint der Polizeiwagen. Ein Polizist fragt Frank: „Hast du das Bein bewegt?" „Nein". „Das war richtig. – Das Bein scheint gebrochen zu sein. Hier kann nur der Arzt helfen. Ich fordere einen Krankenwagen an. Wir bringen Uwe ins Krankenhaus."

2. Beschreibe, wie du bei solch einem Unfall Erste Hilfe leisten kannst!

1.5. Verletzungen der Bewegungsorgane

Bei einer Beinverletzung kann man nicht immer sofort feststellen, ob es sich um einen **Knochenbruch** handelt. Die verletzte Stelle ist angeschwollen, gerötet und schmerzt sehr. Der Verletzte kann nicht mehr auftreten. Im Krankenhaus läßt der Arzt deshalb zunächst eine Röntgenaufnahme machen. Sie zeigt ihm, daß das Schienbein gebrochen ist. Der Unterschenkel erhält nun einen Gipsverband, damit der gebrochene Knochen in völliger Ruhe verheilen kann.

Die *Heilung* dauert etwa 3–4 Wochen. An den Bruchstellen bildet sich zunächst Knochenknorpel, der die beiden Knochenstücke fest miteinander verbindet. Bald lagert sich Knochenkalk ein, und die Bruchstelle wird „knochenhart".
Bei Stürzen kann manchmal auch das Schlüsselbein brechen. Wenn der Arzt erkennt, daß der Bruch nur schwer verheilen wird, fügt er den gebrochenen Knochen mit Metallklammern zusammen.

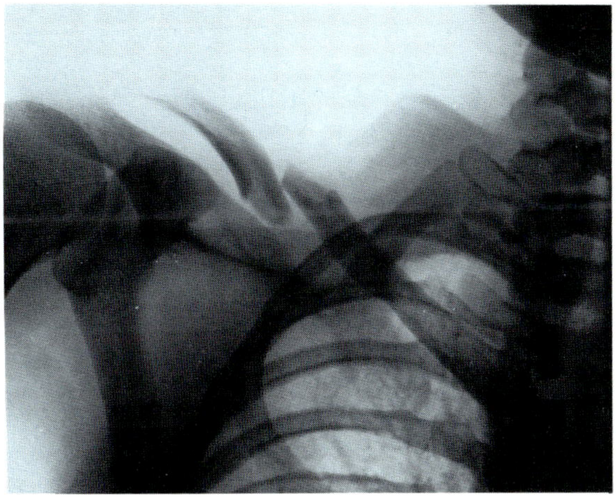

25.1. Schlüsselbeinbruch *(Röntgenbild)*

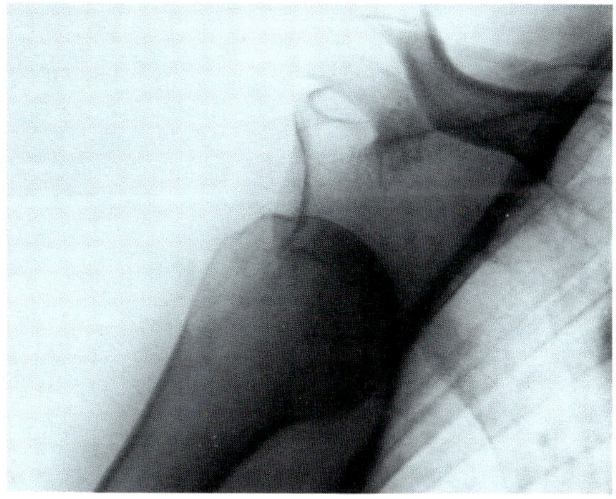

25.2. Ausgekugelter Arm *(Röntgenbild)*

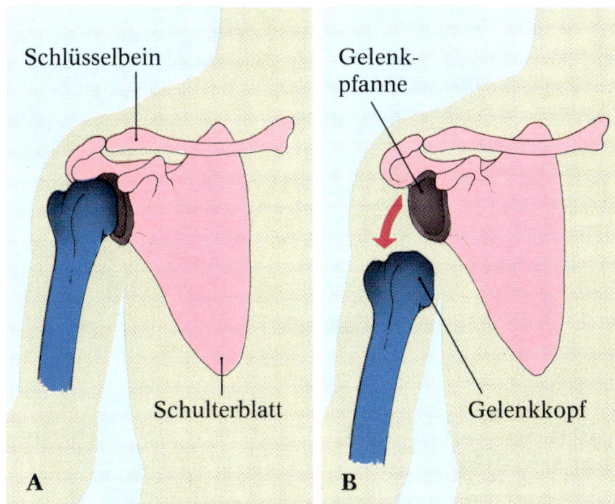

25.3. Schultergelenk *(Schema).*
A normal; B verrenkt

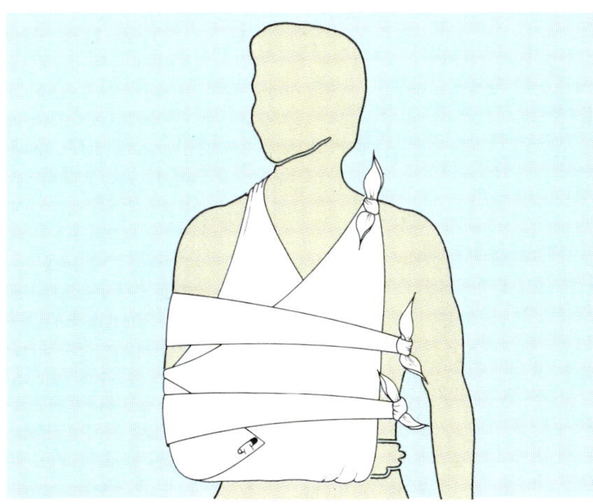

25.4. Ruhigstellung durch Armtragetuch

Gelenke kann man sich leicht verletzen. Oft ist das Fußgelenk davon betroffen, wenn der Fuß zum Beispiel auf unebenem Boden umknickt. Der Verletzte spürt einen heftigen Schmerz und kann nicht mehr richtig auftreten. Das Fußgelenk wird heiß und schwillt an. Was ist geschehen? Durch übermäßige Belastung wurden die Knochenenden der Gelenke für einen Augenblick auseinandergezerrt, sprangen aber sofort in ihre normale Lage zurück. Es ist eine **Verstauchung** entstanden. Dabei wird die Gelenkkapsel überdehnt. Blutgefäße platzen, und ein Bluterguß in die Kapsel läßt diese anschwellen. Der Verletzte muß das Gelenk so lange ruhigstellen, bis Schwellung und Schmerz abgeklungen sind.

Bei einer **Verrenkung** bleiben die Knochenenden des Gelenks in ihrer unnatürlichen Lage stehen. Wenn zum Beispiel die Schulter verrenkt ist, gleitet der Gelenkkopf nicht wieder in die Gelenkpfanne zurück. Die Schulter ist „ausgekugelt“. Ein verrenktes Schultergelenk wird mit einem Armtragetuch ruhiggestellt, ehe man zum Arzt geht.

26.1. Nahrungsmittel

1. In dem obenstehenden Bild sind unterschiedliche Nahrungsmittel auf besondere Weise angeordnet. Gib an, nach welchen Gesichtspunkten diese Anordnung erfolgte!

2. Ernährung und Verdauung

2.1. Unsere Nahrungsmittel enthalten verschiedene Nährstoffe

Sicherlich hast du schon einmal in einem Lebensmittelgeschäft die große Anzahl verschiedener Nahrungsmittel gesehen. Diese Vielzahl kann man in drei Gruppen einteilen: in kohlenhydratreiche, fettreiche und eiweißreiche Nahrungsmittel. Kohlenhydrate, Fette und Eiweiße bezeichnet man als **Nährstoffe.**

Brot, Brötchen, Reis, Kartoffeln, Kuchen und Süßigkeiten sind kohlenhydratreiche Nahrungsmittel. Sie enthalten Zucker und Stärke. Dein Körper braucht diese **Kohlenhydrate.** Sie liefern dir die nötige Kraft, damit du laufen, heben, spielen oder bei den Schularbeiten nachdenken kannst.

Auch **Fette** sind solche „Kraftspender". Allerdings kann dein Körper aus Fetten doppelt so viel Kraft beziehen wie aus der gleichen Menge an Kohlenhydraten. Daher solltest du Nahrungsmittel, die viel Fette enthalten, nur sparsam verwenden. Speck, Butter, Margarine, viele Wurstsorten oder Nüsse sind sehr fettreich. Fette können aber auch in flüssiger Form vorkommen. Man bezeichnet sie dann als Öle. Überschüssige Fette werden als „Fettpolster" im Körper abgelagert. Das trifft auch für ein Übermaß an Kohlenhydraten zu, da der Körper überschüssige Kohlenhydrate in Fette umwandeln kann.

Von Fetten und Kohlenhydraten allein kann der Mensch nicht leben. Da alle Zellen **Eiweißstoffe** enthalten, sind diese für den Aufbau des Körpers unerläßlich. Zu den besonders eiweißreichen Nahrungsmitteln gehören Fleisch, Fisch, Eier, Käse und Quark.

Im Eiklar des Eies kommt Eiweiß in besonders reiner Form vor. Du kannst es nachweisen, indem du dieses Eiklar erhitzt: Es gerinnt. Auch Kohlenhydrate und Fette lassen sich in Nahrungsmitteln auf einfache Weise nachweisen. Wie man das macht, kannst du auf Seite 27 sehen.

Wichtige Nahrungsmittel wie Brot, Milch oder Gemüse enthalten alle drei Nährstoffe. Den Anteil an Nährstoffen in einem Kilogramm Vollkornbrot kannst du der Abbildung 27.2. entnehmen.

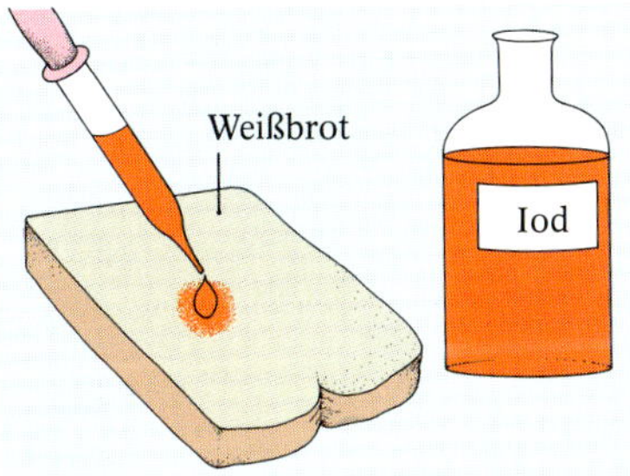

27.1. Nachweis von Nährstoffen

Stärkenachweis

2. Gib auf etwas Weißbrot einen Tropfen Iodlösung! Gib einen zweiten Tropfen der Lösung auf Papier! Vergleiche die Ergebnisse! Überprüfe andere Lebensmittel mit der „Iodprobe" auf Stärke!

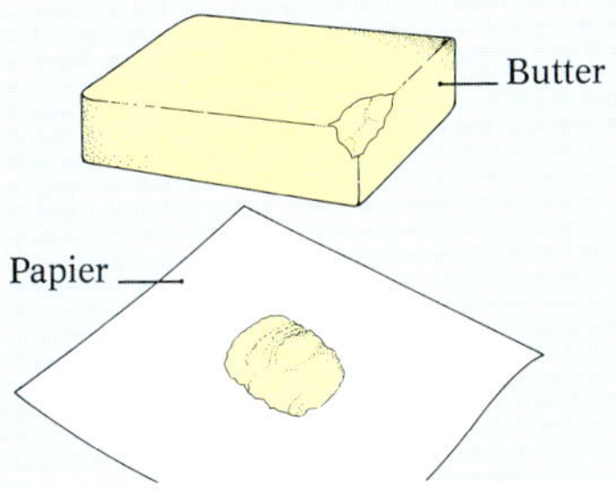

Fettnachweis

3. Gib etwas Butter oder Margarine auf ein Blatt Papier! Setze einen Wassertropfen daneben! Warte, bis das Papier getrocknet ist! Halte das Blatt gegen das Licht! Beschreibe deine Beobachtung!
Führe diese „Fettfleckprobe" bei Lebensmitteln wie Milch, Wurst, Brot oder Schokolade durch!

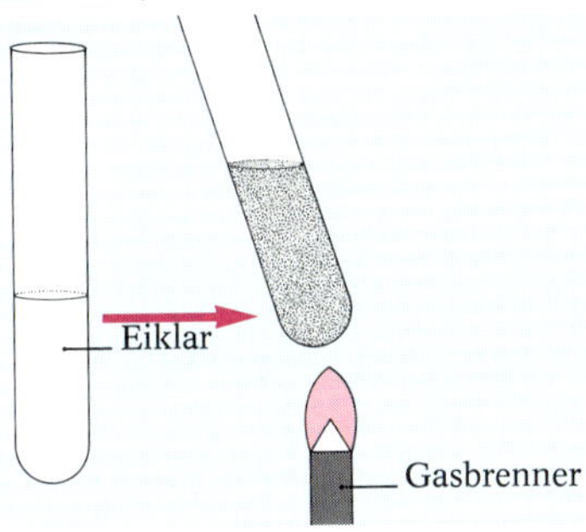

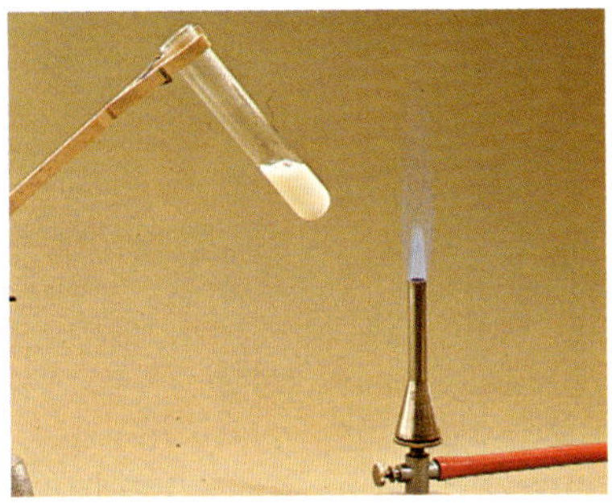

Eiweißnachweis

4. Gieße aus einem oben geöffneten Ei vorsichtig etwas Eiklar über den Schalenrand in ein Reagenzglas! Erhitze das Eiklar durch Hin- und Herbewegen in der Flamme eines Bunsenbrenners! Beschreibe deine Beobachtungen!

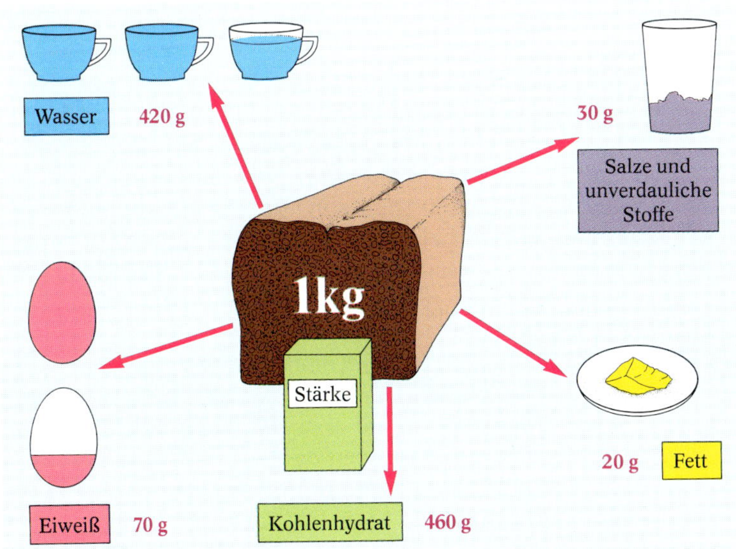

27.2. Zusammensetzung von Vollkornbrot

5. Stelle anhand der Abbildung 27.2. fest, mit welchen Anteilen die Nährstoffe im Vollkornbrot enthalten sind! Übertrage diese Anteile in ein 1 cm breites und 10 cm hohes Kästchen (10 g = 1 mm)! Zeichne zwei gleich große Säulen daneben! Trage hier die entsprechenden Werte für Ei und Schinken ein! Vergleiche!

	Ei (1000 g)	Schinken (1000 g)
Kohlenhydrate	10 g	–
Fette	110 g	320 g
Eiweiße	130 g	240 g
Wasser	740 g	320 g
Salze	10 g	120 g

28.1. *Oliver im Zahnwechsel*

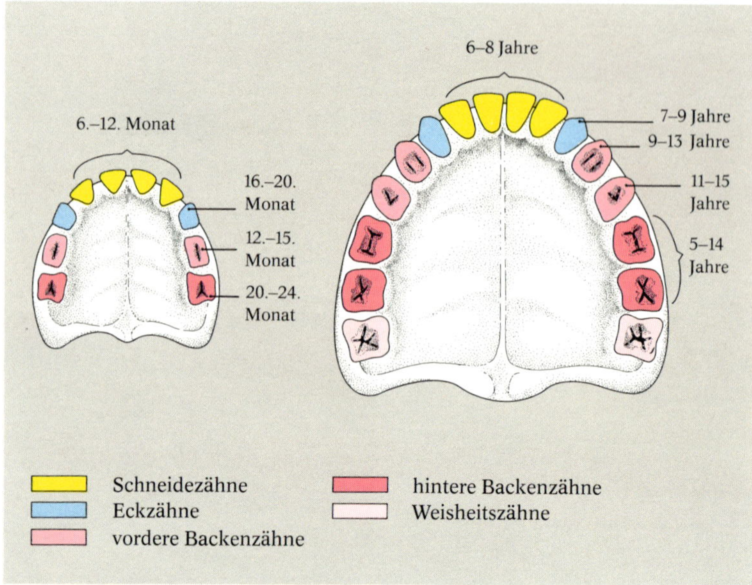

28.2. ***Milchgebiß und Dauergebiß*** (*Schema*)

2.2. Zahnpflege muß sein

Oliver hat Mühe, von dem Apfel ein Stück abzubeißen. Oliver ist im Zahnwechsel. Seine Milchschneidezähne sind ausgefallen, weil die Schneidezähne des bleibenden Gebisses nachwachsen. Mit ihnen wird er wieder ohne Schwierigkeiten zubeißen können. Wie lange er das kann, hängt von der Pflege seiner nun bleibenden Zähne ab. – Kannst du denn kräftig von einem harten Apfel abbeißen, oder hast du dabei schon einmal Schmerzen verspürt?

Deine Zähne sind keine toten Werkzeuge wie Meißel, Raspel oder Kneifzange, sondern lebende Körperteile. Nur mit gesunden Zähnen kannst du gründlich kauen. Zu diesem Zweck ist dein **Gebiß** besonders gebaut. Mit den *Schneidezähnen* beißt du mundgerechte Bissen ab. Bei besonders harten Speisen werden dabei die *Eckzähne* zu Hilfe genommen. Anschließend wird der Bissen beim Kauen zwischen den breiten Kronen der *Backenzähne* zerquetscht und zerrieben.

„Werkzeuge", die diese Arbeit verrichten, müssen eine harte Oberfläche besitzen. So bedeckt *Zahnschmelz* als harter Überzug die Krone des Zahnes. Der Zahnschmelz glänzt wie Porzellan. Er ist härter als Stahl, aber auch spröde wie Glas.

Darunter liegt das *Zahnbein.* Es ist eine feste, knochenartige Masse. Sie ragt in den Kieferknochen hinein und verankert den Zahn mit dem unteren Abschnitt, der *Wurzel.* Die Wurzeln sind mit Zahnzement überzogen. Zusammen mit Fasern aus der Wurzelhaut des Zahnfleisches sorgt er für den festen Sitz der Zähne. Die *Zahnhöhle* im Inneren des Zahnes wird von Blutgefäßen und Nerven durchzogen. Die Blutgefäße transportieren Stoffe, die zum Aufbau und zur Ernährung des Zahnes notwendig sind. Nerven geben „Alarm", wenn der Zahn beschädigt wird oder erkrankt ist.

Das vollständige Gebiß eines Erwachsenen, das **Dauergebiß,** hat 32 Zähne. Die hintersten Backenzähne nennt man Weisheitszähne. Sie erscheinen meist erst nach dem 20. Lebensjahr.

Bei kleinen Kindern entwickelt sich zuerst das **Milchgebiß** mit 20 Zähnen. Milchzähne haben nur kleine Wurzeln. Etwa vom 6. Lebensjahr an

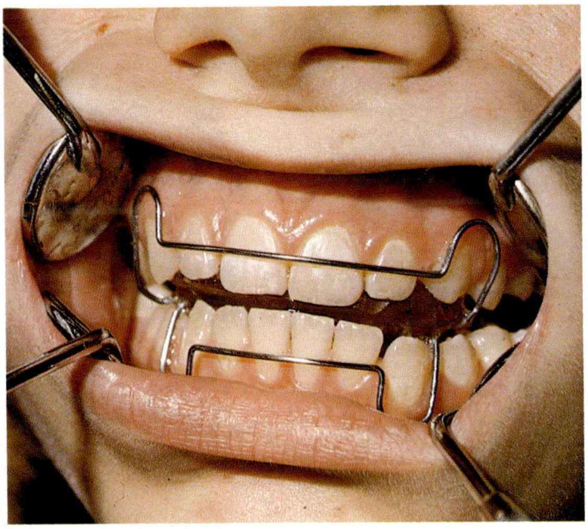

29.1. Gebiß mit Zahnklammer

1. Begründe, warum schiefstehende Zähne gerichtet werden müssen!

wachsen im Kiefer unter den Milchzähnen die Zähne des Dauergebisses heran. Sie schieben die Milchzähne vor sich her: Die Milchzähne werden locker und fallen aus.

Manchmal wachsen die neuen Zähne bei diesem *Zahnwechsel* schief aus dem Kiefer. Dadurch kann man schlechter beißen und kauen. Durch Aufsetzen von Metallklammern kann der Zahnarzt die Stellung der Zähne während des Wachstums regulieren.

Deine „lebenden Werkzeuge“ können bei mangelhafter Pflege krank werden. Die *Zahnfäule* oder **Karies** ist zur Zeit die häufigste Zahnkrankheit. Süßigkeiten sowie mangelnde Zahnpflege sind die Ursachen. Zuckerhaltige Speisereste bleiben zwischen den Zähnen hängen. Sie bilden einen Nährboden für schädigende Bakterien. Es entstehen Säuren, die den Zahnschmelz entkalken. Nun können Bakterien eindringen und die inneren Teile des Zahnes angreifen. Sie gelangen bis in die Zahnhöhle und verursachen dort schmerzhafte Entzündungen. Abbildung 29.2. zeigt dir, was passiert, wenn die Krankheit nicht rechtzeitig behandelt wird.

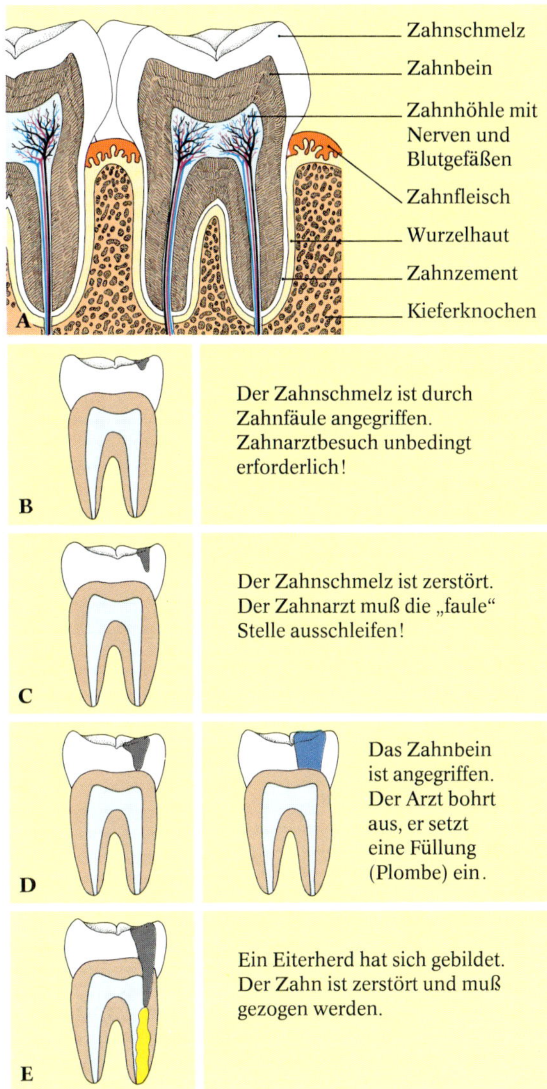

29.2. Backenzahn
A Bau; B - E Zerstörung durch Karies

2. Untersuche dein Gebiß mit Hilfe eines Taschenspiegels! Fertige eine einfache Skizze an und beschrifte sie nach Abbildung 28.2.!

3. Ordne den einzelnen Zahngruppen entsprechend ihrem Aussehen und ihrer Aufgabe vergleichbare Werkzeuge zu!

4. Stelle Regeln zur Zahnpflege auf! Beachte: Eßgewohnheiten (Art der Kost, heiße und kalte Speisen, Süßigkeiten), Zähneputzen, Zahnarztbesuch!

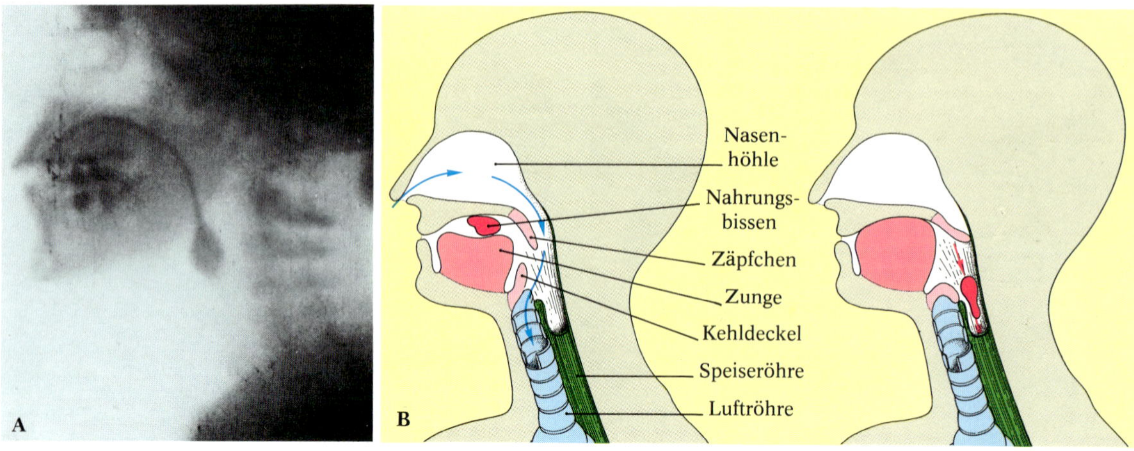

30.1. ***Schluckvorgang.*** *A Röntgenbild; B Schema*

1. Lege die Innenfläche deiner Hand an die Kehle! Achte auf Lage und Bewegung deines Kehlkopfes: a) in Ruhe, b) beim Schlucken! Berichte!

2. Was passiert beim „Verschlucken"? Erläutere, wie das „Verschlucken" normalerweise verhindert wird!

2.3. Verdauungsorgane verarbeiten die Nahrung

Hast du dir schon einmal Gedanken darüber gemacht, was mit dem Wurstbrot, das du in der Pause gegessen hast, im Körper alles geschieht? Verfolgen wir dazu den Weg des Brotes durch den Körper.

Im **Mund** wird es zunächst durch die Zähne zerkleinert und anschließend beim Kauen mit *Speichel* durchmischt. Drei Paar Speicheldrüsen sondern täglich etwa 1,5 Liter Speichel ab. Dieser macht den Bissen gleitfähig. Speichel sorgt auch für eine erste Zerlegung von bestimmten Nährstoffen in deinem Pausenbrot. Diesen Vorgang nennt man **Verdauung.** Im Speichel sind Wirkstoffe enthalten, die das Kohlenhydrat Stärke in Zucker zerlegen können. Erst in Form von Zucker werden Kohlenhydrate vom Körper aufgenommen. Solche Wirkstoffe, die Nährstoffe zerlegen, nennt man **Enzyme.**

Ein Enzym zerlegt jeweils nur einen bestimmten Nährstoff. So wirkt das Enzym im Speichel ausschließlich auf Kohlenhydrate. Fette und Eiweiße werden von ihm nicht angegriffen.

Der zerkleinerte und eingespeichelte Bissen rutscht anschließend in die *Speiseröhre.* Sie ist kein starrer Schlauch, sondern ihre Wände können sich in regelmäßigen Abständen zusammenziehen. Dadurch wird die Speise fortlaufend schubweise nach unten in den Magen gedrückt.

Im **Magen** werden die einzelnen Brotbissen zu einem Brei vermischt und tüchtig durchgeknetet. Dafür sorgen die Schleimhautfalten zusammen mit der kräftigen Muskulatur der Magenwände. Der Magen kann bis zu 2 Liter Speisebrei aufnehmen. Dieser verweilt hier längere Zeit, so daß die Verdauung fortgesetzt werden kann. Hierzu sondern viele kleine Drüsen in der Magenschleimhaut täglich etwa 2 Liter Magensaft ab. Er enthält neben Enzymen auch stark verdünnte Salzsäure. Sicherlich hast du diesen sauer schmeckenden Bestandteil des Magensaftes beim Aufstoßen oder bei „Sodbrennen" schon einmal gespürt. Durch die Säure werden viele mit der Nahrung aufgenommene Bakterien abgetötet.

Außerdem bringt die Salzsäure das Eiweiß im Nahrungsbrei zum Gerinnen. Erst in diesem

Zustand können Enzyme auf das Eiweiß einwirken. Es erfolgt eine Zerlegung in kleinere Bestandteile. Die Enzyme wirken im Magen nur auf Eiweiße ein. Kohlenhydrate und Fette können von ihnen nicht zerlegt werden. Am Magenausgang sitzt ein ringförmiger Muskel, der sich in bestimmten Zeitabständen öffnet und schließt. Dabei gelangen kleine Portionen des Speisebreies in den Darm.

Sein erster Abschnitt heißt **Dünndarm.** Er ist 3 bis 4 m lang und verläuft gewunden in Darmschlingen. Er beginnt mit dem Zwölffingerdarm. In ihn münden zwei wichtige Verdauungsdrüsen: die Leber und die Bauchspeicheldrüse. Die *Leber* erzeugt bitter schmeckende Gallenflüssigkeit, die *Galle.* Sie wird in der *Gallenblase* gespeichert und nach Bedarf abgegeben. Galle ist kein Enzym. Sie hat die Aufgabe, das Fett in kleine Tröpfchen zu zerteilen.

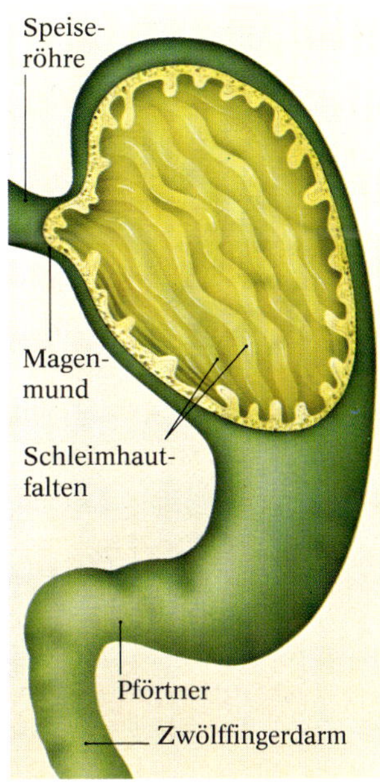

31.2. Bau des Magens

3. Beschreibe die Lage deines Magens im Körper!

4. Beschreibe den Aufbau des Magens! Erläutere die besonderen Aufgaben der Schleimhautfalten!

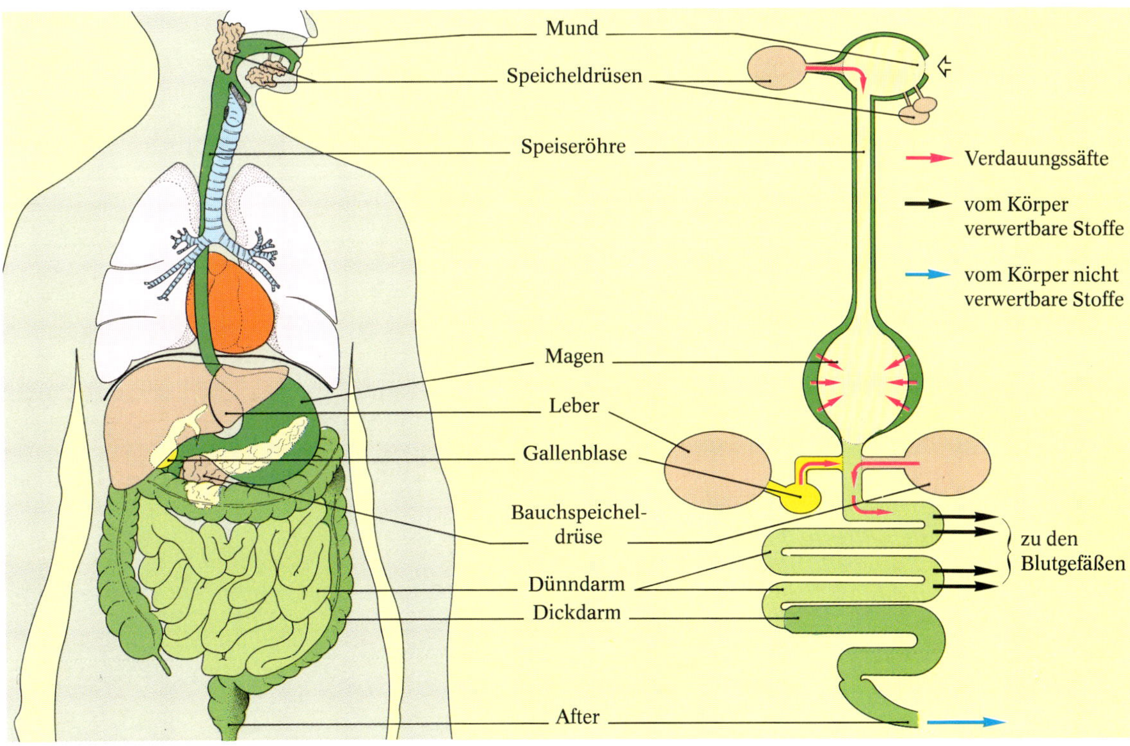

***31.1. Verdauungskanal** (schematische Darstellung)*

Das fettspaltende Enzym kann so besser einwirken.
Die *Bauchspeicheldrüse* sondert den Bauchspeichel ab. Drüsen des Zwölffingerdarms bilden den Darmsaft. Beide Flüssigkeiten enthalten Enzyme, die alle bisher noch nicht verarbeiteten Kohlenhydrate, Fette und Eiweiße zerlegen.
Nach dem Aufspalten in kleine Bausteine können nun alle Nährstoffe vom Körper aufgenommen werden. Dies geschieht im Dünndarm durch die *Darmzotten.* Die Nährstoffe gelangen ins Blut, und der Blutstrom transportiert sie zu allen Körperzellen.
Die unverdaulichen Reste werden in den **Dickdarm** befördert. Er entzieht dem flüssigen Brei den größten Teil des Wassers.
Im Mastdarm sammeln sich die unverdaulichen Reste. Sie werden durch den After als Kot ausgeschieden.

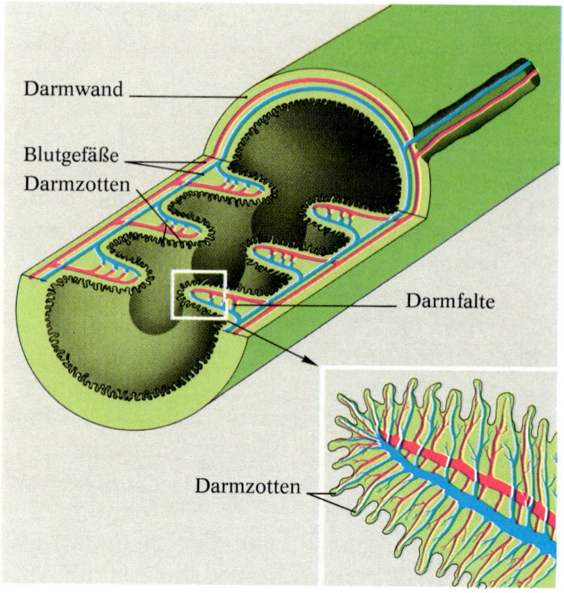

32.1. Bau des Dünndarms

5. Stelle eine Stärkeaufschwemmung her! Gib dazu 1 g Stärke in 100 ml Wasser! Rühre gut um und erhitze die Lösung!
Gieße einen Teil der Aufschwemmung in zwei Reagenzgläser! Gib in das erste Reagenzglas 3 Tropfen Iodlösung! – Notiere deine Beobachtung!
Laß dir vom Lehrer etwas Ptyalinlösung oder Speichellösung geben! Ptyalin nennt der Chemiker das im Speichel enthaltene Enzym. Füge diese Lösung dem zweiten Reagenzglas hinzu! Schüttle um und lasse etwa 2 Minuten einwirken! Prüfe nun auch den Inhalt des zweiten Reagenzglases mit Iodlösung! Vergleiche die Ergebnisse!
Erkläre deine Beobachtungsergebnisse!

6. Gib je drei erbsengroße Stücke von einem gekochten Ei in drei Reagenzgläser!
Gib in das erste Reagenzglas Leitungswasser!
Füge zum Inhalt des zweiten und dritten Reagenzglases etwas Pepsinlösung hinzu! Pepsin nennt der Chemiker ein Enzym des Magensaftes, das Eiweiß zerlegt.
In das dritte Reagenzglas gib zusätzlich etwas verdünnte Salzsäure!
Erwärme die Reagenzgläser im Wasserbad 15 Minuten lang bei ca. 37° C!
Erläutere deine Beobachtungen!

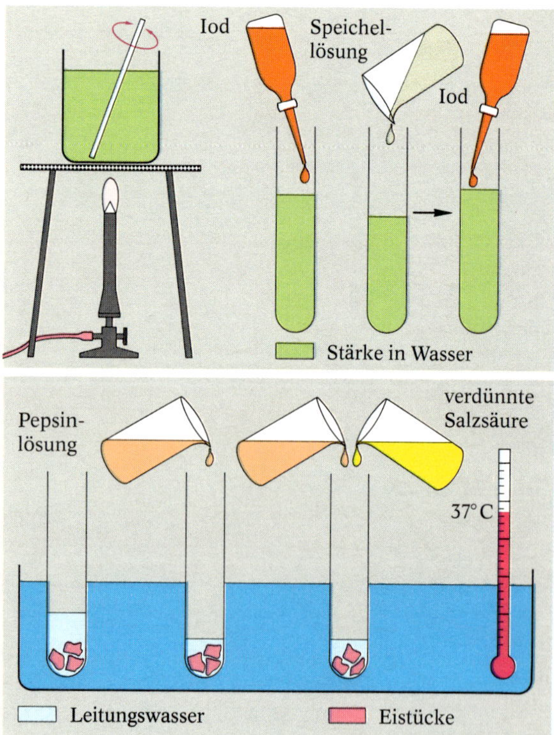

32.2. Versuche zur Verdauung

33.1. Sporttreibender?

33.2. Energiebedarf in einer Stunde

2.4. Wie ernähren wir uns richtig?

Wen meint der Fernsehzuschauer in der Zeichnung eigentlich? Führt er ein Selbstgespräch? Wie mag er zu seinen „Pfunden" gekommen sein?

Du hast bereits erfahren, daß dein Körper die Energie zum Laufen oder Spielen durch die Verdauung von Nährstoffen bekommt. Eine Dampfmaschine braucht Kohle oder Öl, um Arbeit leisten zu können. Ein Auto benötigt dazu Benzin oder Dieselkraftstoff. Schaltet man diese Maschinen aus, so wird keine Energie gebraucht.

Dein Körper ist jedoch bei völliger körperlicher Ruhe keineswegs „abgeschaltet". Er benötigt Energie. So muß die Atmung aufrecht erhalten werden. Auch das Herz pumpt ständig Blut durch die Gefäße. Ebenso läuft die Darmtätigkeit weiter. Schließlich muß der Körper eine gleichbleibende Körpertemperatur von ungefähr 37° C aufrechterhalten.

Übst du im Laufe des Tages verschiedene Tätigkeiten aus, benötigst du hierfür zusätzliche Energie. Wenn du zum Beispiel $1^1/_2$ Stunden radfährst, brauchst du die Energiemenge, die dein Körper aus einer Handvoll Erdnüsse bereitstellen kann. Um eine Stunde Fußball zu spielen, brauchst du schon die dreifache Energiemenge.

Energie kann dein Körper aus Kohlenhydraten, Fetten und Eiweißen freisetzen. Die meiste Energie enthalten dabei die fett- und kohlenhydratreichen Lebensmittel. So würden zum Beispiel 240 g Fette deinen gesamten Tagesbedarf an Energie decken.

Nicht benötigte Energie wird vom Körper in Form von „Fettpolstern" gespeichert. Sie machen dick, hindern dich beim Laufen und belasten dein Herz. Um diese Fettpolster zu vermeiden, brauchst du geeignete Kost und ausreichend Bewegung. Unser Fernsehzuschauer hat da offensichtlich Fehler begangen!

Für eine gesunde Ernährung kommt es jedoch nicht nur auf die richtige Nahrungsmenge an. Wichtig sind auch die Eßgewohnheiten. So wird die Nahrung durch ausgiebiges Kauen fein zerkleinert und mit den Enzymen des Speichels gut durchmischt. Nun läßt sich die Nahrung leichter verdauen.

34.1. Ausgewogene Mahlzeit

34.2. Unausgewogene Mahlzeit

1. Laß dir vom Lehrer eine Tabelle geben, in der die Zusammensetzung von Nahrungsmitteln aufgeschrieben ist! Stelle in einer Liste gegenüber, welche Nahrungsmittel die beiden Mahlzeiten enthalten! Schreibe daneben, welche Nährstoffe und Vitamine darin vorkommen! Begründe die beiden Bildunterschriften!

Deinen täglichen Nahrungsbedarf solltest du auf 5 Mahlzeiten verteilen. Du führst so deinem Körper ständig die benötigte Nahrung zu, ohne die Verdauungsorgane zu belasten.

Gesunde Nahrung muß vor allem abwechslungsreich sein. Sie sollte alle Nährstoffe in einem bestimmten Mengenverhältnis enthalten: 6 Teile Kohlenhydrate, 3 Teile Fette und 1 Teil Eiweißstoffe. Überprüfe daraufhin einmal deine Nahrung! Du wirst wahrscheinlich feststellen, daß du zu fett und zu süß ißt. Fettreiche Wurst, Naschereien und stark gesüßte Getränke sind oft die Ursache dafür. Fette und Kohlenhydrate im Übermaß sind aber die typischen „Dickmacher“.
Nährstoffe allein genügen jedoch nicht, um deinen Körper gesund zu erhalten. Er braucht außerdem noch lebensnotwendige Stoffe, die er nicht selbst herstellen kann. Es sind *Mineralstoffe* und **Vitamine.** Das Vitamin C zum Beispiel steigert die Leistungsfähigkeit des Menschen und erhöht seine Abwehrkräfte gegen bestimmte Krankheiten. Manche Vitamine wirken nur zusammen mit Mineralstoffen. Mineralstoffe sind Stoffe, wie sie zum Beispiel im Mineralwasser gelöst vorkommen.
Von diesen lebenswichtigen Vitaminen und Mineralstoffen benötigt dein Körper nur wenig. Sie sind in den einzelnen Nahrungsmitteln in unterschiedlicher Menge vorhanden. Schon eine abwechslungsreiche Kost genügt, um dich ausreichend mit Vitaminen und Mineralstoffen zu versorgen. Du mußt also nicht zur „Vitaminpille“ greifen. Eine Tageskost, die fast nur aus Pommes frites, Ketchup und Limonade besteht, führt neben „Fettansatz“ sicherlich auch zu erheblichem *Vitaminmangel.* Geringere Leistungsfähigkeit und stärkere Anfälligkeit gegen Krankheiten sind dann die Folge.

Beim Abtransport von Verdauungsresten aus dem Körper helfen **Faserstoffe.** Das sind unverdauliche Bestandteile in Nahrungsmitteln, zum Beispiel Fasern und Schalen im Gemüse. Faserstoffe regen die Darmtätigkeit an. Daher sollten faserreiche Nahrungsmittel wie Vollkornbrot, Müsli, Haferflocken, frisches Obst mit Schale oder Salate auf deiner Speisekarte stehen.

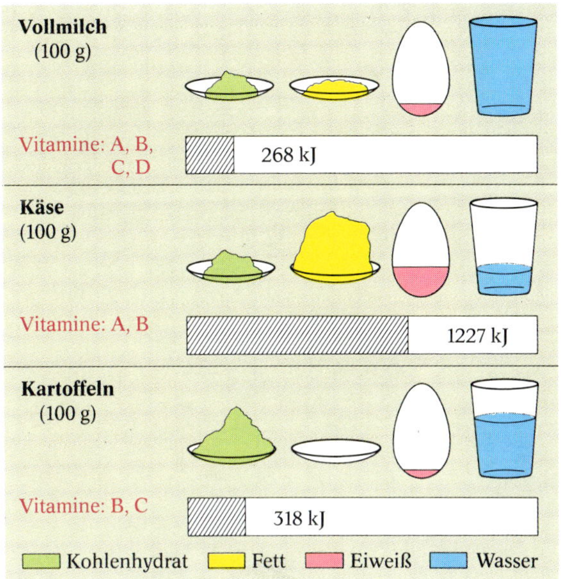

35.1. Nährstoff- und Energiegehalt von Lebensmitteln

Energie kann man messen

Wieviel Energie „steckt" in einem Eßlöffel (10 g) Speiseöl? Verbrennt man Speiseöl, wird Energie in Form von Wärme frei. Werden die 10 g Speiseöl vollständig verbrannt, kann man mit der freigesetzten Wärmemenge 1 Liter Wasser von etwa 24 °C auf 100 °C erhitzen. Nach internationaler Vereinbarung wird dieser Energiebetrag in Joule (sprich „dschul") gemessen. Tausend Joule sind 1 Kilojoule (kJ). Danach kann man aus 10 g Speiseöl 370 kJ freisetzen.

Untersucht man so verschiedene Nahrungsmittel, so findet man unterschiedliche Energiebeträge: 100 g Nüsse ≙ 2800 kJ, 100 g Graubrot ≙ 1040 kJ, 100 g Brathuhn ≙ 600 kJ.

Was bedeuten diese Werte für uns? Ißt du zum Beispiel ein Hühnerei, kann dein Körper daraus etwa 100 kJ Energie freisetzen. Mit dieser Energiemenge könntest du eine Stunde und 20 Minuten Fahrrad fahren, eine halbe Stunde schwimmen oder 10 Stunden sitzen und lesen. Die benötigte Energiemenge hängt also von der Art deiner Tätigkeit ab. Du brauchst in deinem Alter täglich etwa 9500 kJ.

Enthält die Nahrung zu wenig Faserstoffe, kann es zu einer Störung der Darmtätigkeit kommen: Du leidest dann an **Verstopfung.** Du verspürst ein Völlegefühl und hast keinen Appetit.

Wenn du zuviel ißt oder deine Nahrung zu kalt oder zu heiß hinunterschlingst, reagiert der Magen „sauer". Überschüssige Magensäure kann die Magenschleimhaut schädigen und zu einer schmerzhaften **Magenschleimhautentzündung** führen. Wird diese Entzündung nicht behandelt, können auch Magengeschwüre entstehen.

Bei ungewohnter oder schwer verträglicher Kost, aber auch bei verdorbenen Speisen kann es zum **Durchfall** kommen. Man muß häufig die Toilette aufsuchen. Dabei verliert der Körper viel Flüssigkeit und die darin gelösten Mineralstoffe. Durch mineralstoffhaltige Nahrung und Aufnahme von Flüssigkeit muß man diesen Verlust wieder ergänzen.

Wenn mit der Nahrung schädliche Bakterien in den Darm gelangen, können Infektionen entstehen. Durchfall, Erbrechen und Fieber sind die äußeren Anzeichen eines solchen **Dünndarmkatarrhs.**

1. **Frühstück:**
1 Scheibe Roggenvollkornbrot und 1 Scheibe Weißbrot, Butter oder Margarine (10 g)
1 Teelöffel Marmelade oder Honig (10 g), 1 Ei oder 1 Scheibe magere Wurst (20 g), 1 Tomate oder ein Stück Gurke (50 g), 2 Tassen Milch

2. **Frühstück:**
2 Scheiben Knäckebrot (16 g), bestrichen mit einem kleinen Schmelzkäse (30 g), 1 Apfel

Mittagessen:
Bouletten: Hackfleisch (100 g), 1/4 Ei (20 g), 1/4 Brötchen (10 g); Möhrengemüse: Möhren (200 g), Margarine (10 g), Petersilie; Salzkartoffeln: Kartoffeln (250 g); Rote Grütze (125 g) mit Vanillesoße (100 ml)

Vesper:
Buttermilch (1/4 l) oder fettarme Milch (1/4 l), 1 Scheibe Rosinenbrot (50 g)

Abendessen:
2 Scheiben Roggenbrot (80 g) mit Butter oder Margarine (15 g), 2 Eßlöffel Quark (30 g), 2 Scheiben rohen Schinken (50 g), Radieschen oder Paprikaschote (50 g), 2 Tassen Tee

35.2. Beispiel für einen ausgewogenen Speiseplan

36.1. Ein Leistungsschwimmer

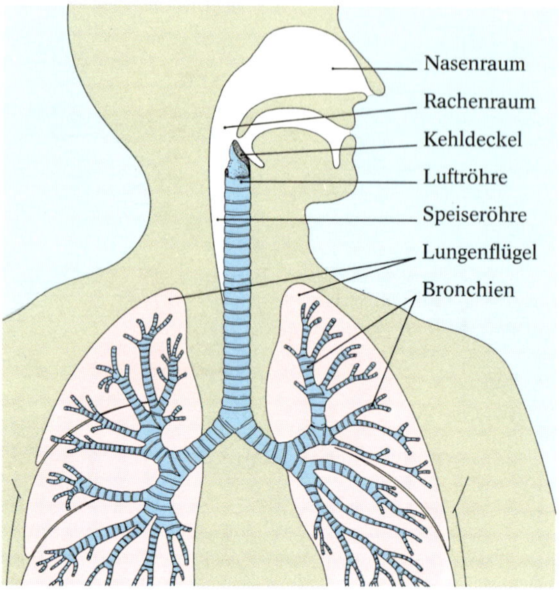

36.2. Die Atmungsorgane

3. Atmung

3.1. Wie atmen wir?

Hast du gezählt, wievielmal du in der letzten Minute geatmet hast? – Vermutlich nicht! Es sind etwa 12 bis 15 Atemzüge. Von unserer Atmung merken wir also gewöhnlich nichts. Sie geschieht unbewußt. Erst wenn du dich körperlich besonders anstrengst, wird dir das tiefe Einatmen bewußt. Nach einem kräftigen Spurt bist du nämlich ganz schön „aus der Puste". Offenbar braucht der Körper jetzt viel mehr Atemluft.

Nach einer Anstrengung atmest du meist sogar mit geöffnetem Mund. Gesünder ist es jedoch, durch die Nase zu atmen. Deine **Nase** wirkt für die Atemluft wie ein Filter. Die Luft streicht über die große Oberfläche vieler hintereinander liegender Ausbuchtungen im Nasenraum. Die Ausbuchtungen sind von der *Nasenschleimhaut* überzogen. Sie ist feucht und hält dadurch Staubteilchen fest. Gleichzeitig wird die eingeatmete Luft angefeuchtet.
In der Nasenschleimhaut liegen außerdem viele Blutgefäße. Wie durch „Heizschlangen" wird hier warmes Blut transportiert, das die vorbeistreichende Luft vorwärmt und so der Körpertemperatur angleicht.
Die Nase leistet aber noch mehr. Über besondere Zellen, die man Sinneszellen nennt, können wir unterschiedliche Stoffe riechen. So ist es möglich, auch bestimmte schädliche Gase wahrzunehmen.

Die Atemluft gelangt über Rachen und Kehlkopf in die **Luftröhre.** Sie ist etwa 12 cm lang. Kräftige, elastische Ringe aus Knorpel halten sie ständig geöffnet. An ihrem unteren Ende teilt sich die Luftröhre in zwei Äste, die *Bronchien.* Über diese werden die beiden **Lungenflügel** mit Atemluft versorgt. Die Bronchien verzweigen sich fortlaufend in immer feinere Röhrchen. Wie die Beeren einer Weintraube sitzen an den Enden der feinen Röhrchen die *Lungenbläschen.* Deine Lunge besitzt über 300 Millionen davon. Luftröhre und Bronchien sind mit Schleimhäuten und Flimmerhärchen ausgekleidet. Staubteilchen werden hier festgehalten und in Schleimflüssigkeit eingeschlossen. Durch Husten schleudern wir „Verunreinigungen" wieder heraus. Auf diese Weise werden die dünn-

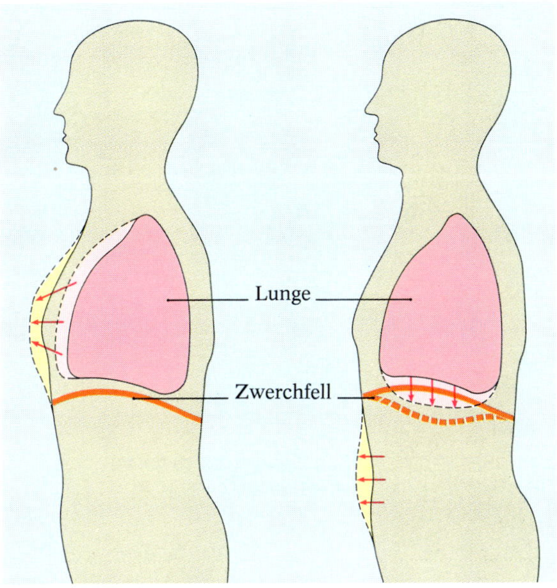

37.1. Brust- und Bauchatmung

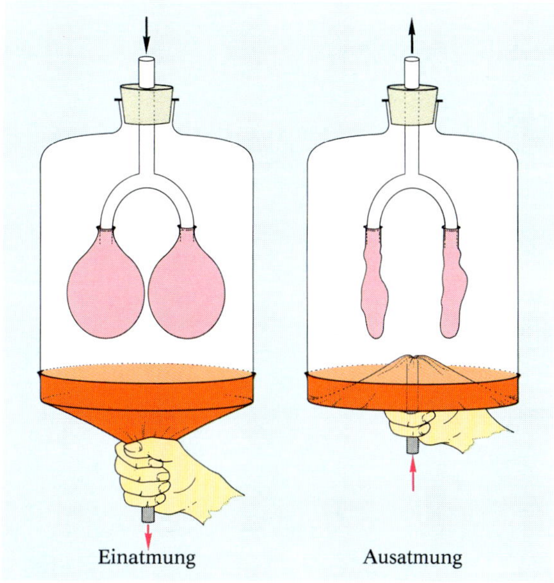

37.2. Modell zur Zwerchfellatmung

wandigen Lungenbläschen gegen Beschädigungen weitgehend geschützt.

Atmest du tief ein, kannst du fühlen, daß sich der Brustkorb hebt. Beim Ausatmen senkt er sich wieder. Bei dieser **Brustatmung** heben Muskeln zwischen den Rippen den Brustkorb an. Dabei vergrößert sich der Brustraum. Gleichzeitig wird die Lunge gedehnt. Wie bei einem Blasebalg, der auseinandergezogen wird, strömt Luft in die Lungenflügel. Beim Erschlaffen der Muskeln senkt sich der Brustkorb. Die Lungenflügel erschlaffen, und die Luft entweicht wie beim Zusammenpressen eines Blasebalges.
Bei geringer Anstrengung wie beim Sitzen oder beim Schlafen wird die Atmung vorwiegend durch das Zwerchfell bewirkt. Es ist eine Muskelschicht, die Brust- und Bauchraum voneinander trennt. Bei dieser **Zwerchfell-** oder **Bauchatmung** flacht sich die Muskelschicht ab. Dabei vergrößert sich der Brustraum: Atemluft wird eingesaugt. Gibt das Zwerchfell nach und wölbt es sich dabei nach oben, wird die Luft wieder herausgedrückt.

1. Lege ein Maßband um deinen Brustkorb! Atme tief ein und miß dann den Brustumfang!
Miß deinen Brustumfang anschließend nach dem Ausatmen! Vergleiche die Werte! Erläutere den Unterschied! Vergleiche dazu Abbildung 37.1.!

2. Beschreibe die Zwerchfellatmung! Nimm dazu die Abb. 37.1. und 37.2. zu Hilfe!

3. Stelle einen Atemmesser wie in Abbildung 37.3. her! Fülle die Glasglocke vollständig mit gefärbtem Wasser! Hole tief Luft und blase die Ausatmungsluft unter die Glasglocke! Lies nun die Luftmenge an der Skala ab!
Vergleiche dein Ergebnis mit den Werten deiner Mitschüler! Suche nach möglichen Ursachen der Unterschiede!

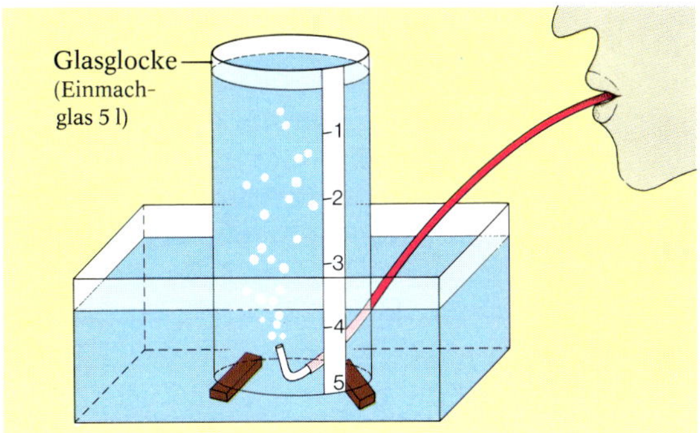

37.3. Atemmesser

38.1. Atemluft kann unterschiedliche Güte haben

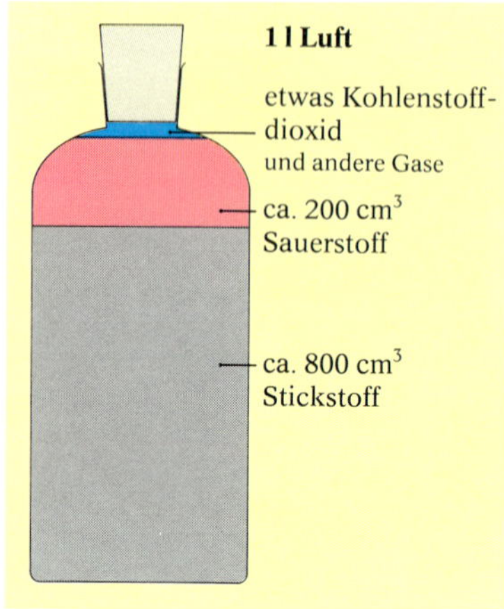

38.2. Zusammensetzung der Atemluft

1. Stelle Vermutungen an über die Reinheit der Atemluft in den abgebildeten Landschaften!

3.2. Welche Luft brauchen wir zum Atmen?

Kommst du in einen Klassenraum, in dem eine Stunde lang bei geschlossenen Fenstern unterrichtet worden ist, spürst du die „verbrauchte" Luft. Mußt du in einem solchen ungelüfteten Raum arbeiten, wirst du schnell müde und unkonzentriert. Irgend etwas scheint mit dieser Luft nicht in Ordnung zu sein!
„Unverbrauchte" Luft setzt sich aus **Stickstoff,** aus **Sauerstoff** und aus geringen Mengen an **Kohlenstoffdioxid** zusammen. Untersucht man jedoch die ausgeatmete Luft, kann man feststellen, daß die Menge des Sauerstoffes abgenommen hat. Der Anteil an Kohlenstoffdioxid hat dagegen zugenommen. „Verbrauchte" Luft enthält zu wenig Sauerstoff.
Sauerstoff wird vom Körper dazu verwendet, um aus den Nährstoffen Energie freizusetzen. Dabei entsteht auch Kohlenstoffdioxid. Diese Vorgänge finden in den Zellen statt.
Wie gelangt nun der Sauerstoff dorthin? Beim Einatmen strömt die Luft bis in die kugelförmigen **Lungenbläschen.** Jedes Lungenbläschen ist von einer sehr dünnen Haut umgeben und von einem Netz feinster Blutgefäße umsponnen. Der Sauerstoff wird durch die Haut der Lungenbläschen aufgenommen, anschließend durch die dünne Wand der Blutgefäße weitergeleitet und vom Blut mitgeführt. Gleichzeitig gelangt Kohlenstoffdioxid in umgekehrter Richtung in die Lungenbläschen und wird dann ausgeatmet.

Schnupfen und Husten erschweren die Atmung. Die Luftwege sind erkrankt. Wird zum Beispiel bei einem solchen Schnupfen die Widerstandskraft des Körpers geschwächt, können Eitererreger in die Schleimhaut der Bronchien eindringen. Sie entzündet sich und stirbt zum Teil ab. Die Brust beginnt zu schmerzen. Ein unangenehmer Husten befördert abgestorbene Schleimhautteilchen nach außen. Der Arzt nennt diese Krankheit **Bronchialkatarrh** (Bronchitis).
Breiten sich Krankheitskeime weiter aus und gelangen sie bis in die Lunge, entsteht eine **Lungenentzündung.** Der Arzt ist heute in der Lage, durch Medikamente diese lebensgefährliche Krankheit wirksam zu bekämpfen.

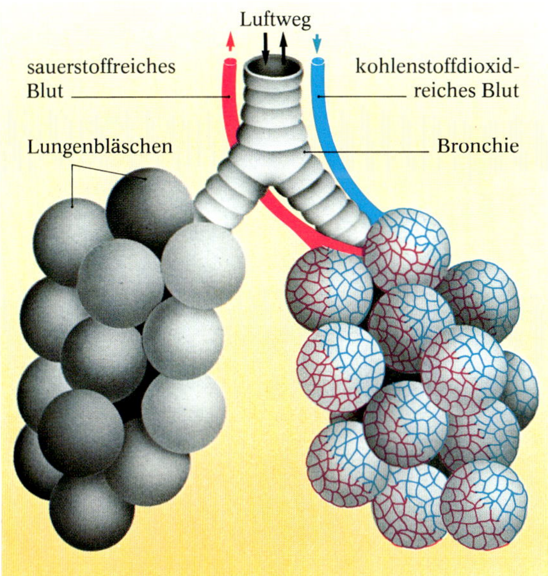

39.1. Bronchienende mit Lungenbläschen

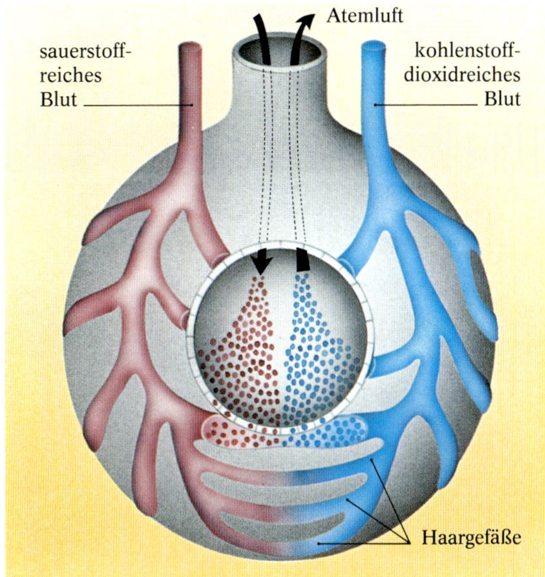

39.3. Ein Lungenbläschen

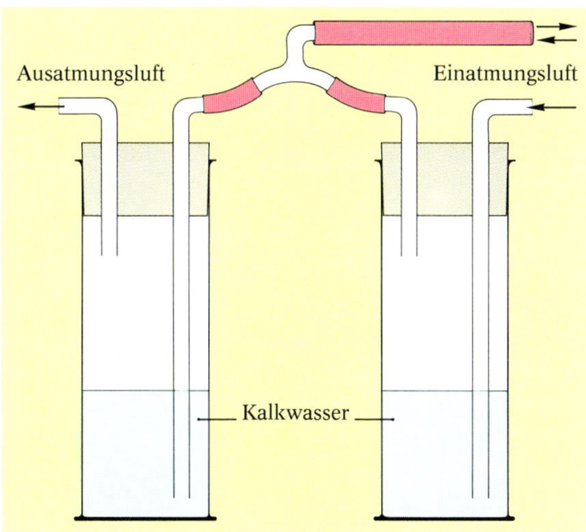

39.2. Überprüfung der Atemluft

2. Baue eine Versuchsapparatur wie in Abbildung 39.2. zusammen! Achte dabei auf die Anordnung der Glasröhrchen in den Waschflaschen! Sauge zunächst Luft durch den Schlauch an! Halte die Luft kurz an und blase die Ausatmungsluft durch die Apparatur! Vergleiche das Kalkwasser in den Waschflaschen! Gib eine Erklärung!

3. Wenn du eine Sprudelflasche öffnest, steigen Gasblasen auf. Es handelt sich um das Gas Kohlenstoffdioxid.
Entleere die Flasche halb! Verschließe sie mit einem Stopfen, durch den ein abgewinkeltes Glasrohr gesteckt worden ist! Schüttle die Flasche und leite das Gas in ein Reagenzglas mit Kalkwasser! Beobachte! Berichte!

4. Gib Gründe dafür an, weshalb Klassen- oder Versammlungsräume gelüftet werden müssen!

39.4. Körperoberfläche ( ) im Vergleich zur Oberfläche der Lungenbläschen ( )

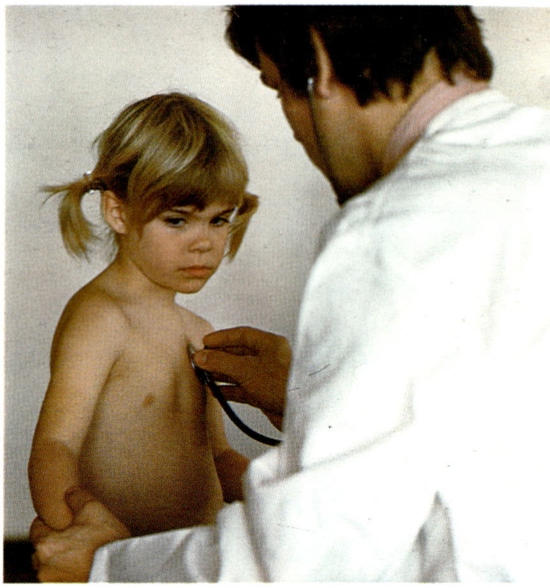

40.1. Überprüfung der Herztöne durch den Arzt

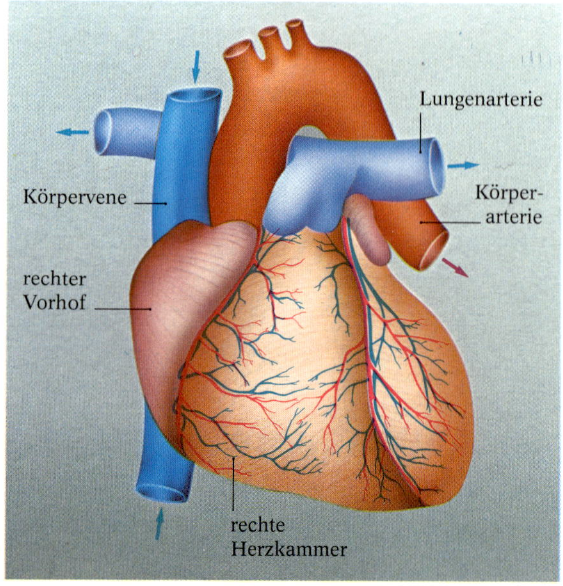

40.2. Das menschliche Herz

4. Blutkreislauf

4.1. Unser Blut strömt in einem Kreislauf

In deinem Körper arbeitet ein Muskel ununterbrochen das ganze Leben lang: dein **Herz.** Es pumpt regelmäßig Blut durch den Körper. Dabei erreicht das Herz eine Pumpleistung von ungefähr 260000 l in einem Monat. Das entspricht dem Inhalt von etwa 8 Tanklastwagen! Wie ist diese große Pumpleistung möglich?

Beim Pumpvorgang zieht sich das etwa faustgroße Herz in regelmäßigen Abständen zusammen und erschlafft danach wieder. Eine Mittelwand teilt das Herzinnere in eine linke und eine rechte Herzhälfte. Auf der Abbildung 41.2. kannst du außerdem erkennen, daß jede Herzhälfte aus einem *Vorhof* und einer *Herzkammer* besteht. Die Vorhöfe nehmen das Blut auf, das aus der Lunge und aus den anderen Körperteilen in Blutadern zum Herzen hin fließt. Blutadern, die zum Herzen führen, heißen *Venen.* Aus den Herzkammern dagegen pumpt das Herz bei jedem Schlag Blut durch die Schlagadern, die *Arterien,* in den Körper.

Verfolgen wir einmal den Weg des Blutes durch den Körper genauer. Wir beginnen wieder beim Herzen: Die Wände der Herzkammern ziehen sich zusammen. Dabei wird aus der linken Herzkammer sauerstoffreiches Blut in den Körper gepumpt. Es strömt durch die Schlagadern in alle Bereiche des Körpers. Am Ende verästeln sich die Adern so fein, daß sie nur noch mit Hilfe des Mikroskops zu erkennen sind. Man nennt sie dann Haarröhrchen oder *Kapillaren.* Sie versorgen alle Körperbereiche bis hin zu den Zellen.

Mit Kohlenstoffdioxid angereichertes Blut aus den Kapillaren sammelt sich in den Venen und fließt zum Herzen zurück. Es gelangt in den rechten Vorhof. Beim Erschlaffen der Herzkammerwände vergrößert sich der Innenraum. Dabei wird das Blut in die rechte Herzkammer eingesaugt. – Die Herzkammerwände ziehen sich nun wieder zusammen. Das Blut strömt durch die Lungenarterie in die Lunge. In den Kapillaren, die die Lungenbläschen umgeben, gibt das Blut das Kohlenstoffdioxid ab und nimmt gleichzeitig Sauerstoff auf. Das sauerstoffreiche Blut fließt zurück in den linken Vorhof. Beim Einströmen in die linke Herzkammer ist der **Blutkreislauf** geschlossen.

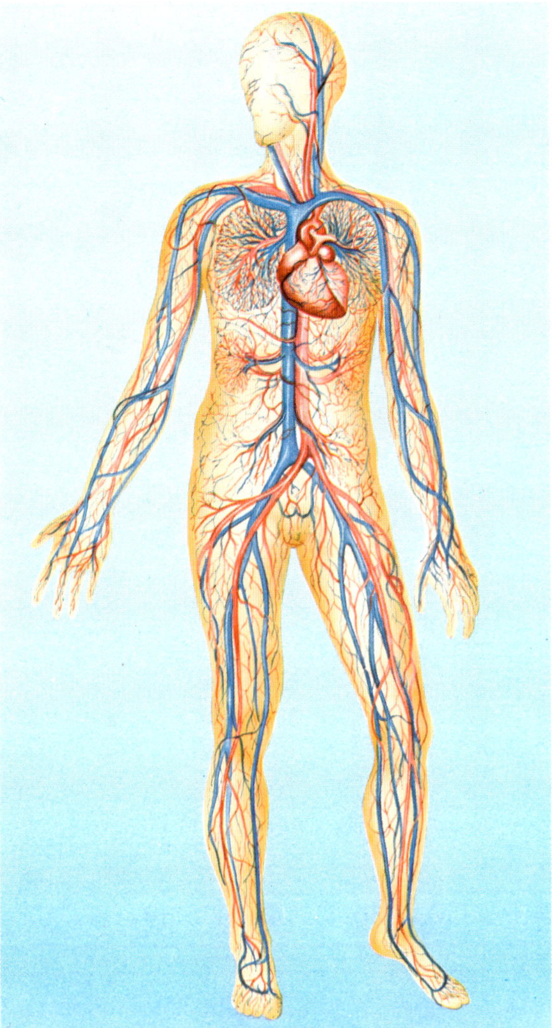

41.1. Blutgefäße versorgen alle Teile des menschlichen Körpers

Dein Herz arbeitet wie ein „Zweitaktmotor". Wenn die Herzkammerwände erschlaffen, weiten sich die Herzkammern. Zur gleichen Zeit ziehen sich die Vorhöfe zusammen, und das Blut kann in die Kammern einströmen. Wie dein Fahrradventil die Luft nur in einer Richtung durchläßt, sorgen auch im Herzen besondere *Ventile* dafür, daß das Blut nur in eine Richtung fließt.

Der Pumpstoß des Herzens überträgt sich auf die Schlagadern. Du fühlst diesen Pumpstoß als *Puls,* zum Beispiel an der Schlagader des Handgelenks.

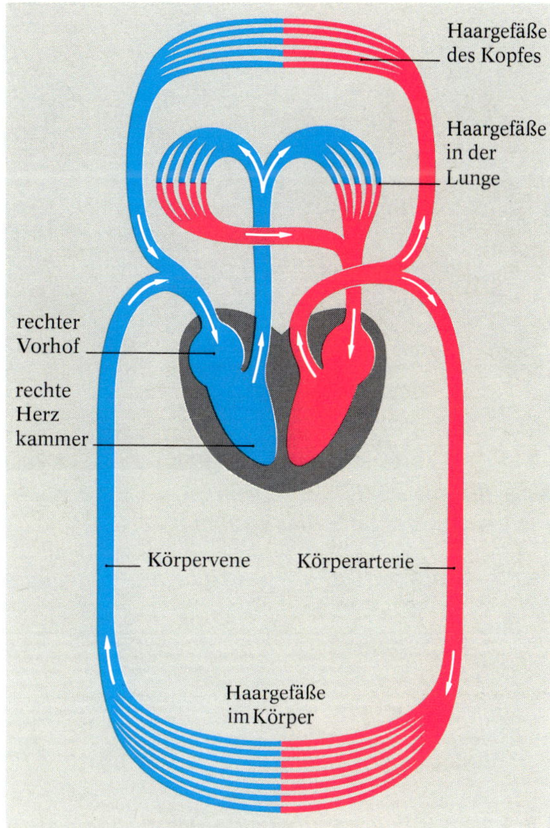

***41.2. Blutkreislauf** (Schema)*

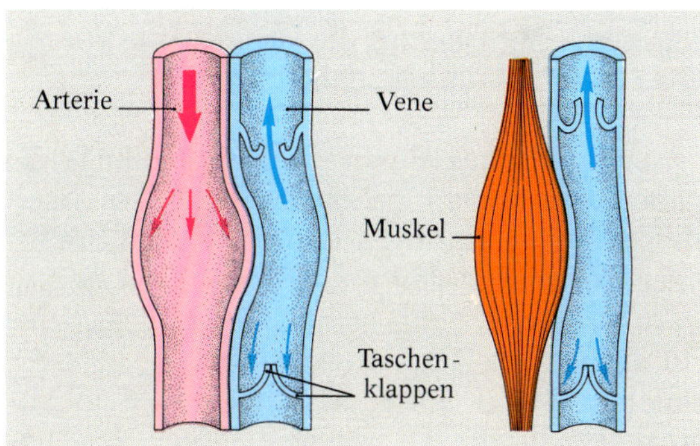

41.3. Transport des Blutes in den Gefäßen

1. Arterien und Venen liegen im Körper unmittelbar nebeneinander. Ihre Wände sind elastisch dehnbar. Die Venen besitzen in bestimmten Abständen Ventile. Auf die Venen kann Druck von den benachbarten Arterien und von Skelettmuskeln ausgeübt werden.
Erläutere den Bluttransport anhand der Abbildung 41.3.!

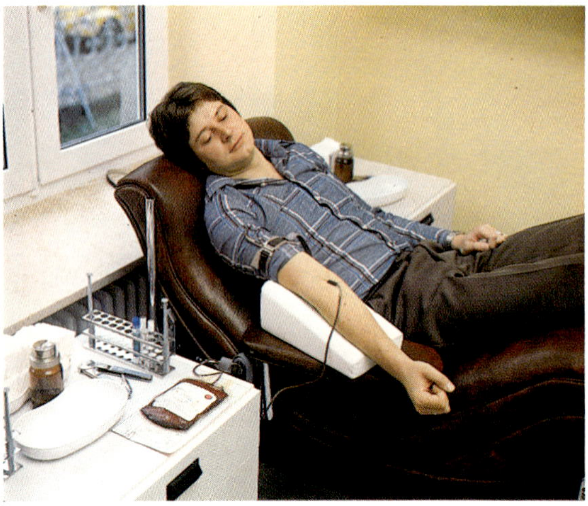

*42.1. **Blutspende.** Für eine Blutspende wird höchstens ein halber Liter Blut entnommen.*

1. Begründe, warum das Blutspenden notwendig ist!

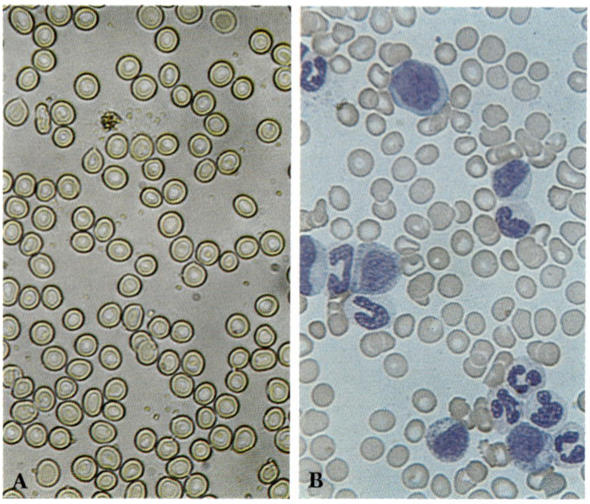

42.2. Blutzellen unter dem Mikroskop
A ungefärbt; B gefärbt

2. Vergleiche das Aussehen der beiden Blutausstriche miteinander! Berichte!

4.2. Welche Leistungen zeigt unser Blut?

Du hast dich verletzt! Aus der Wunde tritt Blut aus. Bald siehst du, wie sich die Flüssigkeit dunkel färbt. Nach einiger Zeit verschließt ein dunkelroter, fester Überzug die Wunde. Wie kommt es zu diesem Wundverschluß?

Läßt man frisches Blut in einem Glas eine Weile stehen, kann man beobachten, wie es nach einiger Zeit gerinnt. Es bildet sich ein braunroter Bodensatz, den man **Blutkuchen** nennt. Darüber steht eine gelbliche, durchsichtige Flüssigkeit, das **Blutserum.**
Untersuchst du den Blutkuchen mit dem Mikroskop, fällt dir ein unregelmäßiges Netz feiner, weißer Fäden auf. In seinen Maschen liegen kleine Blutkörperchen. Sie bilden zusammen mit den Fäden eine feste Kruste. Ihre Aufgabe ist es, die Wundöffnung zu verschließen. Das ist lebensnotwendig. Verlierst du von deinen etwa 4 Litern Blut nur einen einzigen Liter, besteht Gefahr für dein Leben.
Woher kommt aber die rote Farbe des Blutes? Dazu mußt du dir noch einmal frisches Blut unter dem Mikroskop ansehen. In der Probe schwimmt eine große Anzahl scheibenförmiger Zellen. Es sind die **Roten Blutkörperchen.** Sie enthalten einen roten Farbstoff, das *Hämoglobin.* Zwar sehen sie einzeln gelblich aus, aber ihre große Menge läßt das Blut rot erscheinen. Ein Bluttropfen enthält ungefähr 250 Millionen Rote Blutkörperchen! Könntest du sie geldrollenartig übereinanderschichten, müßtest du mehrere hundert von ihnen aufschichten, um einen Millimeter Höhe zu erreichen.

Welche Aufgabe haben die Roten Blutkörperchen? Mit Hilfe des Blutfarbstoffes transportieren sie zum Beispiel den Sauerstoff. Sie nehmen ihn in den Lungenbläschen auf und befördern ihn zu den Zellen, in denen er verbraucht wird. Kohlenstoffdioxid gelangt aus den Zellen in die Haargefäße und wird mit dem Blutstrom zur Lunge transportiert.

In weitaus geringerer Zahl entdecken wir in der Blutprobe farblose, unregelmäßig geformte **Weiße Blutkörperchen.** Es sind bewegliche Zellen, die eingedrungene Krankheitskeime

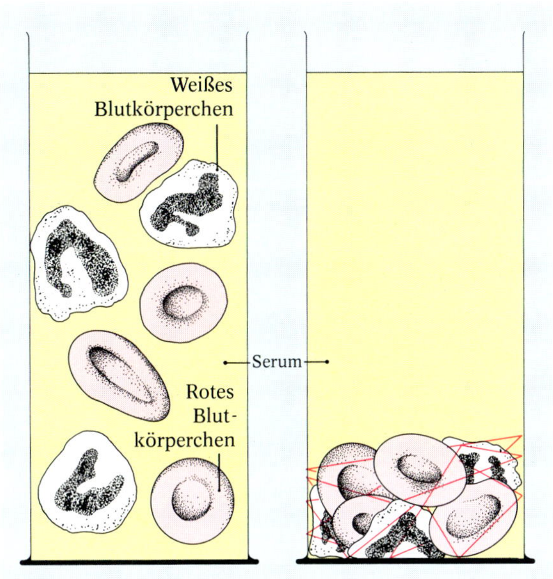

43.1. ***Frisches und geronnenes Blut*** *(Schema)*

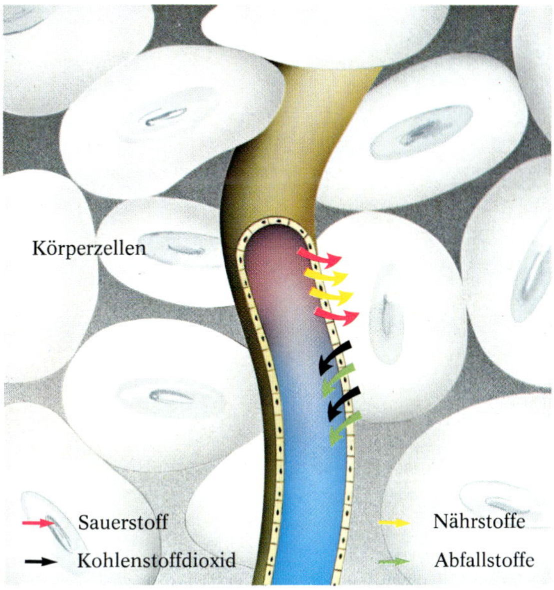

43.2. Austausch von Stoffen in den Haargefäßen

fressen und dadurch unschädlich machen. Man bezeichnet sie daher als „Gesundheitspolizei" des Körpers. Mit der Nahrung, durch die Atemwege oder durch Wunden dringen in den Körper ständig Krankheitskeime ein. Gäbe es in deinem Körper diese Weißen Blutkörperchen nicht in ausreichender Menge, würdest du ständig krank sein.

Im Blutserum werden gelöste Stoffe transportiert. Es befördert die verdauten Nährstoffe zu den Zellen und transportiert die nicht weiter verwertbaren Stoffe ab. Gleichzeitig verteilt es die Körperwärme, ähnlich dem heißen Wasser in einer Zentralheizung, über alle Körperteile. Im Serum sind außer verdauten Nährstoffen auch andere lebenswichtige Stoffe gelöst. So enthält es Vitamine und Mineralstoffe. Beide sind für die Gesunderhaltung des Körpers unerläßlich. Außerdem enthält das Serum vom Körper selbst hergestellte Abwehrstoffe gegen verschiedene Krankheitserreger. So bekämpfen diese Abwehrstoffe zum Beispiel die giftigen Ausscheidungen schädlicher Bakterien.

3. Laß dir vom Lehrer einen Tropfen frisches, ungerinnbar gemachtes Blut auf einen Objektträger geben!

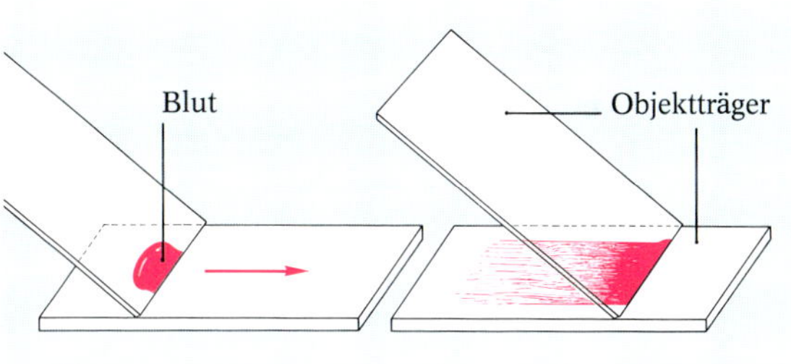

43.3. Blutausstrich

Verteile mit einem zweiten Objektträger den Tropfen über die ganze Glasfläche (siehe Abbildung 43.3.)! Laß ihn an der Luft trocknen! Mikroskopiere! Fertige eine Zeichnung an und beschrifte sie! Vergleiche deine Zeichnung mit Abbildung 42.2.!

4. Untersuche je ein Präparat vom Blutserum und vom Blutkuchen! Verfahre bei der Präparation wie im Versuch 3! Beschreibe das Aussehen der beiden mikroskopischen Bilder!

5. Erläutere das Schema in Abbildung 43.2.!

44.1. Kinder beim Rauchen. *Nach dem Jugendschutzgesetz dürfen Jugendliche erst ab 16 Jahren rauchen.*

1. Wie würdest du eine angebotene Zigarette ablehnen?

44.2. Kinder beim Passivrauchen. *In engen Räumen müssen Kinder oft unfreiwillig mitrauchen.*

2. „Raucher sind Umweltverschmutzer!" Begründe!

5. Genußgifte und Arzneimittel

5.1. Warum ist Rauchen so gefährlich?

„Danke, ich rauche nicht!" Mit diesen Worten lehnen in der letzten Zeit immer mehr Erwachsene Zigaretten ab. Viele Kinder und Jugendliche dagegen rauchen. Wollen sie auf diese Weise erwachsener wirken? Glauben sie etwa den Darstellungen der Zigarettenwerbung, wonach der Genuß von Zigarettenrauch eine Welt voller Fröhlichkeit, Abenteuer, Erfolg, Ansehen und Freundschaft verspricht? Was verbirgt sich wirklich hinter dem „blauen Dunst"?

Ein Versuch gibt uns einige Hinweise: Beim Durchsaugen von Zigarettenrauch durch ein Glasgefäß mit angefeuchteter Watte färben sich das Zuleitungsrohr sowie die Watte schmutziggelb. Je mehr Zigarettenrauch durchgesaugt wird, desto dunkler wird die Farbe: **Teer** lagert sich ab. Teer verwendet man als Dichtungsmittel zum Beispiel beim Dachdecken und als Befestigungsmittel im Straßenbau.
Beim Einatmen gelangt der Rauch über die Nase, den Rachen, die Luftröhre bis in die Lungenbläschen. Diese „Rauchstraße" wird durch regelmäßiges Rauchen gut „geteert". Bronchien und Lungenbläschen verstopfen allmählich. Dadurch wird der Austausch von Sauerstoff und Kohlenstoffdioxid behindert: Der Raucher hat Schwierigkeiten beim Atmen. Laufen, Treppensteigen oder sportliche Betätigung fallen ihm schwer.
Wissenschaftler haben herausgefunden, daß sich Teer aus vielen Bestandteilen zusammensetzt. Darunter gibt es etwa 20 verschiedene Stoffe, die **Krebs** erzeugen können. Das Risiko, an *Lungenkrebs* zu erkranken, ist für Raucher 15mal bis 30mal so groß wie für Nichtraucher. Ebenso gefährlich im Tabakrauch sind Kohlenstoffmonoxid und Nikotin. Beide Stoffe sind starke Gifte.
Kohlenstoffmonoxid ist ein geruchloses Gas. Es kommt auch in den Abgasen der Autos vor. Beim Einatmen gelangt es schneller als der Sauerstoff über die Lungen ins Blut. Dadurch kann weniger Sauerstoff transportiert werden. Auch das **Nikotin** tritt in die Blutbahn über. Es bewirkt eine Verengung der Blutgefäße. Die Durchblutung wird beeinträchtigt: Der Blutdruck steigt. Um die Durchblutung aufrecht zu

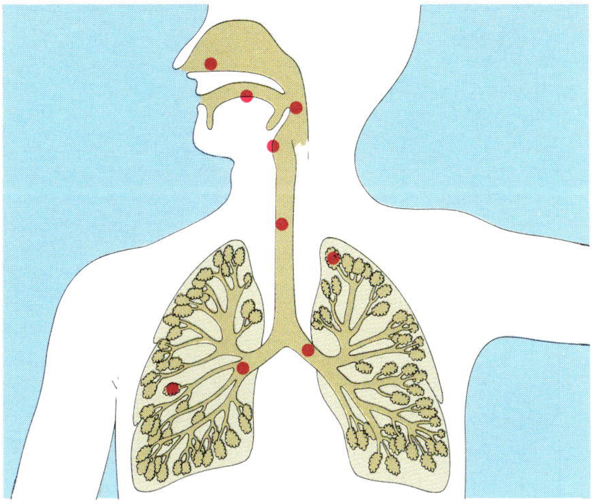

45.1. ***Die „Rauchstraße".*** *An den gekennzeichneten Stellen können sich Krebsgeschwülste bilden.*

3. Benenne die gefährdeten Bereiche der Rauchstraße!

erhalten, muß das Herz nun schneller schlagen. Für diese Mehrarbeit braucht der Herzmuskel mehr Sauerstoff. Sauerstoff wird jedoch durch das Kohlenstoffmonoxid zu einem großen Teil verdrängt. Es tritt Sauerstoffmangel ein. Schwindelgefühl, Übelkeit, Herzschmerzen und sogar ein oft tödlicher **Herzinfarkt** können die Folgen sein. – Nikotin vermag noch mehr! Durch regelmäßiges Rauchen gewöhnt sich der Körper an dieses Gift. Er wird schließlich abhängig davon. Man sagt, der Mensch wird *süchtig.*
Starkes Rauchen kann zu **Durchblutungsstörungen** in Beinen und Füßen führen. Sie sind mit heftigen Schmerzen beim Gehen verbunden. In sehr schlimmen Fällen kann das „Raucherbein" langsam absterben. Etwa 15000 Raucherbeine müssen jährlich in der Bundesrepublik Deutschland amputiert werden.
Tabak ist für die Ernährung des Menschen nicht notwendig. Er gehört daher zu den *Genußmitteln.* Man sollte besser von **Genußgiften** sprechen. Es kann doch kein Genuß sein, seine Gesundheit zu schädigen oder gar zu zerstören! Verstehst du nun, warum immer mehr Erwachsene das Rauchen ablehnen?

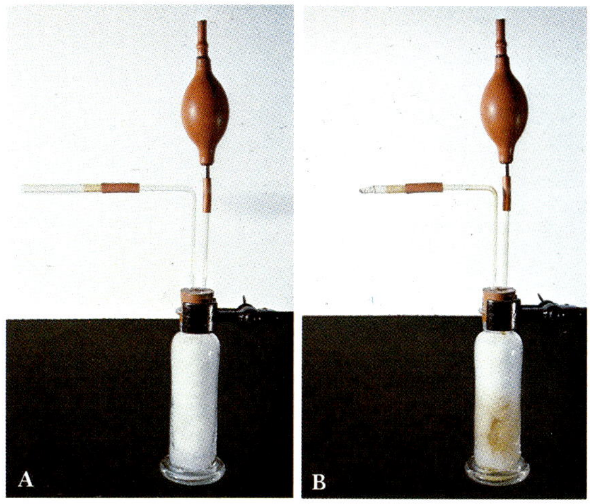

45.2. ***Nachweis von Teer im Zigarettenrauch.*** *A vor Versuchsbeginn; B nach 5 Zigaretten*

4. Laut Gesetz müssen Teergehalt (K) und Nikotingehalt (N) einer Zigarette auf den Steuerbanderolen der Zigarettenschachteln angegeben werden. Was soll damit bezweckt werden?

5. Sammle aus Zeitungen und Zeitschriften die Zigarettenreklame! Nenne die Inhalte der Werbung! Wie könnte ein „Werbespruch" von Ärzten lauten?

45.3. ***Werbeplakat***

6. Was soll mit Plakaten wie in Abbildung 45.3. erreicht werden?

46.1. Kirmes. *Auf vielen Festen trinkt man Alkohol.*

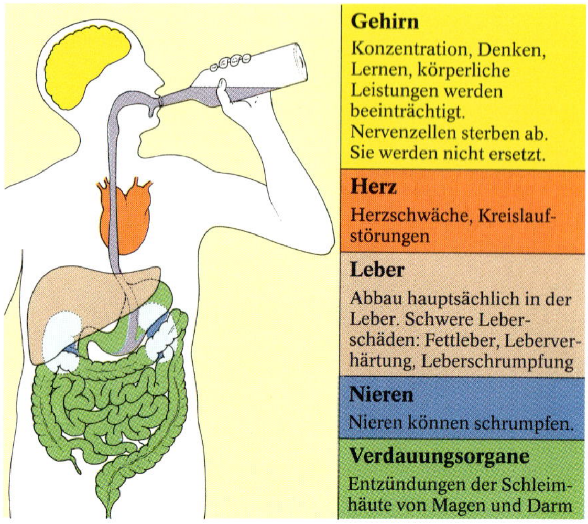

46.2. Wirkung des Alkohols auf den Körper

1. Mit welchen alkoholfreien Getränken würdest du eine Party feiern?

3. Nenne Organschäden, die durch Alkoholmißbrauch entstehen!

Die gewonnene Wette

Ralf – 12 Jahre alt – und sein gleichaltriger Freund Axel trafen sich auf der Kirmes. Jeder hatte von seinen Eltern Geld erhalten. Diese wollten ohne ihre Kinder mit Freunden in einem anderen Ort feiern. Ralf und Axel kauften sich Lose und hatten dabei Glück. Sie gewannen außer Süßigkeiten auch eine Flasche Weinbrand. Ein älterer Freund holte für sie den Gewinn ab. Hinter einer Bude probierten sie von dem Alkohol. Übermütig schlossen sie eine Wette ab, wer am meisten vertragen könnte. Ralf gab bald auf. Er ging fort, um sich eine Bockwurst zu kaufen. Nach einer halben Stunde kam er zurück. Er erschrak. Axel lag bewußtlos neben der leeren Flasche in seinem Erbrochenen. Schnell lief Ralf zum nächsten Sanitätsposten. Dieser rief über Funk einen Krankenwagen. Axel wurde ins nächste Krankenhaus gebracht. Dort stellte man eine schwere Alkoholvergiftung fest. – Hatte er die Wette gewonnen?

2. Wer ist an diesem Unglück schuld?

5.2. Wie schadet uns der Alkohol?

„Zum Wohle"! So prosten sich viele Menschen mit Schnaps, Bier oder Wein zu. Man trinkt aus Freude, aus Langeweile, aus Angabe oder aus Gedankenlosigkeit. Vielleicht hast du schon erlebt, daß Erwachsene nach dem Genuß von Alkohol lustig werden. Für sie scheint es dann keine Hemmungen zu geben. Doch hält dieses Glücksgefühl nicht lange an. Kopfschmerzen und Übelkeit begleiten das „Nüchternwerden". Alkohol ist ein **Genußgift.** Reinen Alkohol verwendet man zum Desinfizieren, also zum Abtöten von Kleinstlebewesen. Du kannst dir vorstellen, daß Alkohol somit auch den Körper schädigt. Über die Verdauungsorgane gelangt er schnell ins Blut. Daher werden die verschiedensten Organe schnell erreicht. So zerstört er Nervenzellen und schädigt Nieren, Herz, Magen, Darm und besonders die Leber. – Viele Menschen können ohne Alkohol nicht mehr auskommen. Sie sind **süchtig.** Solche *Alkoholiker* müssen behandelt werden, um von ihrer Krankheit loszukommen. – Dient Alkoholtrinken also wirklich unserem Wohle?

47.1. ***Beim Arzt.*** *Er schreibt ein Rezept.*

1. Nenne Gründe, warum nur der Arzt Medikamente verordnen sollte!

47.2. In der Apotheke

2. Schreibe verschiedene Formen von Arzneimitteln auf!

5.3. Arzneimittel können auch schädigen

Vermutlich hat dir schon einmal ein Arzt Medikamente verordnet. Aufgrund des *Rezeptes* hat sie deine Mutter dann in der Apotheke erhalten. Allerdings sind auch viele Arzneimittel *rezeptfrei* zu kaufen. Dies kann zum **Arzneimittelmißbrauch** führen. Wie schnell wird bei Kopfschmerzen, Erkältungen, Schlaflosigkeit, Müdigkeit oder Angst zu Tabletten, Dragees, Zäpfchen oder Tropfen gegriffen! So bewirken *Beruhigungsmittel* und *Schlafmittel* einen langen, tiefen Schlaf. *Weckmittel* dagegen halten wach. Sie unterdrücken die Müdigkeit. Müdigkeit aber zeigt an, daß der Körper Ruhe braucht. Schmerz kann man durch *Schmerzmittel* betäuben. Seine Ursache wird dabei nicht bekämpft. – Viele Medikamente enthalten Stoffe, die auf den Körper *giftig* wirken. Sie schädigen ihn und können gefährliche **Nebenwirkungen** hervorrufen. Bei ständiger Einnahme kann der Körper von Medikamenten abhängig werden. Dies führt zur **Sucht.** Nur der Arzt kann entscheiden, welches Arzneimittel in der richtigen Menge für dich geeignet ist.

Die Mathe-Arbeit

Es ist fast Mitternacht. Kathrin hat im Fernsehen einen Krimi gesehen. War der aufregend! Nun geht sie schnell ins Bett; denn morgen soll eine Mathe-Arbeit geschrieben werden. Kathrin kann jedoch nicht schlafen. Sie ist zu aufgeregt. Auch hat sie Angst vor der Arbeit. Gut vorbereitet ist sie nicht. Schließlich steht sie auf, geht an die unverschlossene Hausapotheke und nimmt eine Schlaftablette. Sie hat gesehen, daß ihre Mutter dies manchmal auch tut. Das Schlafmittel wirkt. Noch am nächsten Morgen schläft Kathrin tief und fest. Ihre Mutter muß sie wecken. Kathrin ist müde. Ihre Mutter gibt ihr ein Weckmittel. Das sind Tabletten, die die Müdigkeit vertreiben und wach halten sollen. – Unkonzentriert schreibt Kathrin die Mathe-Arbeit. Sie hat Kopfschmerzen. Zu Hause wird sie gleich eine Schmerztablette nehmen.

3. Kathrin und ihre Mutter haben etwas falsch gemacht. Erläutere!

48.1. Torwandschuß

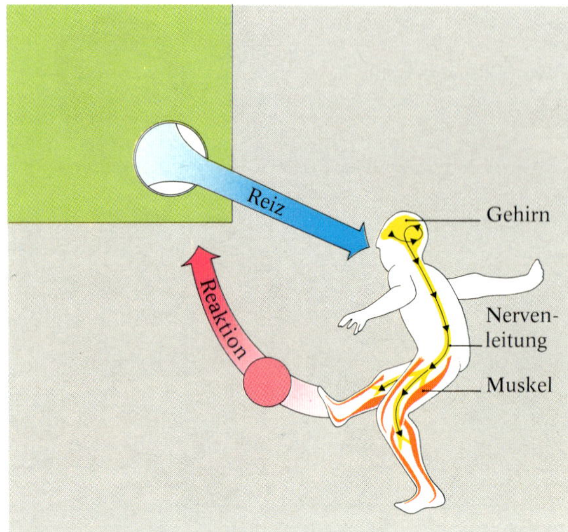

48.2. Reiz-Reaktions-Ablauf

1. Erkläre das Verhalten des Jungen mit Hilfe der Schemazeichnung 48.2.!

6. Leistungen von Sinnesorganen

6.1. Wir sind reizbar

Der Ball liegt 5 Meter vor der Torwand. Lars blickt noch einmal auf die Torwandöffnung. Dann läuft er an, schnellt den Fuß nach vorn, trifft den Ball und schießt ihn auf das Ziel. – Wie ist diese Reaktion zustande gekommen?
Reaktionen werden durch **Reize** ausgelöst. Die Torwandöffnung ist ein solcher Reiz. Lars nimmt ihn mit seinen Augen auf. Organe, die der *Reizaufnahme* dienen, heißen **Sinnesorgane.** Das Auge nimmt zwar den Reiz auf, jedoch Muskeln im Bein reagieren darauf. Wie sind diese weit voneinander liegenden Organe miteinander verbunden?
Das Sinnesorgan Auge enthält *Sinneszellen.* Sie wandeln den Reiz „Torwandöffnung" in Nervenmeldungen um. Nerven leiten diese an das **Gehirn** weiter. Hier werden Aussehen, Lage und Richtung der Torwandöffnung verarbeitet. Nun kann der Reiz beantwortet werden. Dies geschieht durch Nervenmeldungen, die über die Nerven des Rückenmarks bis an die **Muskeln** des Beines geleitet werden. Die Muskeln ziehen sich zusammen: Lars reagiert mit dem Schuß.

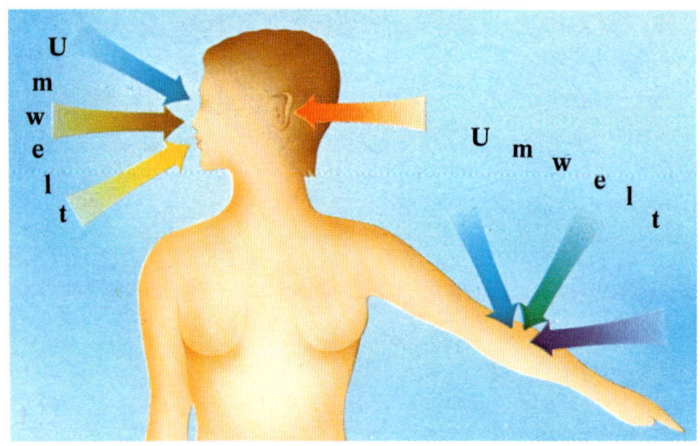

48.3. Reizarten und Sinnesorgane

2. Beschreibe die Abbildung 48.3.! Ordne folgende Reizarten den jeweiligen Sinnesorganen zu: Schallwellen, Geschmacksstoffe, Geruchsstoffe, Temperatur, Druck, Berührung! Fertige eine Tabelle an:

Reiz	*Sinnesorgan*	*Wahrnehmung*
Lichtstrahlen	*Auge*	*Farben, Helligkeit*

3. Ein Kind läuft unachtsam vor ein fahrendes Auto. Der Fahrer sieht das Kind, erschrickt und tritt auf die Bremse. – Erkläre das Verhalten des Fahrers! Zeige dabei das Zusammenwirken von Sinnesorgan, Nerven, Gehirn und Muskeln auf!

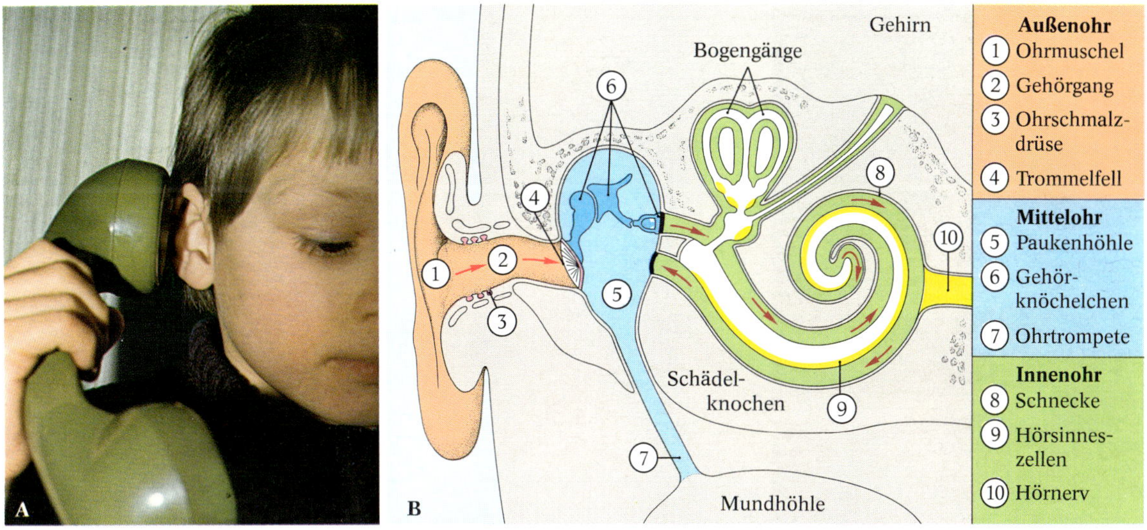

49.1. Das menschliche Ohr. *A Hören beim Telefonieren; B Bau des Ohres (Schema)*

1. Beschreibe den Aufbau des Hörorgans!

2. Erläutere den Hörvorgang!

6.2. Wie wir Geräusche wahrnehmen

Das Telefon schrillt. Du nimmst den Hörer ab, führst ihn an dein Ohr und hörst eine Stimme. Dies geschieht so: Eine dünne Metallhaut im Lautsprecher des Telefonhörers wird durch den Anrufer auf elektrischem Wege zum Schwingen gebracht. Diese Schwingungen werden auf die Luft übertragen. So entsteht der Schall. Da er sich ähnlich wie Wasserwellen ausbreitet, spricht man von *Schallwellen.* Diese Schallwellen werden von der **Ohrmuschel** deines Ohres aufgefangen. Sie wirkt wie ein Trichter. So gelangt der Schall durch den **Gehörgang** zum Trommelfell. Das **Trommelfell** ist eine dünne Haut, die durch die auftreffenden Schallwellen hin und her schwingt.

Drei **Gehörknöchelchen** leiten diese Schwingungen weiter. Die Knöchelchen sind gelenkig miteinander verbunden. Sie sitzen in einer Höhlung, die **Mittelohr** heißt. Nach ihrer Form bezeichnet man die Knöchelchen als *Hammer, Amboß* und *Steigbügel.* Sie übertragen die Schwingungen auf ein dünnes Häutchen, das das Mittelohr zum **Innenohr** hin verschließt. Das Häutchen beginnt jetzt ebenfalls zu schwingen. Hierdurch wird eine Flüssigkeit im Innenohr bewegt. **Hörsinneszellen** in der *Schnecke* werden auf diese Weise gereizt. Sie melden den Reiz über den *Hörnerv* zum Gehirn: Du nimmst nun die Stimme aus dem Telefonhörer wahr.

3. Welche Aufgaben erfüllen Härchen und Ohrschmalz im Gehörgang?

4. Bohre in die Böden von zwei leeren Joghurtbechern jeweils ein kleines Loch! Ziehe durch diese Löcher einen 10–20 m langen Zwirnsfaden und mache an die Enden dicke Knoten! Spanne nun den Faden mit Hilfe eines Mitschülers straff! Ein Joghurtbecher dient als „Sprechmuschel", der zweite als „Hörer". Mit diesem „Schnurtelefon" könnt ihr nun miteinander sprechen. Gib hierfür eine Erklärung!

5. Viele Popmusiker sind durch die Lautstärke ihrer Musik schwerhörig geworden. Erläutere! – Nenne Lärmquellen aus deiner Umgebung, die zu Gehörschäden führen können!

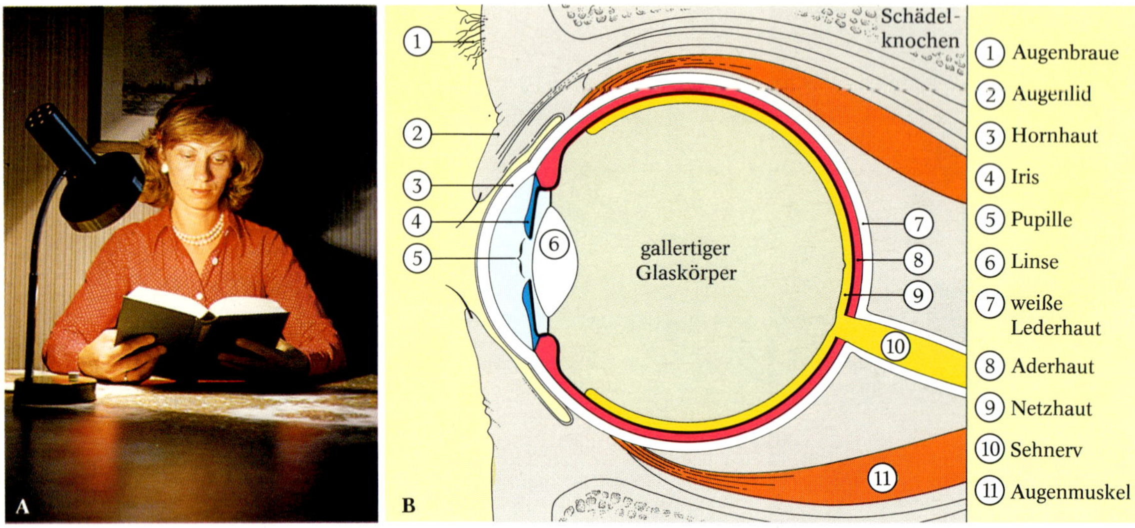

50.1. Das menschliche Auge. *A beim Lesen; B Aufbau (Längsschnitt)*

1. Beschreibe den Bau des Auges! Welche Teile kannst du im Spiegel gut erkennen?

6.3. Was leisten unsere Augen?

Stell' dir vor, du liest abends bei Lampenlicht ein Buch. Plötzlich geht das Licht aus. Der Raum ist dunkel. Du siehst nichts mehr. Beim Suchen nach der Taschenlampe bewegst du dich unsicher in der Wohnung. Auch das Tasten geschieht nur zögernd, da du fürchtest, etwas umzustoßen oder dich zu verletzen. Jetzt wird dir bewußt, was deine Augen sonst leisten! – Nur bei Licht kannst du dir ein Bild von deiner Umgebung machen. Dann kannst du dich sicher orientieren. Du siehst Umrisse, Helligkeit und Farben der verschiedenen Gegenstände. Wie ist das möglich?

Von beleuchteten Gegenständen gehen Lichtstrahlen aus. Sie gelangen in das Auge. Durch die durchsichtige **Hornhaut** und durch die **Linse** werden die Lichtstrahlen auf die **Netzhaut** gelenkt. Ähnlich wie auf dem Film in einer Kamera wird hier der Gegenstand auf dem Kopf stehend abgebildet. Weshalb sehen wir ihn aber aufrecht stehend?

Die Netzhaut setzt sich aus Millionen von **Lichtsinneszellen** zusammen. Auftreffende Lichtstrahlen werden von Lichtsinneszellen zu Nervenmeldungen umgewandelt. Über den *Sehnerv* gelangen diese zum *Gehirn*. Hier wird der Gegenstand von dir bewußt wahrgenommen. Das Gehirn sorgt auch dafür, daß du ihn aufrecht stehend siehst. Im Gehirn geschieht aber noch mehr: Der betrachtete Gegenstand wird in jedem der beiden Augen auf der Netzhaut abgebildet. Das eine Auge sieht ihn aber etwas mehr von rechts, das andere etwas mehr von links. Das Gehirn setzt die beiden Abbildungen zu einem einheitlichen Bild zusammen: auf diese Weise kannst du *räumlich sehen*. Auch kannst du mit deinen Augen nacheinander nahe und ferne Gegenstände *scharf sehen*. Die Augenlinse ist verformbar: beim Blick in die Ferne wird sie abgeflacht, beim Blick in die Nähe wird sie stärker gekrümmt.

Unsere Augen sind empfindliche Lichtsinnesorgane. **Schutzeinrichtungen** sorgen dafür, daß sie stets leistungsfähig bleiben. So sind die kugelförmigen Augäpfel in den *knöchernen Augenhöhlen* des Schädels teilweise vor Stößen und Schlägen geschützt. Um klar sehen zu können,

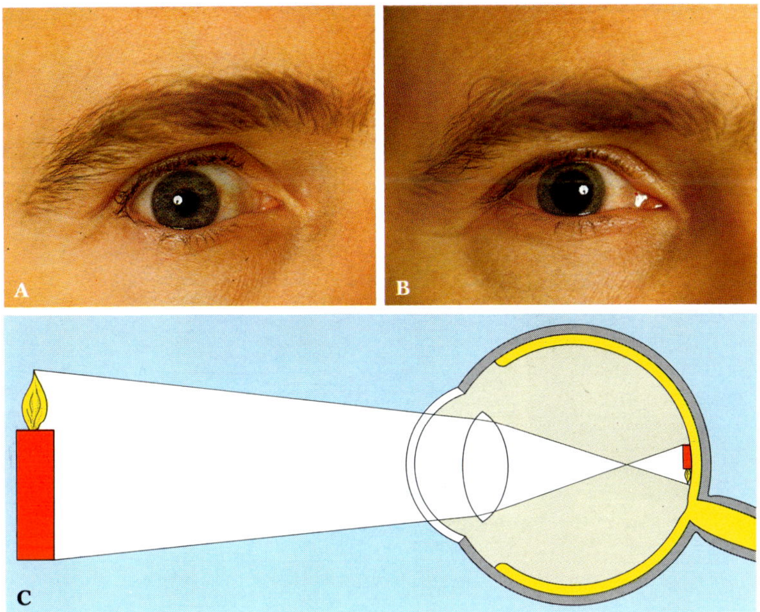

51.1. Leistungen des menschlichen Auges. *A, B Pupillenveränderung bei verschiedener Helligkeit; C Weg der Lichtstrahlen*

2. Die grün, blau oder braun gefärbte Iris wirkt wie eine Blende: Durch sie wird die Pupille verengt oder erweitert. – Ordne die Teilbilder A und B (Abbildung 51.1.) dem Hell- und Dunkelsehen zu! Überprüfe dies bei einem Mitschüler oder selbst vor einem Spiegel! Dazu muß ein Auge locker mit der Hand abgedeckt werden. Dann wird der Kopf hellem Licht zugewandt und die Hand weggenommen. Beobachte die Pupille!

3. Beschreibe anhand der Abbildung 51.1. C den Sehvorgang!

muß die Hornhaut ständig sauber sein. Diese Reinigung erfolgt durch die salzige *Tränenflüssigkeit* aus den *Tränendrüsen.* Gleichzeitig wird das Auge feucht gehalten. Das Schlagen der *Augenlider* sorgt für eine gleichmäßige Verteilung der Tränenflüssigkeit. Auch schützen die Augenlider vor zu grellem Licht. Die *Wimpern* und auch die *Augenbrauen* halten Regentropfen oder Schweißtropfen von den Augen fern.

4. Schaue in den Spiegel! Ziehe vorsichtig ein unteres Augenlid vom Auge ab! Auf dem Lidrand zur Nase hin siehst du eine kleine, einstichartige Öffnung. Worum handelt es sich hierbei? Erläutere die Aufgabe dieser Öffnung! Suche nach weiteren Öffnungen im Bereich des Auges!

5. Halte ein geschlossenes Buch mit ausgestrecktem Arm so in die Mitte deines Gesichtsfeldes, daß du auf den Buchrücken schaust! Schließe nun einmal das rechte Auge, ein anderes Mal das linke Auge und betrachte das Buch dann mit beiden Augen! Beschreibe deine Beobachtungen! Erkläre!

Schütze deine Augen!

Reibe nicht, wenn du einen Fremdkörper aus deinem Auge entfernen willst! Du kannst ihn vorsichtig mit der Ecke eines sauberen Tuchs entfernen. Sitzt er jedoch zu fest, suche unbedingt einen Augenarzt auf! – Vorsicht beim Umgang mit spitzen Gegenständen, mit Wurf- und Gummigeschossen! – Ätzende Flüssigkeiten (Kalkspritzer, Essig) spüle sofort mit viel klarem Wasser aus! – Schaue nicht direkt in die Sonne! Schütze deine Augen vor starkem Licht durch eine gute Sonnenbrille!

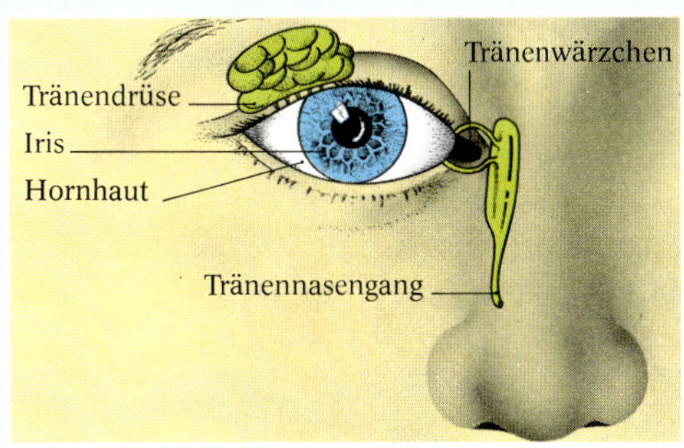

51.2. Tränen schützen das Auge

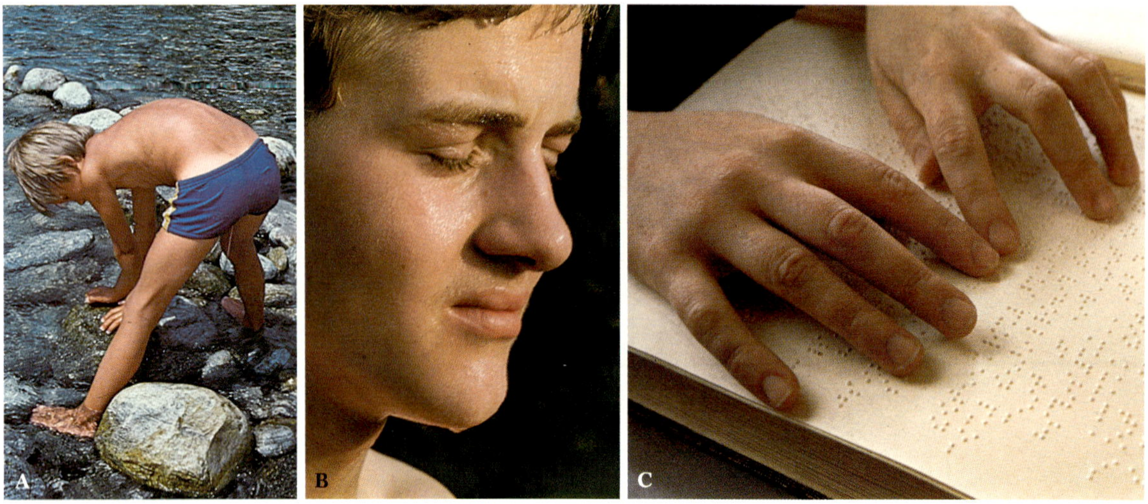

52.1. Aufgaben der Haut. *A sonnengebräunte Haut; B schwitzender Junge; C Blinder „liest" Blindenschrift*

1. Welche Teile der Haut übernehmen die Aufgaben, die in den Teilbildern A, B und C zum Ausdruck kommen?

6.4. Die Haut hat vielseitige Aufgaben

Sonnengebräunt kam Jens aus den Ferien. Doch nach einigen Wochen sah er wieder so hell aus wie vorher. Wo war die Bräune geblieben?
Farbstoffe in der Haut schützen den Körper vor Verbrennungen durch Sonnenstrahlen. Sie heißen *Pigmente* und werden in einer oberen Schicht der Haut gebildet. Diese **Oberhaut** zeigt besondere Eigenschaften: Reibst du mit einem dunklen Tuch deine Haut kräftig ab, wird das Tuch hell gefärbt. Die Verfärbung rührt von toten, verhornten Hautzellen her, die als Schuppen abgelöst werden. Sie stammen von der *Hornschicht* der Oberhaut, die den Körper vor Verletzungen und Austrocknung schützt. Fetthaltige Stoffe aus *Talgdrüsen* sorgen dafür, daß sie geschmeidig bleibt. Solange die Haut unverletzt ist, können auch keine Krankheitserreger eindringen. – Abgestorbene Hautzellen werden ständig durch neue ersetzt. Diese entstehen in der *Keimschicht.* Bei Sonnenstrahlung bilden sich hier verstärkt Pigmente. Die braun gefärbten Zellen gelangen allmählich nach außen, verhornen und werden abgestoßen.
Sicher ist dir an heißen Tagen oder bei körperlicher Anstrengung schon einmal der Schweiß „ausgebrochen". Der Körper ist erhitzt, und die Haut hat sich stark gerötet. Eine besondere Hautschicht, die **Lederhaut,** enthält zahlreiche *Schweißdrüsen.* Sie scheiden durch kleine *Poren* in der Hautoberfläche *Schweiß* aus. Er setzt sich aus Wasser, Salzen und anderen Stoffen zusammen. Der Schweiß verdunstet. Hierbei wird dem Körper Wärme entzogen und so eine Überhitzung verhindert. Gleichzeitig erweitern sich die *Blutgefäße:* Die Haut wird nun stärker durchblutet. Dadurch gibt der Körper mehr Wärme nach außen ab.
Kochendes Wasser fühlt sich heiß an, Eis dagegen kalt. Die Reize „heiß" und „kalt" werden von *Wärmekörperchen* und *Kältekörperchen* der Haut aufgenommen. *Nerven* melden die Reize dem *Gehirn.* Hier liegt der *Temperatursinn,* mit dem wir alle die Temperaturunterschiede empfinden.
Andere Sinneskörperchen nehmen Berührungsreize wahr. Solche *Tastkörperchen* sind in der Haut unterschiedlich dicht verteilt. In den Fingerspitzen liegen sie besonders dicht zu-

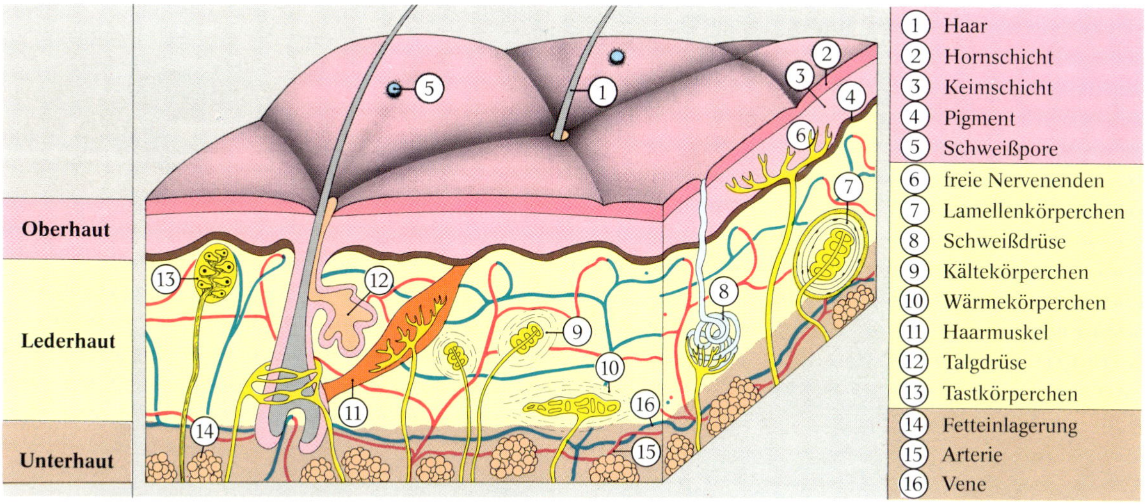

53.1. Aufbau der Haut *(Schema)*

2. Beschreibe den Aufbau der Haut! Zeige, daß sie ein Sinnesorgan mit vielseitigen Aufgaben ist! Fertige dazu eine Tabelle an!

sammen. Mit ihnen ertastet zum Beispiel der Blinde die Buchstaben der Blindenschrift. Sie stellen ein bestimmtes Muster von Höckern im Papier dar. Blinde können also mit Hilfe ihres *Tastsinnes* lesen.
Stärkerer Druck wird von Sinneskörperchen in der **Unterhaut** wahrgenommen. Sie heißen *Lamellenkörperchen.* In der Unterhaut ist vor allem Fett eingelagert. Dadurch wirkt sie wie ein Polster und schützt die darunter liegenden Körperteile.

3. Verbinde einem Mitschüler die Augen! Lege ihm verschiedene Gegenstände vor! Lasse sie durch Betasten mit den Fingerspitzen erraten! – Verbinde einem anderen Mitschüler die Augen und lasse ihn die gleichen Gegenstände mit dem Handrücken ertasten! Vergleiche die Ergebnisse!

4. Tauche eine Hand in eine Schale mit Wasser von 20 °C und tauche gleichzeitig die andere in eine Schale mit Wasser von 40 °C! Nach etwa $^1/_2$ Minute stecke beide Hände in eine Schale mit 30 °C warmem Wasser! Beschreibe deine Beobachtungen! Versuche, diese zu erklären!

Hautpflege

Gründliches und regelmäßiges Waschen mit Seife verhindert ein Verstopfen der Hautporen, die Ausbreitung von Krankheitserregern sowie Körpergeruch. Spätestens innerhalb einer Woche sind deine Haare fettig und Schuppen sichtbar. Krankheitserreger können sich nun verstärkt vermehren. Ihr Wachstum wird auch durch enganliegende und durchgeschwitzte Kleidung gefördert.
Gut durchblutete Haut macht deinen Körper widerstandsfähig gegenüber Krankheiten. Diese „Abhärtung" erreichst du durch heißes und anschließend kaltes Duschen oder Waschen, durch Frottieren und Bürsten, viel Bewegung an frischer Luft sowie beim sinnvollen Sonnenbaden. Sonnenbrand entsteht nämlich durch ungewohnt langes Liegen in praller Sonne. Dadurch wird die Haut spröde.

5. Stelle einige Regeln zur Hautpflege auf!

Fortpflanzung und Entwicklung des Menschen

54.1. Bernd hat Geburtstag

1. Verhalten sich Jungen anders als Mädchen?

Bernd wird 11 Jahre alt

Bernd trifft sich mit einigen Freunden, um seinen Geburtstag vorzubereiten. Zunächst überlegen sie, wer eingeladen werden soll. „Eigentlich sollten wir Nicole und Antje auch einladen“, sagt Markus. „Dann können wir aber nicht Fußball spielen“, erwidert Bernd. „Die Mädchen sind doch alberne Gänse. Die hängen doch nur rum und wollen Platten hören und tanzen!“ „Du könntest trotzdem die beiden Mädchen einladen. Wir spielen dann etwas, was allen Spaß macht“, meint Markus. „Ich weiß, du willst wohl unbedingt deine Freundin dabei haben!“ stichelt Bernd. „Wohl neidisch, was Bernd?“ kontert Michael. „Wir könnten doch ...“

1. Wie würdest du entscheiden?

2. Wie würdet ihr euch an Stelle von Nicole und Antje verhalten?

Jungen und Mädchen in eurem Alter verstehen sich manchmal nicht mehr so gut wie früher. Oft sind sie jetzt am liebsten in ihrer „Clique“ unter sich. Dort fühlen sie sich wohl und können ihre Probleme miteinander besprechen. Von den Erwachsenen fühlen sie sich oft nicht „für voll“ genommen. Sie haben es nicht gern, noch als „Kinder“ behandelt zu werden, da sie sich schon erwachsen fühlen. Das kann in dieser Zeit zu Ärger in der Schule und im Elternhaus führen.

Vielleicht geht es euch manchmal auch so. Eine Ursache ist wohl eure veränderte Einstellung zur Umwelt. Manchmal findet ihr etwas zum „Totlachen“, und wenig später ist euch zum „Heulen“ zumute. Diese Stimmungsschwankungen sind in eurem Alter nicht unnatürlich. Sie sind ein Zeichen dafür, daß in eurem Körper Veränderungen vorgehen und sich euer Verhalten wandelt. Ihr reift allmählich zu Erwachsenen heran. Diese Reifezeit bezeichnet man als **Pubertät.** Sicher habt ihr schon einmal von den Erwachsenen die Bemerkung gehört: „Das Verhalten ist verständlich, die sind doch in der Pubertät!“

55.1. Kindes-, Jugend- und Erwachsenenalter

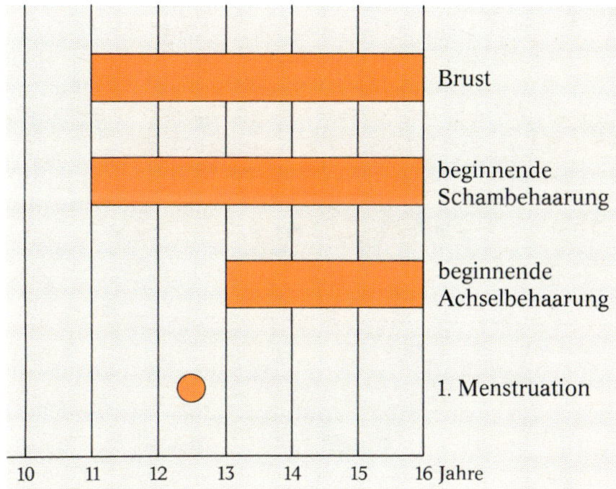

55.2. Entwicklung der Geschlechtsmerkmale bei Mädchen

2. Betrachte die Abbildung 55.1! Beschreibe unterschiedliche körperliche Merkmale der dargestellten Altersstufen!

2. Mädchen entwickeln sich zu Frauen

Ein besonderer Tag für Sabine

Sabine erzählt ihrer Freundin: „Meine Mutter hatte mir vor einiger Zeit genau erklärt, wie es sein wird, wenn ich zum ersten Mal meine ‚Tage' bekomme. – Ich war doch sehr gespannt. Letzte Woche bemerkte ich beim Aufstehen Blutflecken in meinem Schlafanzug. Meiner Mutter sagte ich zunächst nichts. Aber sie hat es wohl gemerkt. Vielleicht hat sie auch gesehen, daß ich mir eine Binde aus dem Wäscheschrank genommen hatte. Die hatte sie mir schon vor einiger Zeit vorsorglich zurechtgelegt. Jedenfalls nahm sie mich in den Arm und sagte: ‚Sabine, ich weiß schon, was mit dir ist, jetzt bist du groß und bald erwachsen. Und immer, wenn du Fragen hast, komm' zu mir.' Und dann sagte sie noch etwas, was ich ganz toll fand: ‚Heute nachmittag kaufen wir zusammen etwas Schönes zum Anziehen für die junge Dame'."

1. Sprich bei Gelegenheit mit deiner Mutter oder einer anderen dir vertrauten Person über dein Verhalten während der Regelblutung!

Bis etwa zum 10. Lebensjahr bemerken wir kaum einen Unterschied in der Entwicklung von Jungen und Mädchen. Zwischen dem 10. und 14. Lebensjahr dagegen beginnt sich der Körper des Mädchens zu verändern. Äußerlich kann man die Veränderungen an der Figur feststellen. Vor allem an den Hüften und Oberschenkeln nimmt der Körper rundlichere Formen an. Das Becken und die Hüften werden breiter. Die Brust beginnt zu wachsen.
Die Warzenhöfe werden größer und runder. Der Körper stellt sich darauf ein, später ein Kind stillen zu können. Gleichzeitig beginnen sich im Bereich der Geschlechtsorgane die Schamhaare zu entwickeln. In den Achselhöhlen wachsen dann die Achselhaare.
Die Veränderungen werden durch bestimmte Wirkstoffe ausgelöst, die der Körper in diesem Alter zu bilden beginnt. Solche Wirkstoffe heißen **Hormone.** Unter ihrem Einfluß kann auch die Gesichtshaut anders aussehen. Die Talgdrüsen der Haut erzeugen jetzt mehr Fett als bisher. Das Fett kann die Poren verstopfen, und man bekommt leicht Pickel. In dieser Zeit ißt man am besten wenig Fett und noch weniger

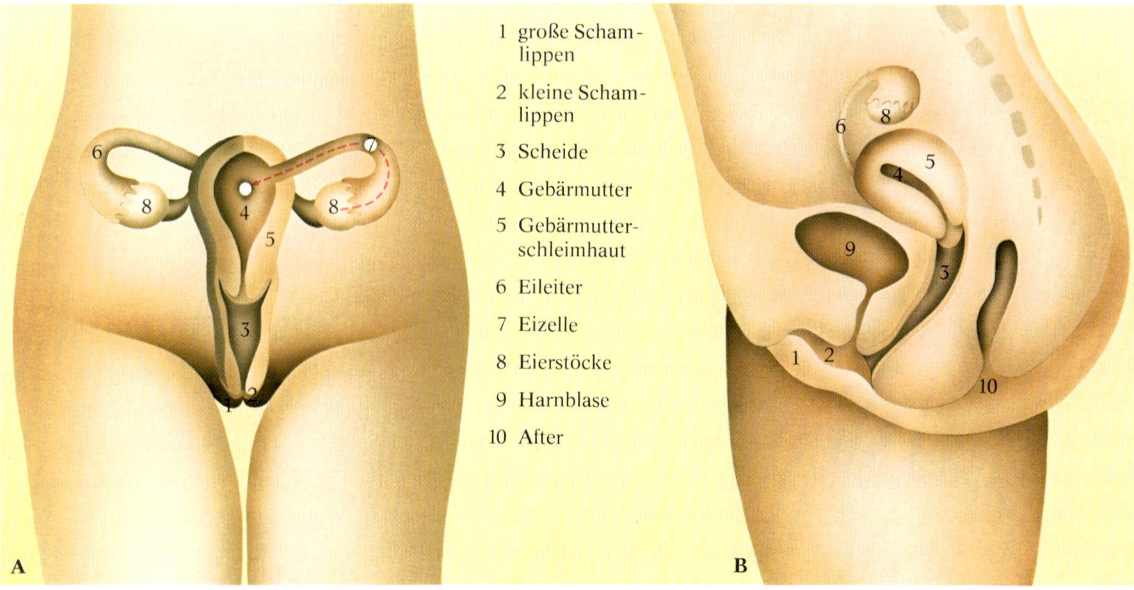

56.1. Bau der weiblichen Geschlechtsorgane. *A Aufsicht; B Längsschnitt*

Süßigkeiten. Außerdem sollte die Gesichtshaut immer sauber gehalten werden. Mit dem Abschluß der Pubertät verschwindet meist diese unangenehme Erscheinung.

Unter dem Einfluß von Hormonen entwickeln sich jetzt auch die Geschlechtsorgane. In den beiden walnußgroßen **Eierstöcken** liegen jeweils über 200 000 mikroskopisch kleine **Eizellen.** Jeden Monat reift nur eine heran. Sie entwickelt sich in einem mit Flüssigkeit gefüllten Bläschen. Es ist das *Eibläschen* oder der *Follikel.* Innerhalb von 14 Tagen wandert das Eibläschen von der Mitte an den Rand des Eierstockes. Dabei wird es etwa erbsengroß. Nun platzt das Eibläschen, und die Eizelle tritt zusammen mit etwas Flüssigkeit aus. Dieser Vorgang heißt **Eisprung.** Die Eizelle wird dabei von der trichterförmigen Öffnung des Eileiters aufgefangen, die sich über den Eierstock gestülpt hat.
Der *Eileiter* ist ein dünner Schlauch, der den Eierstock mit der Gebärmutter verbindet. Im Laufe von drei bis vier Tagen wird die Eizelle in die **Gebärmutter** transportiert. Dies geschieht durch Muskelbewegungen und durch das Schlagen feiner Flimmerhärchen, die den Eileiter innen auskleiden. Die Gebärmutter ist etwa birnengroß und mit einer Schleimhaut versehen. Die *Gebärmutter-Schleimhaut* schwillt vor jedem Eisprung ungefähr auf das Fünffache ihrer ursprünglichen Dicke an. Die Schleimhaut ist weich, stark durchblutet und hat die Aufgabe, die befruchtete Eizelle aufzunehmen. Eine solche Eizelle kann sich hier einnisten und weiterentwickeln.

Wird die Eizelle nach dem Eisprung nicht befruchtet, stirbt sie ab. Die Gebärmutterschleimhaut kann nun ihre Aufgabe nicht mehr erfüllen. Sie bleibt noch etwa 14 Tage erhalten und löst sich dann ab. Dabei setzt eine Blutung ein. Blut und Schleimhautreste werden durch die Scheide abgegeben. Es ist die *Regelblutung* oder **Menstruation.** Im Durchschnitt dauert sie vier bis fünf Tage.
Unmittelbar danach reift wieder eine Eizelle heran, und eine neue Schleimhaut entwickelt sich. Dieser Ablauf wiederholt sich etwa alle 28 Tage. Die Zeitabstände können bei jungen Mädchen aber noch unterschiedlich lang sein.

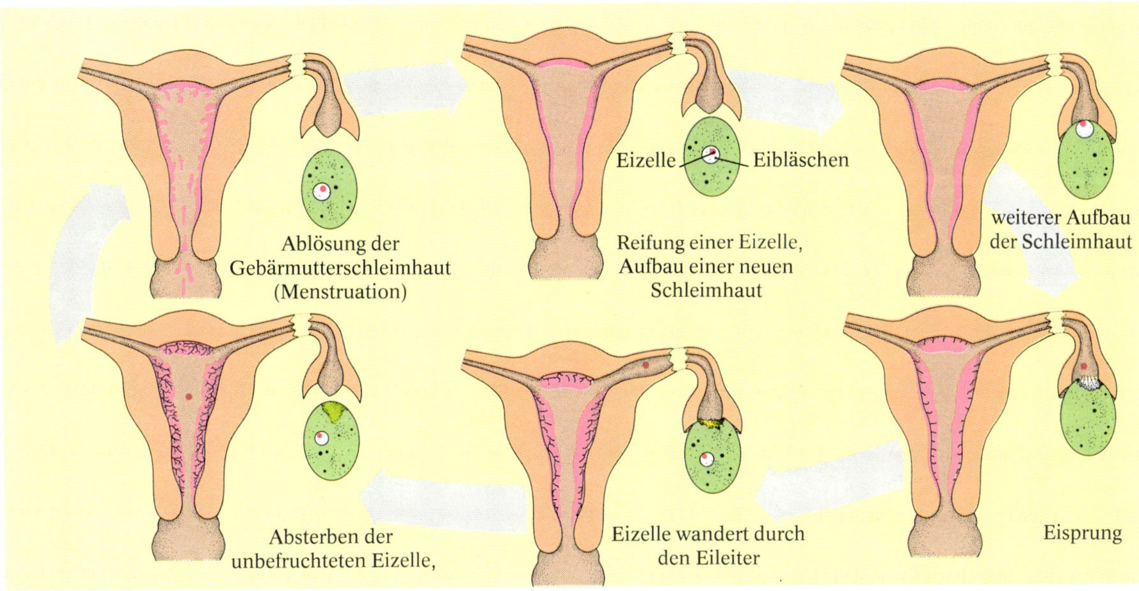

57.1. Ablauf von Eireifung und Regelblutung

Vorsicht vor „Kinderfreunden"!

Aus einem Zeitungsbericht: ... wurde gestern der 36jährige Wolfgang Sch. von der Kripo festgenommen. Er hatte sich wiederholt Kindern unsittlich genähert. Sch. suchte sich seine Opfer auf Spielplätzen. Dort lockte er junge Mädchen mit kleinen Geschenken in sein Auto. In anderen Fällen fragte er die Kinder nach dem Weg und bat sie dann mitzufahren, um ihm die Straße zu zeigen ... Die Polizei weist erneut Eltern und Schule darauf hin, daß Kinder in der Pubertät, vor allem auch Mädchen, durch solche „Kinderfreunde" besonders gefährdet sind. Sie verführen Kinder zu geschlechtlichen Handlungen. Dabei wollen sie zum Beispiel die Geschlechtsorgane des Mädchens berühren. Auch kommt es vor, daß solche Sittlichkeitstäter aus Furcht vor Bestrafung ihr Opfer umbringen.
Die Polizei fordert daher alle Kinder auf: Seid gegenüber allen Menschen außerhalb der Familie zurückhaltend! Laßt euch von keinem Fremden anfassen oder mitlocken! Steigt nicht in ein fremdes Auto ein!

Regeln zur Hygiene der Geschlechtsorgane

Schamgegend jeden Tag gründlich reinigen!
Während der Regelblutung öfter waschen oder mit lauwarmem Wasser duschen, um unangenehme Geruchsbildung zu vermeiden!
Menstruationsblut mit Binden aus weicher Watte oder durch Tampons auffangen!
Binden oder Tampons öfter wechseln: an den Haupttagen alle 3–4 Stunden, später alle 8–10 Stunden!

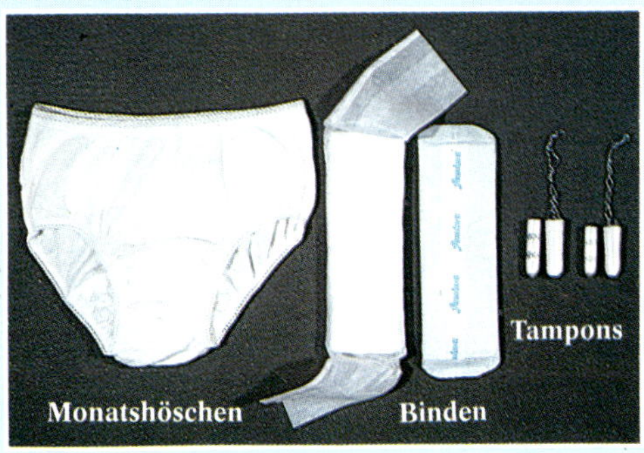

57.2. Hygieneartikel der Frau

58.1. *Kindes-, Jugend- und Erwachsenenalter*

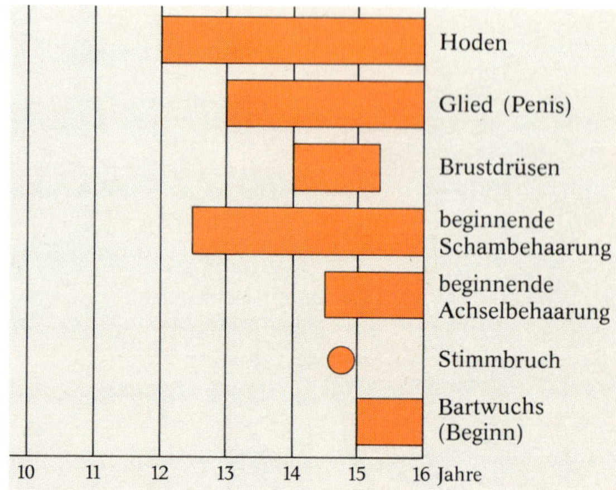

58.2. *Entwicklung der Geschlechtsmerkmale bei Jungen*

1. Betrachte die Abbildung 58.1.! Beschreibe die unterschiedlichen körperlichen Merkmale der dargestellten Altersstufen!

3. Jungen entwickeln sich zu Männern

In der Pubertät zeigen sich bei den Jungen ebenso wie bei den Mädchen körperliche Veränderungen. Diese werden durch bestimmte Hormone ausgelöst. Zwischen dem 12. und 15. Lebensjahr werden die Jungen zunehmend größer. Ihre Gestalt streckt sich. Die Schultern verbreitern sich. Die Muskeln entwickeln sich kräftiger. Im Gegensatz zu den Mädchen bleibt das Becken jedoch schmal.
Die Körperbehaarung nimmt zu. Oberhalb des Gliedes wachsen die Schamhaare, und etwas später setzt die Behaarung der Achselhöhlen ein. Schließlich beginnt der Bartwuchs. Dabei zeigt sich zunächst auf der Oberlippe der dünne „Bartflaum". Außerdem kann bei manchen Jungen eine Behaarung der Brust, des Bauches sowie der Unterschenkel hinzukommen.

Während dieser Entwicklungsphase verändert sich auch die Stimme der Jungen. Sie wird nicht mehr wie bisher beherrscht. Die hohe Kinderstimme schlägt beim Sprechen und Singen in eine tiefere Männerstimme um. Im nächsten Augenblick fällt sie wieder in die Kinderstimme zurück. Dieser **Stimmbruch** wird durch das Wachstum des Kehlkopfes ausgelöst. Dabei erreichen die Stimmbänder im Kehlkopf etwa das Doppelte ihrer ursprünglichen Länge. Innerhalb weniger Monate bildet sich auf diese Weise die „männliche Stimme" heraus.

Durch den Einfluß von Hormonen entwickeln sich auch die Geschlechtsorgane. **Glied** und Hoden werden größer. In den beiden **Hoden** reifen fortlaufend männliche *Geschlechtszellen.* Man nennt sie auch **Samenzellen** oder *Spermien.* Es sind viele Millionen, die in die *Nebenhoden* gelangen und dort gespeichert werden. Die Nebenhoden können jedoch nur eine begrenzte Menge aufnehmen. Sind sie gefüllt, werden die Samenzellen zusammen mit etwas Flüssigkeit ausgestoßen. Die Flüssigkeit bildet sich in der *Vorsteherdrüse* und in der *Bläschendrüse.* Hierdurch bleiben die Samenzellen für einige Stunden lebensfähig. Das Ausstoßen der Flüssigkeit nennt man *Samenerguß.* Dabei drücken Muskeln die Flüssigkeit mit den Samenzellen durch den *Samenleiter.* Er mündet in die Harnröhre, die das Glied in der ganzen Länge durchzieht.

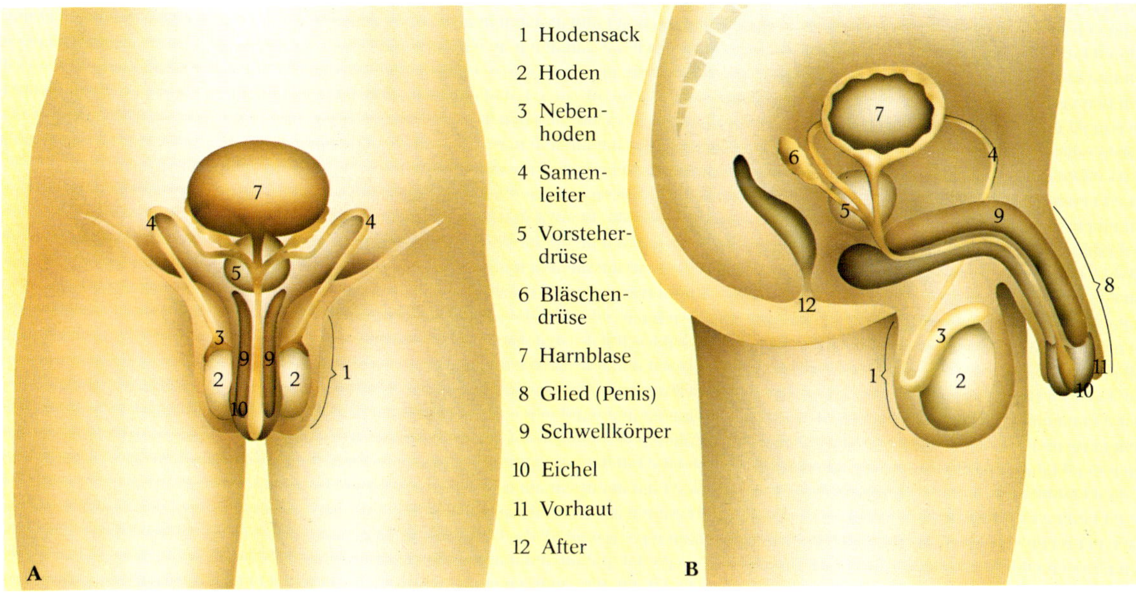

59.1. Bau der männlichen Geschlechtsorgane. *A Aufsicht; B Längsschnitt*

Sichtbares Zeichen der Geschlechtsreife ist der erste Samenerguß. Er erfolgt meist im Schlaf und daher unbewußt. Solch einen Samenerguß, der unbewußt erfolgt, nennt man *Pollution.*

Mit Beginn der Reifezeit wird das Glied auch häufiger steif. Diese Gliedversteifung nennt man *Erektion.* Dabei staut sich das Blut in den Blutgefäßen der Schwellkörper. Das Glied wird dicker und länger und richtet sich auf. Fließt das gestaute Blut wieder ab, erschlafft das Glied.

Die Gliedversteifung kann verschiedene Ursachen haben. Auch durch absichtliche Reibung kann sich das Glied versteifen. Die Berührung der Geschlechtsorgane ist ein ganz natürliches Verhalten. Dabei entstehen angenehme Empfindungen, die bis zur Erregung gesteigert werden können. Bei Jungen kann es bei dieser Betätigung zum Samenerguß kommen. – Wegen dieses Verhaltens braucht niemand Schuldgefühle zu haben oder sich zu schämen. Es ist nicht schädlich, sondern ein durchaus natürliches Übergangsverhalten zum Erwachsenwerden.

Regeln zur Hygiene der Geschlechtsorgane

Zur täglichen Körperpflege gehört die Reinigung der Geschlechtsorgane.
Dabei muß besonders auf die Stelle zwischen Vorhaut und Eichel geachtet werden. Hier sammeln sich talgähnliche Absonderungen an. Werden sie nicht abgewaschen, verbreiten sie einen unangenehmen Geruch und können auch zu schmerzhaften Entzündungen führen. Zum Waschen der Eichel muß die Vorhaut vorsichtig ganz zurückgezogen werden.

60.1. *Freizeitbegegnung*

60.2. *Ein Paar*

4. Eine Familie bildet sich

Wenn Jungen und Mädchen erwachsen werden, ändert sich auch ihre Einstellung zum anderen Geschlecht. Jungen und Mädchen interessieren sich jetzt füreinander. Sie wollen sich näher kennenlernen. Gelegenheiten dazu gibt es zum Beispiel beim Sport, beim Tanz oder bei einer Freizeit. Nicht selten entstehen dabei *Freundschaften.*

Freund und Freundin treffen sich nun häufiger. Sie unternehmen vieles gemeinsam. Sie mögen sich und haben zueinander Vertrauen. Über alles, was sie erleben, was sie bewegt und bedrückt, wollen sie miteinander sprechen. Aus dieser Freundschaft entwickeln sich manchmal sogar innige Zuneigung und Liebe. Manche Partner wollen für immer zusammenbleiben.

Eine feste Bindung zwischen Mann und Frau kann die **Ehe** sein. Wenn sich Mann und Frau lieben, sind sie zärtlich zueinander. Sie umarmen und küssen sich. Sie möchten sich auch körperlich sehr nahe sein. Bei ihnen kann der Wunsch entstehen, die Geschlechtsorgane des anderen zu berühren. Dabei kann sich das Glied des Mannes versteifen. Wird es nun in die Scheide der Frau eingeführt, empfinden Mann und Frau ein beglückendes Gefühl. Diese geschlechtliche Vereinigung nennt man auch *Geschlechtsverkehr.* Durch die Bewegung des Gliedes in der Scheide kommt es beim Mann zum *Samenerguß.*

Bei jedem Samenerguß werden 200 bis 300 Millionen *Samenzellen* ausgestoßen. Die Samenzellen sind mikroskopisch klein. Sie bestehen aus einem Kopfteil und einem Schwanzfaden. Der Kopfteil enthält den Zellkern. Der Schwanzfaden führt schlängelnde Bewegungen aus, und so schwimmen die Samenzellen vorwärts. Sie gelangen durch die feuchte Scheide in die Gebärmutter und von dort in beide Eileiter. Dieser Weg von 25 bis 30 cm ist für die winzigen Samenzellen sehr lang und „beschwerlich". Im Anfangsteil eines Eileiters kann eine *reife Eizelle* liegen. Nur einer einzigen Samenzelle gelingt es schließlich, in die reife Eizelle einzudringen. Die Zellkerne der beiden Geschlechtszellen wandern nun aufeinander zu. Sie verschmelzen miteinander. Diesen Vorgang nennt man **Befruchtung.** Mit ihr beginnt ein neuer Mensch zu wachsen.

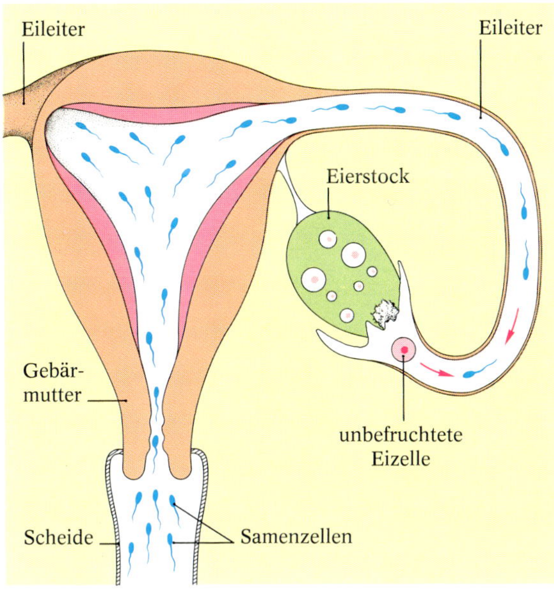

61.1. Samenzellen auf dem Weg zur Eizelle

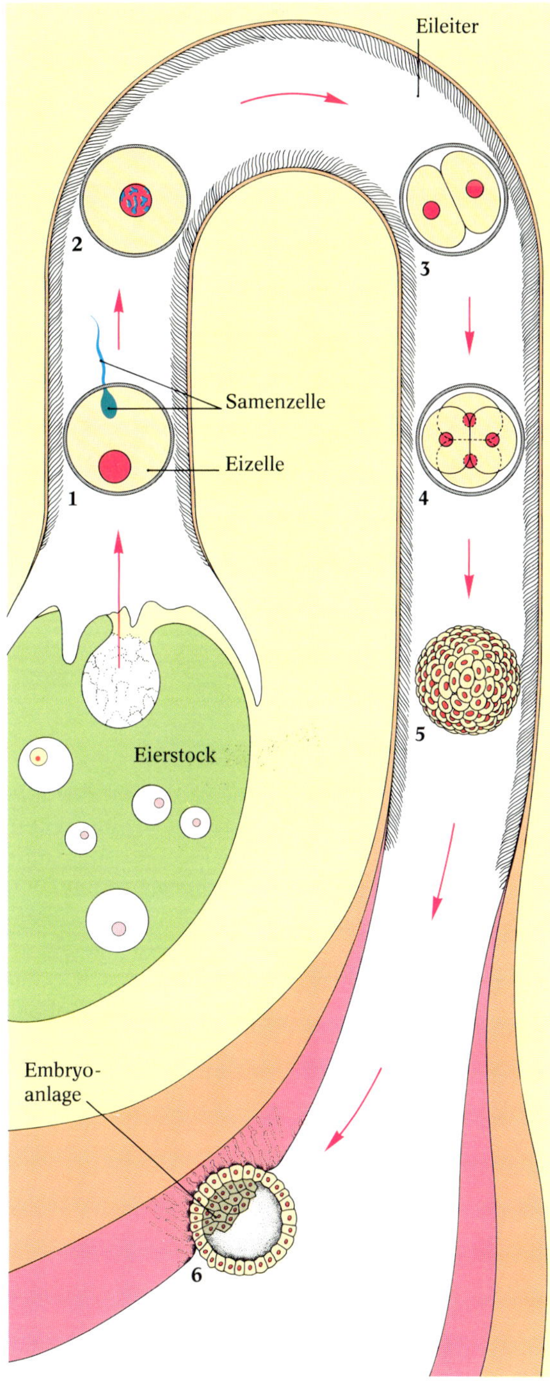

61.2. Weg der befruchteten Eizelle und erste Entwicklungsschritte *(Schema)*
1 Befruchtung; 2 befruchtete Eizelle; 3 Zweizellenstadium; 4 Vierzellenstadium; 5 Zellhaufen; 6 Keimbläschen (Schnitt)

Die befruchtete Eizelle wird durch die Bewegung von Flimmerhärchen des Eileiters in die Gebärmutter befördert. Der „Transport" dauert 4 bis 5 Tage. Schon während dieser Zeit beginnt sich die Eizelle zu teilen. Aus der einen Zelle werden 2, dann 4, dann 8 zusammenbleibende Zellen. So gehen die Teilungen weiter, bis ein kugeliger Zellhaufen entsteht. Aus diesem bildet sich eine kleine Blase, das *Keimbläschen.* Etwa 6 Tage nach der Befruchtung nistet sich das Keimbläschen in die Schleimhaut der Gebärmutter ein. Nun beginnt die **Schwangerschaft.** Sie dauert etwa 9 Monate.

Während der Schwangerschaft wächst das Kind in der Gebärmutter heran. Die Entwicklung geht von einem bestimmten Bereich des Keimbläschens aus, den man *Embryoanlage* nennt. Zunächst kann man noch nicht erkennen, daß aus dem jungen Keim, dem **Embryo,** ein Mensch werden soll. Doch schon innerhalb der ersten 8 Wochen werden alle Organe ausgebildet.
Der Embryo wird größer und schwerer. Nach und nach übernehmen einzelne Organe ihre Aufgaben.

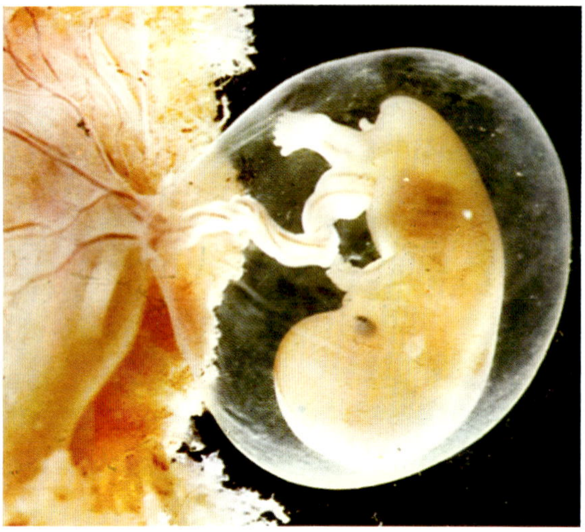

62.1. Embryo, etwa 9 Wochen alt

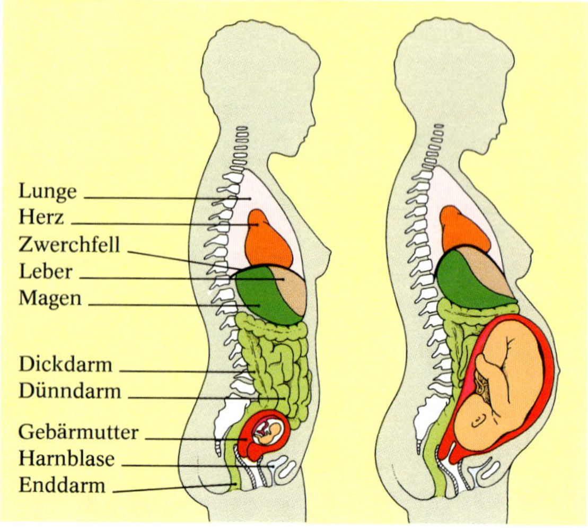

62.2. Schwangerschaft im 3. und 9. Monat

1. Wie wirkt sich die Vergrößerung der Gebärmutter auf die inneren Organe aus?

Vom 3. Monat an wird der Keim **Fetus** genannt. Bis zur Geburt „schwimmt" er in der *Fruchtblase,* die mit einer eiweißhaltigen Flüssigkeit gefüllt ist. Dieses *Fruchtwasser* schützt den Keim zum Beispiel gegen Erschütterungen.

Mutter und Kind sind durch die *Nabelschnur* verbunden. Sie beginnt am Bauch des Kindes und endet in dem verdickten Teil der Gebärmutter, im **Mutterkuchen.** Die 60 cm lange Nabelschnur ist von Blutgefäßen durchzogen. Sie stellt eine Art „Versorgungsleitung" dar. So werden vom Mutterkuchen Stoffe herangeführt, die der Keim für seine Entwicklung braucht: Nährstoffe, Vitamine und Sauerstoff. Über zwei dieser Blutgefäße werden Abfallstoffe vom Kind in den Mutterkuchen geleitet. – Im Mutterkuchen findet also ein Stoffaustausch zwischen dem mütterlichen und dem kindlichen Blut statt. Über diesen „Umschlagplatz" gelangen auch Nikotin, Alkohol und bestimmte Medikamente in das Blut des Kindes. Die normale Entwicklung wird dadurch gefährdet. Deshalb sollte eine werdende Mutter nichts zu sich nehmen, was für ihr Kind schädlich sein könnte.

Eine Schwangere erzählt

„... In den ersten Wochen der Schwangerschaft fiel mir nichts Besonderes an meinem Körper auf. Gelegentlich wurde mir übel. Meine Regel blieb aus. Ich merkte, daß ich schwanger war. Eine ärztliche Untersuchung bestätigte meine Vermutung. Im 4. Monat machte sich mein Kind zum ersten Male bemerkbar. Es muß sich bewegt und mit seinen Beinchen gegen meine Bauchdecke gestoßen haben. Ein aufregendes Gefühl: ich spürte mein Kind! Von da an habe ich die Bewegungen des Kindes öfter gemerkt. Dann traten hin und wieder einige Beschwerden auf. Ich wurde zum Beispiel schneller müde und konnte nicht mehr so viel tragen. – Jetzt bin ich im 9. Monat. Langes Stehen fällt mir recht schwer, besonders im Bus und in der Straßenbahn. Auch bücken kann ich mich nicht mehr so recht. Ich ertrage dies alles aber gern; denn ich freue mich sehr auf mein Kind."

2. Überlege, bei welchen Gelegenheiten du einer Schwangeren behilflich sein könntest!

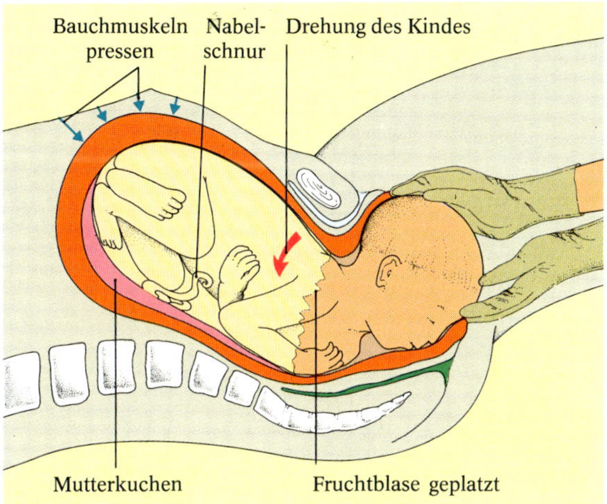

63.1. ***Geburtsvorgang*** *(Schema)*

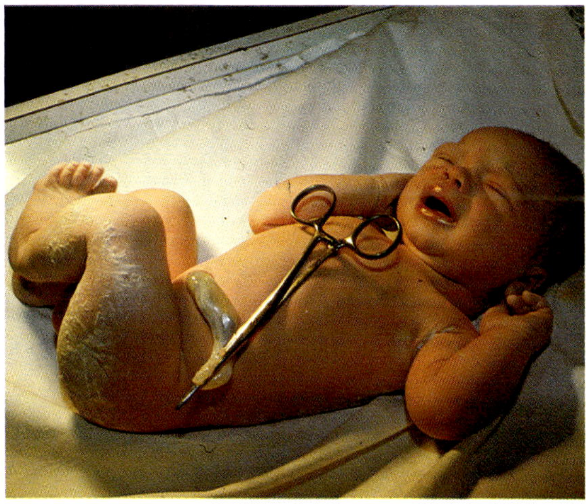

63.2. Abbinden der Nabelschnur

1. Die befruchtete Eizelle ist so klein wie ein Sandkorn. Der Embryo erreicht vom 1. bis zum 9. Monat folgende durchschnittliche Größen: 6, 20, 75, 200, 250, 350, 400, 450, 500 mm. Fertige ein Säulendiagramm an! Wann ist das Längenwachstum am stärksten?

5. Mit der Geburt beginnt das selbständige Leben des Kindes

Nach neun Monaten ist die Entwicklung des Kindes im Mutterleib abgeschlossen. Die bevorstehende Geburt kündigt sich durch ein „Ziehen" im Rücken und im Bauch der Schwangeren an. Dies kommt daher: Die Muskeln der Gebärmutter sind während der Schwangerschaft sehr kräftig geworden. Wenn sie sich zusammenziehen, können sie das Kind allmählich nach außen drücken. Die Muskeln ziehen sich immer nur für kurze Zeit zusammen und werden dann wieder entspannt. Das Zusammenziehen der Gebärmutter tut weh. Man bezeichnet es deshalb als **Wehen.** Jetzt ist es Zeit, die Hebamme oder den Arzt zu benachrichtigen.

Die Geburt kann im Krankenhaus oder zu Hause erfolgen. Zu Beginn des Geburtsvorganges platzt die Fruchtblase. Das Fruchtwasser fließt heraus und macht die Scheide geschmeidig. Die Geburt dauert oft viele Stunden. Zuerst wird das Köpfchen des Kindes zu sehen sein. Jetzt hilft die Hebamme. Sie hebt den Kopf an und zieht das Kind aus der Scheidenöffnung. Noch ist das Kind durch die *Nabelschnur* mit der Mutter verbunden. Die Hebamme bindet die Nabelschnur einige Zentimeter vor dem Bauch des Kindes an zwei Stellen ab und schneidet sie dazwischen durch. Diesen Vorgang nennt man **Abnabelung.** Aus dem Fetus ist ein Säugling geworden.

Der Augenblick der Geburt soll das gefährlichste Ereignis im Leben des Menschen sein. Was meint man damit? – Der Säugling kommt plötzlich in eine völlig neue Welt. Sie ist ihm zunächst noch fremd. Er muß sich ihr sofort anpassen, um überleben zu können. Er muß zum Beispiel sofort selbständig atmen. Bisher wurde ihm der Sauerstoff mit dem Blut der Mutter zugeführt. Jetzt muß er selbst Atembewegungen durchführen, um dabei den Sauerstoff der Luft in die Lungen zu befördern. – Der Säugling muß außerdem sofort in der Lage sein, Nahrung zu sich zu nehmen und diese zu verdauen. Sein Körper muß nun auch Krankheitserreger abwehren können. Der neue Mensch beginnt also nach der Geburt sein unabhängiges Leben.

64.1. ***Stillen an der Brust*** *(1. Monat)*

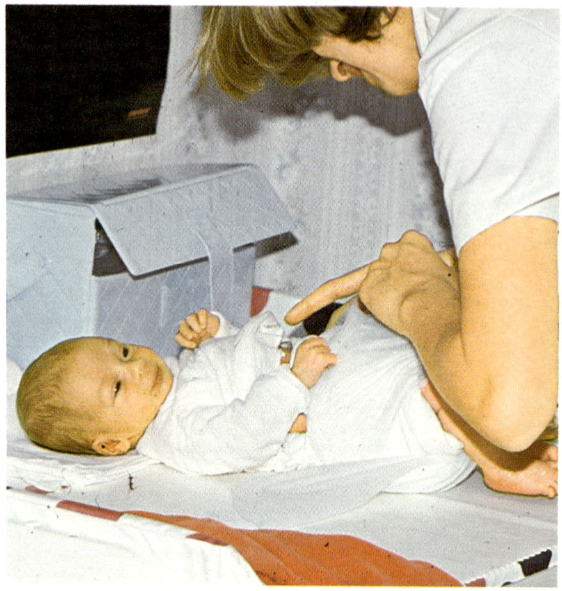

64.2. ***Wickeln des Säuglings*** *(1. Monat)*

6. Der Säugling braucht engen Kontakt

In manchen Krankenhäusern bleibt der Säugling nach der Geburt den ganzen Tag bei der Mutter. Im „Mutter-und-Kind-Zimmer" steht das Bettchen des Kindes dicht neben ihr. Hier wird der Säugling auch gestillt. Dies ist für ihn sehr anstrengend. Er schläft dabei sogar manchmal ein. Er spürt den warmen Körper seiner Mutter und hört ihre Stimme. Diese mütterliche Nähe ist sehr wichtig.
Wissenschaftler haben festgestellt, daß durch die unmittelbare körperliche Berührung eine feste Bindung zwischen Mutter und Kind entsteht. Schon bald nach der Geburt kann der Säugling die Stimme der Mutter von den Stimmen anderer Personen unterscheiden. Er reagiert auf ihr Lächeln und wendet ihr den Kopf zu. Er erkennt seine Mutter bereits innerhalb der ersten zehn Tage. Diese enge **Mutter-Kind-Beziehung** ist für die ungestörte Entwicklung des Kindes von großer Bedeutung.

Das Neugeborene ist zunächst noch recht hilflos. Es kann zum Beispiel weder sitzen noch stehen und nicht einmal den Kopf aufrecht halten. Es kann aber strampeln und einen Finger der Mutter fest umklammern. Bei starken Lichtreizen und lauten Geräuschen streckt es wie zur Abwehr die Arme aus und schreit.

In den ersten Wochen und Monaten wächst der Säugling sehr schnell. Daher muß er regelmäßig Nahrung zu sich nehmen. Sein ganzer Tagesablauf wird dadurch bestimmt. Hat der Säugling Hunger, wird er unruhig und fängt an zu schreien. Dabei bewegt er den Kopf suchend hin und her. Wird er nun von der Mutter an die Brust gelegt, findet er von selbst die Brustwarze. Er beginnt sofort zu saugen. Jetzt ist er zufrieden und still. Bei diesem **Stillen** ist das Gesicht des Säuglings der Mutter zugewandt. Er sieht sie immer wieder an. Der Hautkontakt wird also durch den Blickkontakt ergänzt.

Der Säugling wird jeden Tag gebadet und gewikkelt. Durch diese Pflegemaßnahmen wird die enge Bindung zur Mutter täglich erneuert. Es muß aber nicht immer nur die Mutter sein. Auch der Vater kann an ihre Stelle treten. Manchmal ist es auch die Großmutter oder eine Kinderschwester.

65.1. ***Aufnehmen des Säuglings*** *(1. Monat)*

65.2. ***Anlachen der Mutter*** *(4. Monat)*

Für eine gesunde Entwicklung braucht der Säugling viel liebevolle Zuwendung. Diese erfährt er gewöhnlich von seiner Mutter oder von seinem Vater. Er muß spüren, daß zum Beispiel die Mutter immer für ihn da ist. Sie sollte sich täglich mehrere Stunden mit ihm beschäftigen und auch mit ihm spielen. Im gemeinsamen Spiel zeigt sich der enge Kontakt zwischen Mutter und Kind besonders deutlich.
Sobald sich der Säugling verlassen fühlt, weint er. Dieses Weinen ist für ihn ein „Notruf". Die Mutter reagiert darauf. Sie nimmt ihn auf. Der Säugling beruhigt sich meist, wenn er aufgenommen wird: Er bekommt dadurch engen Kontakt mit der Mutter. Eine längere Trennung von der Mutter sollte deshalb vermieden werden.

1. Überlege, worin sich die enge Beziehung zwischen Kind und Eltern zeigt! Betrachte dazu auch die Abbildungen 65.1. bis 65.3.! Nenne weitere Beispiele!

65.3. ***Kleinkind spielt*** *(10. Monat)*

Haustiere und ihre Abstammung

66.1. Übungsplatz für Hunde

1. Der Hund – das älteste Haustier des Menschen

„Vorsicht, bissiger Hund!“ Ein solches Schild wird dir vermutlich schon einmal aufgefallen sein. Hier wird vor dem *Wachhund* auf einem Grundstück gewarnt. – Hunde werden vom Menschen für vielfältige Aufgaben abgerichtet. Vielleicht hast du auch schon beobachtet, wie ein blinder Mensch durch einen *Blindenhund* geführt wird. *Schlittenhunde* wiederum können beladene Schlitten über weite Eis- und Schneeflächen ziehen. *Jagdhunde* stöbern zum Beispiel Wild auf und treiben es dem Jäger zu. Am Grenzübergang untersucht der Zollbeamte mit seinem *Zollhund* Autos und Gepäckstücke auf Rauschdrogen. Die Polizei setzt Hunde auch bei der Verbrecherjagd ein. „Eifrig“ sucht der *Polizeihund,* die Nase immer dicht am Boden, das Gelände ab. Entdeckt er die Fährte eines Menschen, so nimmt er den Geruch auf. Er folgt dieser Spur und läßt sich dabei von keiner anderen Fährte ablenken.

Wie ist es möglich, daß ein Hund Drogen aufspüren oder einen bestimmten Menschen wiederfinden kann? Seinen Herrn riecht er selbst im dichtesten Menschengewühl. Wir könnten eine bestimmte Person auf diese Weise nicht erkennen. Der Hund besitzt einen viel besseren Geruchssinn als der Mensch. Er ist ein **Nasentier.** Beim Schnüffeln nimmt er mit der eingesogenen Luft *Duftstoffe* auf, nach denen er sich orientiert. Diese Witterung führt ihn zum Beispiel bei der Fährtensuche zum Ziel.

Der Hund kann auch viel besser hören als wir. Schon von weitem erkennt er den Schritt seines Herrn, ohne ihn zu sehen. Sogar das Motorgeräusch vom Auto seines Herrn kann er von anderen Motorgeräuschen unterscheiden. Er reagiert außerdem auf sehr hohe Töne, die wir nicht mehr wahrnehmen können. Hunde sind also auch ausgezeichnete **Ohrentiere.**

Wenn der Hund im Gelände herumtollt, zeigt er seine „wahre“ Natur. Spürt er einen Hasen oder ein anderes Beutetier auf, so hetzt er in weiten Sätzen hinterher. Man bezeichnet ihn deshalb als *Hetzjäger.* Wird ein Stück Papier vom Wind aufgewirbelt, so packt der Hund meist sofort zu und schüttelt sich die „Beute“ um die Ohren. Dieses „Totschütteln“ und auch

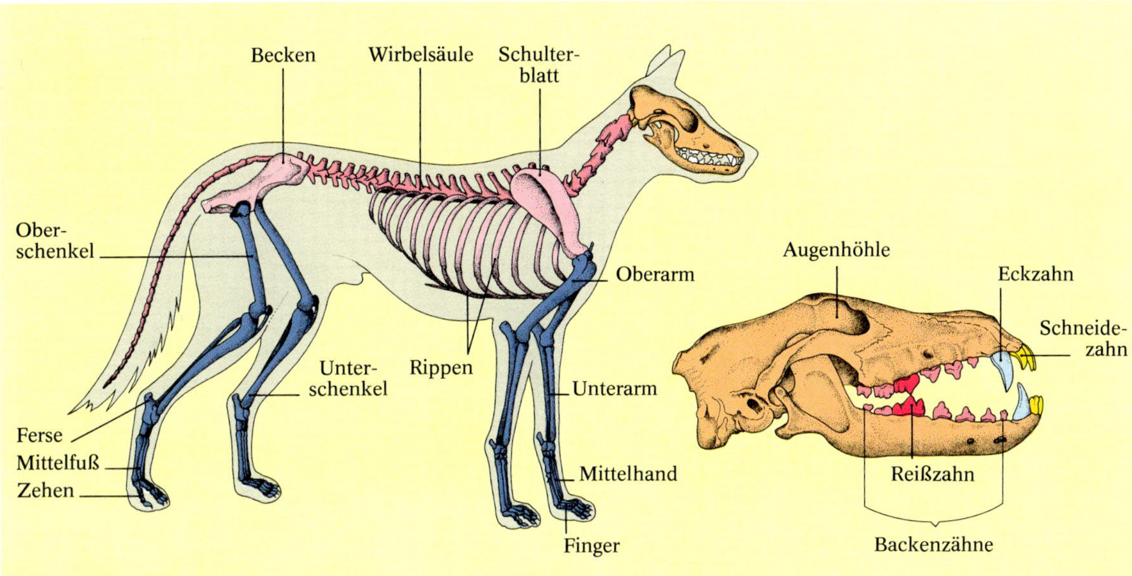

67.1. Skelett und Gebiß des Hundes

das Hetzen deuten darauf hin, daß der Hund ein **Raubtier** ist.
Am Skelettbau erkennst du, warum der Hund leichtfüßig und schnell laufen kann. Er besitzt kräftige *Laufbeine* und tritt nur mit den Zehen auf. Er ist ein **Zehengänger.** Wo der Fuß den Boden berührt, befinden sich polsterartige *Ballen.* Sie sind mit harter Hornhaut überzogen und schützen den Fuß vor Verletzungen. Seine *Krallen* sind kurz und stumpf und können nicht eingezogen werden.

Hast du schon einmal einen Hund beim Fressen genau beobachtet? Sein Gebiß ist so beschaffen, daß er damit Fleischbrocken zerteilen und harte Knochen mühelos „bearbeiten" kann. In diesem **Raubtiergebiß** fallen besonders die langen, dolchartigen *Eckzähne* oder **Fangzähne** auf. Sie halten das Fleischstück fest. – Mit den gezackten, scharfen *Backenzähnen* zerreißt und zerkleinert er das Fleisch. Die stärksten Backenzähne heißen **Reißzähne.** Sie gleiten mit den übrigen Backenzähnen wie Blätter einer Schere aneinander vorbei. – Die kleinen, meißelförmigen *Schneidezähne* im Ober- und Unterkiefer sind beim Fressen von geringerer Bedeutung. Mit ihnen zupft und schabt der Hund zum Beispiel nur Fleischreste vom Knochen ab.

1. Beschreibe die Abbildung 66.1.! Überlege, wie man einen Hund für eine bestimmte Aufgabe abrichten kann! Siehe auch Seite 145!

2. Untersuche einen Hundeschädel aus eurer Schulsammlung! Vergleiche ihn mit der Abbildung 67.1.! Beschreibe das Raubtiergebiß! Wie mag es zu den Bezeichnungen „Fangzähne" und „Reißzähne" gekommen sein?

3. Vergleiche die Gliedmaßen von Mensch und Hund! Verwende dazu auch die Abbildungen 18.1. und 67.1.! Suche Gemeinsamkeiten und Unterschiede! Stelle sie in einer Tabelle zusammen!

68.1. Wolf

68.2. Deutscher Schäferhund

4. Vergleiche die Abbildungen 68.1. und 68.2.! Warum heißt der Schäferhund auch Wolfshund?

5. Berichte über besondere Merkmale und Fähigkeiten von Hunderassen, die du kennst!

Abstammung und Rassen. Manche Verhaltensweisen des Hundes kommen dir vielleicht eigenartig vor. Männliche Hunde, die Rüden, bleiben an Mauerecken, Straßenbäumen oder anderen Geländemarken stehen, heben das Bein und geben etwas Urin ab. Sie setzen Duftmarken. Mit dieser Markierung kennzeichnen sie die Grenzen ihres Aufenthaltsbereiches, ihres „Revieres". Verwilderte Hunde rotten sich zusammen und jagen gemeinsam. Sie heulen ebenso wie Wölfe.

Haben Hunde und Wölfe Gemeinsamkeiten? Wölfe leben in *Rudeln.* Ihre Beute hetzen sie gemeinsam. Dabei verständigen sich die „Jagdgefährten" durch jaulende und heulende Laute. Die Grenzen ihres „Jagdrevieres" markieren sie mit Urin und Kot. Im Rudel herrscht eine strenge Ordnung, die *Rangordnung.* Jedes Tier hat darin einen bestimmten Platz. Der stärkste Wolf, der *Leitwolf,* übernimmt die Führung. Alle Rudelwölfe ordnen sich ihm unter. – Der Hund sucht ebenfalls Gemeinschaft. Mit Hunden aus der Nachbarschaft tollt er gern herum. Die Familie, die ihn betreut, ist sein „Rudel". In seinem Herrn sieht er den „Leithund".

Auch im Körperbau zeigen Wolf und Hund Gemeinsamkeiten. Der Hund muß also von Raubtieren *abstammen,* die in Rudeln leben. Als einzige **Stammform** aller Hunderassen wird der Wolf angesehen. Aus der *Stammform Wolf* hat der Mensch über 400 *Hunderassen* **gezüchtet:** Er wählte immer nur solche Tiere zur Fortpflanzung aus, die besondere Merkmale und Eigenschaften besaßen und diese an die Nachkommen weitergaben. Auf diese Weise wurde die Ursprungsform Wolf vielfach verändert.

Die Züchtung des Hundes hat vermutlich schon vor 14000 Jahren mit der **Zähmung** begonnen. Es ist denkbar, daß hungrige Wölfe dem Steinzeitmenschen folgten, wenn er auf Jagd ging. Sie suchten die Nähe seiner Lagerplätze; denn etwas Futter fiel wohl immer für sie ab. Die Wildtiere gewöhnten sich so an den Anblick des Menschen. Sie wurden zutraulicher. Vielleicht hat der Steinzeitmensch einige Jungtiere in seine Wohnhöhle genommen und aufgezogen. Im Laufe der Zeit entwickelte sich ein zahmer „Wolf", der vom Menschen abhängig war. Das gezähmte *Wildtier* kann so zum *Haustier* geworden sein.

69.1. Hunderassen und ihre Bedeutung für den Menschen

6. Beschreibe die einzelnen Teilbilder! Sammle weitere Abbildungen, aus denen die Bedeutung bestimmter Rassen hervorgeht! Erläutere!

7. Welche gemeinsamen Merkmale besitzen alle Hunderassen?

70.1. Spielende Jungkatzen

Junge Katzen sind immer zum Spielen aufgelegt. Eine rollende Kugel oder ein raschelndes Stück Papier erregt sofort ihre Aufmerksamkeit. Die junge Katze beobachtet gespannt. „Auf leisen Sohlen" schleicht sie unhörbar näher. Vor dem Sprung duckt sie sich nieder und schiebt die Hinterbeine weit unter den Bauch. Der Rücken ist gewölbt. Die Schwanzspitze zuckt hin und her. Plötzlich der Sprung nach vorn: Die „Maus" ist gefangen.

1. Beobachte junge Katzen beim Spiel! Beschreibe, wie sie sich beim Spiel verhalten!
Berichte über einzelne Bewegungsabläufe!

2. Die Katze – ein Schleichjäger

Die Bewegungen einer Katze wirken anmutig und harmonisch. Die Katze kann geduckt und lautlos schleichen. Geschickt windet sie sich durch enge Hindernisse. Sie macht hohe und weite Sprünge und klettert mühelos auf Bäume und Zäune. Fällt sie aus größerer Höhe, so dreht sie sich blitzschnell in der Luft um ihre eigene Achse und landet sicher auf allen vieren.
Diese vielseitige Beweglichkeit der Katze wird dir schon beim Spiel ihrer Jungen aufgefallen sein. Jungkatzen spielen nicht nur, weil es ihnen „Freude" macht. Spielen ist für sie Training und gehört zu ihrer Entwicklung. Sie üben dabei alle Fangtechniken, die sie später zur Beutejagd brauchen werden.

Eine Katze, die du im Felde oder auf der Wiese siehst, ist auf der Jagd. Sie stellt Mäusen, Ratten, Kaninchen, Eidechsen oder Fröschen nach. Die Katze ist ein *Raubtier*. Sie hetzt jedoch nicht wie der Hund hinter ihrem Opfer her. Vielmehr schleicht sie sich vorsichtig heran und fängt die Beute im Sprung. Sie ist ein **Schleichjäger.**

Beobachten wir eine Katze beim Beutefang! Hat sie das Opfer bemerkt, drückt sie sich flach auf den Boden. In dieser Stellung kann sie lange verharren. Sie lauert. Langsam pirscht sie sich näher. Die Katze duckt sich noch tiefer, die Augen immer auf das Ziel gerichtet. Vorsichtig setzt sie die Pfoten auf. Die *einziehbaren Krallen* sind dabei in Hautfalten versteckt. So verursachen sie kein Geräusch und bleiben immer scharf. Ist die Sprungweite erreicht, wirft sich die Katze mit einem Satz auf das Beutetier und schlägt mit den Vordertatzen zu. Die spitzen Krallen schnellen aus ihren Hautfalten und halten das Opfer fest. Mit einem Nackenbiß wird es sehr schnell getötet. – Die Katze läßt manchmal ihre Beute frei und fängt sie sofort wieder ein. Sie „spielt" mit ihr. Wie lange das geschieht, hängt vom Hunger der Katze ab.
Mit den einziehbaren Krallen und dem Raubtiergebiß ist die Katze für ihre Jagdweise hervorragend ausgerüstet. Die einzelnen Verhaltensweisen übt sie als Jungtier beim Spiel: Anschleichen, Lauern, Anspringen und Zuschlagen.

71.1. Verhalten der Katze beim Beutefang

2. Beschreibe die Beutejagd der Katze anhand der Abbildung 71.1.! Verwende dazu auch die Abbildungen 71.2. und 71.3.! Wie würdest du die Teilbilder der Abbildung 71.1. beschriften?

3. Untersuche einen Katzenschädel aus eurer Schulsammlung! Beschreibe das Gebiß der Katze! Man bezeichnet es als Raubtiergebiß. Erläutere!

4. Beschreibe die Abbildung 71.2.!

5. Beschreibe die Abbildung 71.3.! Erkläre, wie die Katze ihre Krallen ausstreckt und wieder zurückzieht! Erläutere, in welchem Zusammenhang diese Abbildung mit der Abbildung 71.2. steht!

6. Erkläre die Redensart: „Die Katze läßt das Mausen nicht"!
Sammle weitere Redensarten über die Katze! Vergleiche sie mit deinen Beobachtungen! Deute die Redensarten!

71.2. Katzenpfote

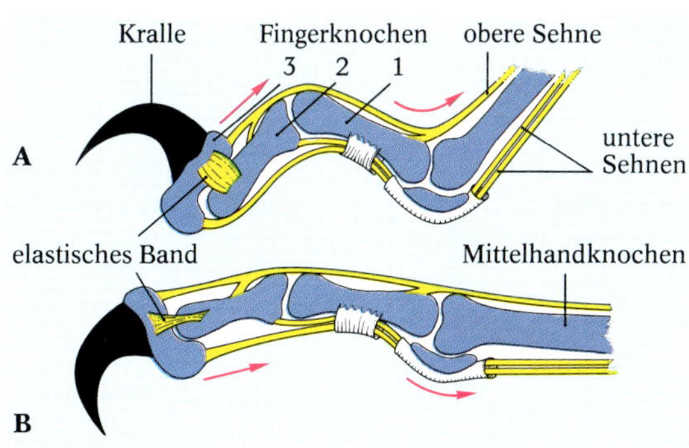

71.3. Katzenkralle. *A eingezogen; B vorgestreckt*

72.1. *„Katzenaugen"*

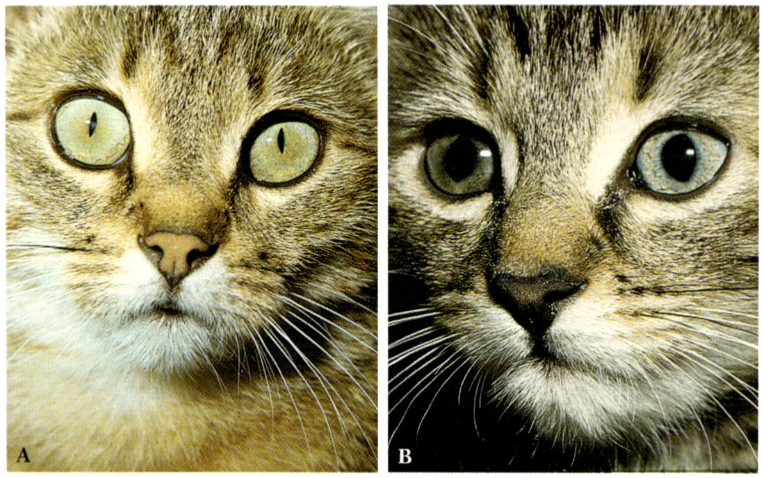

*72.2. **Katzenaugen.** A bei hellem Tageslicht; B in der Dämmerung*

7. Beobachte die Augen der Katze bei hellem Tageslicht und in der Dämmerung bei sehr schwachem Licht! Wie verändern sich die Pupillen? Berichte und fertige Zeichnungen an! – Wie verändern sich deine Pupillen? Vergleiche Aufgabe 2 auf Seite 51!

Weißt du, warum man die Rückstrahler am Fahrrad auch als „Katzenaugen" bezeichnet? Strahlst du sie im Dunkeln mit der Taschenlampe an, so werfen sie die Lichtstrahlen zurück und leuchten auf. – Gerät eine Katze bei Dunkelheit in ein Scheinwerferlicht, so leuchten ihre Augen ebenfalls. Das Licht wird wie von einem Spiegel zurückgeworfen und läßt die Augen grünlich erscheinen.

Katzen sehen in der Dämmerung und in der Nacht sehr viel besser als wir. Das *Auge* ist ihr schärfstes Sinnesorgan. Am Tage verengt sich die Pupille zu einem schmalen, senkrechten Spalt. Mit zunehmender Dämmerung vergrößert sie sich zu einer weiten, kreisförmigen Öffnung. Dadurch können viele Lichtstrahlen vom Auge aufgefangen werden. Diese starke Erweiterung der Pupille ermöglicht es der Katze, noch bei schwachem Licht nach Beute zu jagen. Sie ist ein **Nachtjäger.**

Bei völliger Dunkelheit kann die Katze auch mit ihren guten Nachtjägeraugen nichts mehr sehen. Sie verläßt sich dann auf ihr *feines Gehör.* Du kannst dies bei einer lauernden Katze gut beobachten. Ihre Ohrmuscheln sind steil aufgerichtet und bewegen sich langsam nach links und nach rechts. Die Katze „peilt" die Stelle an, von der ganz leise Töne und Geräusche herkommen. Was unseren Ohren verborgen bleibt, hört sie noch. So kann sie zum Beispiel das leise Mäusepiepsen selbst auf größere Entfernung wahrnehmen.

Schleicht die Katze das Beutetier an, so weicht sie jedem Hindernis geschickt aus. Lange Borstenhaare am Kopf ragen wie ausgestreckte Fühler nach allen Seiten. Es sind die Schnurrhaare an der beweglichen Oberlippe sowie Spürhaare am Kinn, an den Backen und über den Augen. Mit Hilfe dieser *Tasthaare* kann sich die Katze auch bei Dunkelheit orientieren. Sie reagieren so fein, daß sie auch zum Abtasten von Beutetieren verwendet werden. Der *Tastsinn* der Katze ist also besonders gut entwickelt. Wie empfindlich die Tasthaare sind, merkst du am Verhalten der Katze, wenn du ihre Schnurrhaare nur ganz vorsichtig und leicht berührst.

73.1. Ägyptische Falbkatze

73.2. Hauskatze

8. Beschreibe die Falbkatze! Vergleiche sie mit der Hauskatze auf Abbildung 73.2.! Lege eine Tabelle an!

9. Lies in Tierbüchern über die Europäische Wildkatze nach! Warum kann sie nicht Stammform der Hauskatze sein?

Von der Falbkatze zur Hauskatze. Die Katze wird bei uns fast so häufig gehalten wie der Hund. Dort, wo Getreidevorräte lagern, ist sie als Mäuse- und Rattenfänger unentbehrlich. In den meisten Fällen soll sie jedoch als Hausgenossin Freude bereiten. Die Katze kann sehr zutraulich sein. Sie wird aber nie so anhänglich wie ein Hund. Sie bleibt häufig lieber allein.

Als **Einzelgänger** braucht sie keine Gemeinschaft. Sie fühlt sich nur dem Haus und dessen Umgebung verbunden. Wenn „ihre“ Familie umzieht, kann es vorkommen, daß sie in das alte Haus zurückzieht. Sie ist also *standorttreu.*

Es wird dir aufgefallen sein, daß die Katze gern in der Sonne liegt. Bei regnerischem Wetter jedoch zieht sie sich ins Haus zurück. Sie bevorzugt also warme und trockene Orte. Dieses Verhalten weist auf die Herkunft unserer Hauskatze hin: Sie stammt von Wildkatzen ab, die in warmen und trockenen Gebieten leben. Zu solchen Wildkatzen gehört die **Ägyptische Falbkatze.**

Die Falbkatze kommt heute noch in Lybien und Ägypten vor. Als die Bewohner dieser Gebiete seßhaft wurden, bauten sie Getreide an. Mäuse und Ratten fraßen von den Vorräten und richteten oft großen Schaden an. Die Einwohner zähmten deshalb die Falbkatze, um mit ihrer Hilfe Mäuseplagen zu bekämpfen. Aus den Nachkommen der wilden Falbkatze wurde die zahme Hauskatze.

Von ihrer Heimat aus gelangte die Hauskatze nach und nach in alle Länder Europas. Bei uns wurde sie erst seit etwa 1000 Jahren heimisch. Durch *Züchtung* entstanden viele *Rassen.* Sie unterscheiden sich vor allem durch die Form ihrer Haare sowie durch Färbung und Zeichnung des Felles.

74.1. Reitpferd beim Springturnier

1. Welche Bedeutung hat das Pferd heute? Erläutere Abbildung 74.1. und nenne weitere Beispiele!

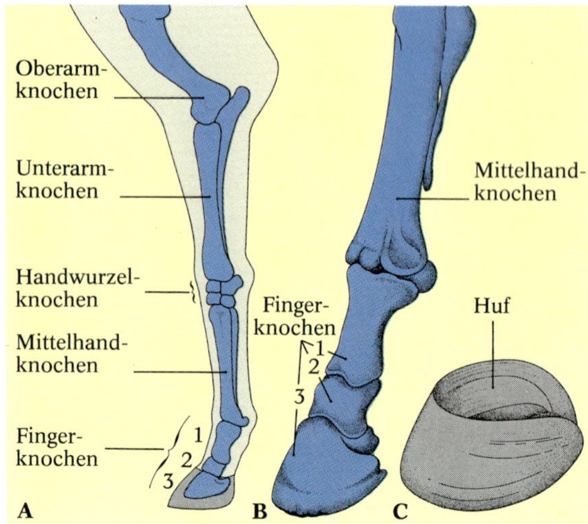

74.2. Vorderbein des Pferdes

2. Beschreibe die Abbildung! Suche das Handgelenk und das Ellenbogengelenk des Pferdes!

3. Das Pferd – ein Haustier mit veränderter Nutzung

Springreiten, Dressurreiten, Galopprennen und Military-Reiten sind Sportarten, bei denen das Pferd im Mittelpunkt steht. Vielleicht hast du auch schon einmal erlebt, wie ein Pferd den Parcours bei einem Springturnier meistert. Geschickt springt es, vom Reiter gelenkt, über hohe und weite Hindernisse. Beim Galopprennen dagegen kommt es nur auf Schnelligkeit und Ausdauer an.

Pferde wurden schon immer vom Menschen genutzt. Allerdings dienten sie ihm lange Zeit vor allem als Arbeitstiere. Trecker und Lastwagen haben das Pferd heute als Arbeitskraft verdrängt. Daher ging der Bestand an Arbeitspferden ständig zurück. Heute züchtet man hauptsächlich Reitpferde, da der Reitsport zunehmend an Bedeutung gewinnt.
Pferde können stundenlang laufen, ohne zu ermüden. Dabei treten sie mit den Spitzen ihrer Zehen auf. Pferde sind **Zehenspitzengänger.** Die langen und starken Laufbeine zeigen einen einfachen Bau. Sieh dir auf der Abbildung 74.2. das vordere Laufbein genauer an! Die „Hand" wird dir im Vergleich zum „Oberarm" und „Unterarm" besonders lang erscheinen. Sie besitzt nur den kräftig ausgebildeten „Mittelfinger". Das äußerste Fingerglied steckt in einem Hornschuh, den man als *Huf* bezeichnet. Das Pferd zählt man deshalb zu den *Einhufern* oder **Unpaarhufern.** – Da der langgestreckte Mittelhandknochen steil aufgerichtet ist, liegt das Handgelenk hoch über dem Boden. Mit derart verlängerten Laufbeinen kann das Pferd große Schritte und weite Sprünge ausführen.

Hast du schon einmal ein Pferd beim Fressen beobachtet? Auf der Weide faßt es das Gras mit den schräg nach vorn gestellten *Schneidezähnen* wie mit einer Zange und „kneift" es ab. Anschließend wird das Gras mit den breiten *Backenzähnen* zerkleinert. Die auf der Krone sitzenden *Schmelzfalten* zerreiben dabei die Pflanzennahrung in kleinste Teile. Pferdekäufer schauen den Pferden vor dem Kauf ins Maul. Kannst du dir denken, warum sie das tun? Zahnschmelz ist sehr hart. Trotzdem nutzt er sich mit den Jahren ab. Die Abnutzung der Schmelzfalten gibt Pferdekennern also einen Hinweis auf das Alter der Tiere.

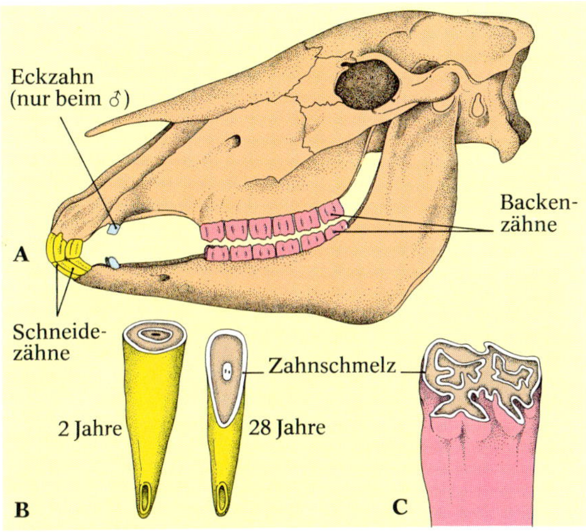

75.1. Schädel und Gebiß des Pferdes

3. Beschreibe das Gebiß des Pferdes! Warum bezeichnet man es als Pflanzenfressergebiß?

Auf der Weide bleiben Pferde in kleinen Gruppen zusammen. Sie wiehern, wenn sie sich verständigen oder wenn ein fremdes Pferd im Gespann vorbeizieht. Im Kampf setzen sie die Zähne und Hufe als Waffen ein. Werden Pferde erschreckt, stürmen sie in wilder Flucht davon. Diese Verhaltensweisen erinnern an das Leben von **Wildpferden,** die zu den Vorfahren unserer Pferde gehören. Heute lebt nur noch eine Wildpferdart, das *Przewalskipferd.* Es kommt in den weiten Steppengebieten der Mongolei vor.

Seit 4000 bis 5000 Jahren wird das Pferd als Haustier gehalten. Es entstanden unterschiedliche Rassen, die man in zwei Gruppen zusammenfaßt: in die *Rassengruppen* Warmblut und Kaltblut. Zum **Warmblut** gehören schlanke und schnelle „Laufpferde", zum Beispiel *Trakehner, Hannoveraner* und *Holsteiner.* Zum **Kaltblut** zählt man grobknochige, schwere „Schrittpferde" wie *Westfälisches Kaltblut* und *Belgier.*

75.2. Przewalskipferde. *Merkmale: klein (Schulterhöhe 1,30 m), aber kräftig gebaut; sandgelbe bis gelbbraune Fellfarbe; kurze, meist aufrechtstehende Mähne; dunkler „Aalstrich" auf dem Rücken.*

75.3. Warmblut. *Hannoveraner*

75.4. Belgisches Kaltblut

76.1. ***Rinderrassen.*** *A Urrind (Höhlenzeichnung); B Allgäuer Rind; C Höhenfleckvieh; D Rotbuntes Niederungsvieh; E Schwarzweißes Niederungsvieh*

4. Das Rind – unser wichtigstes Haustier

4.1. Abstammung des Rindes und seine Bedeutung für den Menschen

Vergleiche einmal ein *Allgäuer Rind* mit einem *Schwarzweißen Niederungsvieh!* Das Rind der Almwiese unterscheidet sich deutlich in der Gestalt und in der Färbung von dem Rind, das vorwiegend im norddeutschen Tiefland zu finden ist. Und doch stammen sie wie auch das *Rotbunte Niederungsvieh* und das *Höhenfleckvieh* vom Wildrind ab: vom **Auerochsen,** auch *Ur* genannt. Unsere Rinder sind also Rassen dieses Urrindes.

Auerochsen waren einst weit verbreitet. Sie lebten in kleinen Herden in den Wäldern Europas. Die männlichen Tiere, die *Stiere* oder *Bullen,* waren bis zu 2 m groß und schwarzbraun gefärbt. Die kleineren weiblichen Tiere, die *Kühe,* besaßen ein rotbraunes Fell.

Die Auerochsen ernährten sich von Waldgräsern sowie von Blättern und Knospen der Laubbäume. Diese Nahrung ist arm an Nährstoffen. Deshalb brauchten die Wildrinder täglich große Futtermengen. Während sie grasten, drohte ihnen von Wölfen und Bären ständig Gefahr. Kam es zum Kampf, gingen sie mit ihren langen, spitzen *Hörnern* auf den Gegner los.

Ein ähnliches Verhalten können wir bei unseren Rindern auf der Weide beobachten: Sie fressen gemeinschaftlich und nehmen dabei große Mengen Grünfutter zu sich. Anschließend legen sie sich gemeinsam hin, um zu ruhen. Ein gereiztes Rind senkt den Kopf, wenn es zum Angriff übergeht.

Das Rind wurde schon vor über 6000 Jahren gezüchtet und ist bis heute das wichtigste Haustier des Menschen geblieben. Hast du schon einmal darüber nachgedacht, wie wir ohne dieses Haustier leben müßten? Butter und Quark zum Beispiel werden aus Kuhmilch gewonnen. Der Braten stammt vom Kalb oder von der Kuh. Viele Aktentaschen und vielleicht auch deine Schuhe sind aus Rindleder gefertigt.

Das wichtigste Erzeugnis der Kuh aber ist die **Milch.** Durch Züchtung bestimmter Rassen wird deshalb versucht, den jährlichen Milchertrag von besonders leistungsfähigen Kühen immer weiter zu steigern.

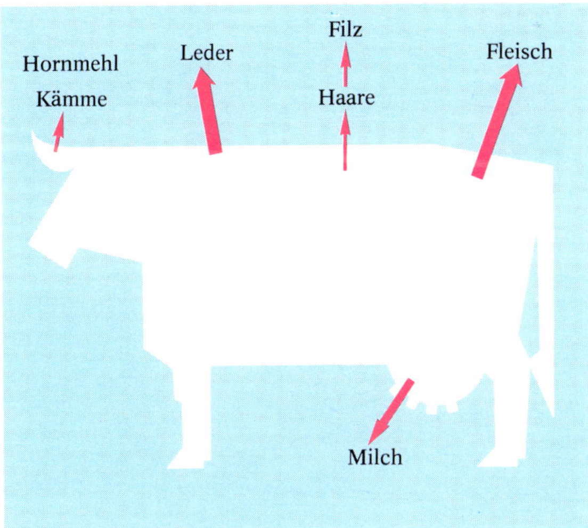

77.1. Nutzen des Rindes

1. Stelle zusammen, welchen Nutzen das Rind dem Menschen bringt! Ergänze durch Abbildungen!

Die Milch der Kuh enthält Milcheiweiß, Milchfett, Milchzucker, Mineralstoffe und Vitamine. Alle Nährstoffe sind leicht verdaulich. Kuhmilch stellt also eine vollwertige Nahrung für den Menschen dar. Für die Ernährung von Säuglingen und Kleinkindern ist sie besonders geeignet, weil ihr Eiweiß dem Eiweiß der Muttermilch weitgehend gleicht.

2. Stelle fest, welche Milchprodukte in Milchgeschäften angeboten werden! Lege eine Liste an! Berichte!

3. Erläutere die Abbildung 77.2.! Verfolge dabei den Weg der Milch vom Erzeuger zum Verbraucher! Beachte, wie die Milch gewonnen wird!

77.2. Milchwirtschaft

78.1. *Nahrungsaufnahme*

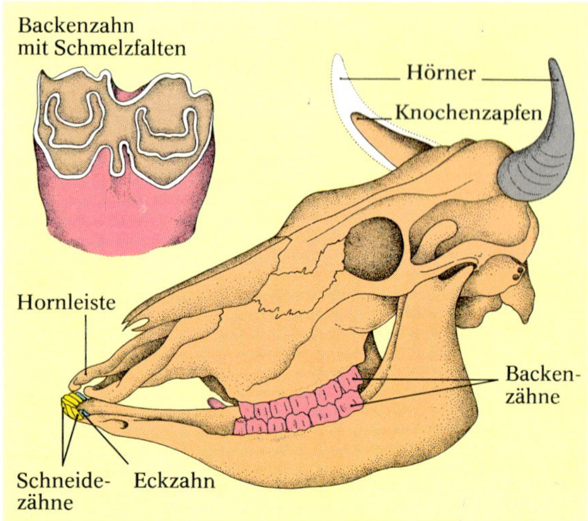

78.2. *Schädel und Gebiß des Rindes*

1. Die Nahrungsaufnahme bei Rind und Pferd ist unterschiedlich. Informiere dich und berichte!

2. Beschreibe das Gebiß des Rindes! Warum werden die Backenzähne auch Mahlzähne genannt?

4.2. Das Rind kaut die Nahrung zweimal

Beim „Urlaub auf dem Bauernhof" wirst du beobachten können, wie Rinder auf der Weide oder im Stall ihr Futter aufnehmen. Auf der Weide zieht das Rind sein Maul dicht über den Boden hin. Die lange Zunge umschlingt ein Grasbüschel und zieht es in das Maul. Anschließend hebt das Rind den Kopf kurz ruckartig an. Dabei wird das Grasbüschel abgerissen. Dann wird das Futter fast unzerkaut hinuntergeschluckt. So kann das Rind in kurzer Zeit eine große Nahrungsmenge aufnehmen.
Das Rind ernährt sich nur von Pflanzen. Es ist ein **Pflanzenfresser.** Es frißt aber nicht wahllos alle Pflanzen, sondern prüft die Nahrung mit dem scharfen *Geruchs-* und *Geschmackssinn.* Nach stundenlangem Weiden läßt sich das Rind nieder und beginnt nun, die aufgenommene Nahrung gründlich zu kauen: Es stößt auf, und ein Futterkloß rutscht den Hals hinauf ins Maul. Sofort führt der Unterkiefer gleichmäßig mahlende Bewegungen aus. Dabei wird der Bissen sorgfältig zerkleinert und anschließend wieder verschluckt. Rinder kauen also ihr Futter zweimal. Man bezeichnet sie deshalb als **Wiederkäuer.**
Zum Wiederkäuen ist das Gebiß des Rindes gut geeignet. Die *Backenzähne* stehen dicht nebeneinander. Zwischen *Schmelzfalten* ihrer flachen Kauflächen wird der Nahrungskloß fein zerrieben wie das Korn zwischen Mahlsteinen. Diese breiten Mahlzähne kennzeichnen das **Pflanzenfressergebiß.**
Auch der Magen des Rindes ist der Ernährungsweise des Tieres angepaßt. Er muß große Futtermengen aufnehmen. Dieser **Wiederkäuermagen** besteht aus vier Teilen. Das wenig vorgekaute Futter gelangt zunächst in den geräumigen *Pansen,* der etwa 160 l faßt. Er stellt einen „Vorratsraum" dar, in dem die schwer verdauliche Pflanzennahrung eingeweicht und nur etwas zersetzt wird. Von hier gelangen kleine Futtermengen in den *Netzmagen,* dessen Innenwände mit netzartigen Falten versehen sind. Es bilden sich kleine Nahrungsballen, die beim Aufstoßen in das Maul rutschen. – Nach dem Wiederkäuen fließt der Speisebrei durch eine Rinne der Speiseröhre, die Schlundrinne, in den *Blättermagen.*

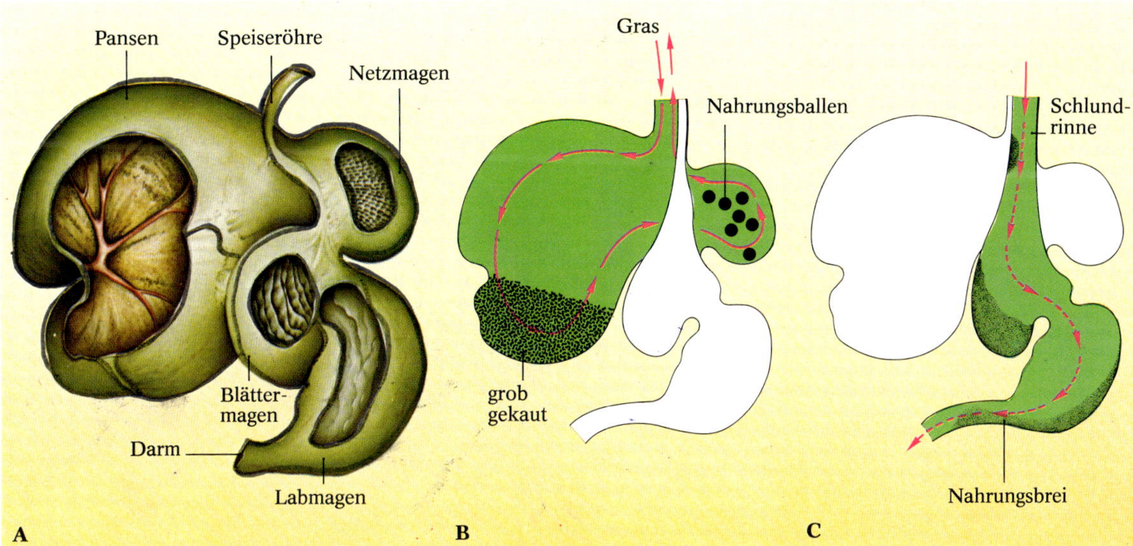

79.1. Wiederkäuermagen des Rindes. *A Gesamtansicht; B Weg der Nahrung bis zum Wiederkäuen; C Weg der Nahrung nach dem Wiederkäuen*

Seine Innenwand ist mit blattartigen Falten ausgekleidet. Zwischen ihnen wird das überschüssige Wasser aus dem Speisebrei gepreßt. Im *Labmagen* erfolgt schließlich die eigentliche Verdauung. Von hier gelangt der Nahrungsbrei in den Darm.

3. Vergleiche das Pflanzenfressergebiß des Rindes mit dem Fleischfressergebiß des Hundes! Erläutere, wie die Gebißformen an die Ernährungsweise der Tiere angepaßt sind!

4. Erläutere anhand der Abbildung 79.1. den Aufbau des Wiederkäuermagens! Beschreibe den Weg der Nahrung vor und nach dem Wiederkäuen! Nenne die Aufgaben der vier Teilmägen!

5. Erkundige dich, wieviel Grünfutter ein Rind täglich frißt! Berichte!

6. Erkundige dich über die Zusammensetzung des Futters im Winter und im Sommer!

7. Das Rind ist ein Paarhufer und ein Zehenspitzengänger. Begründe dies anhand der Abbildung 79.2.!

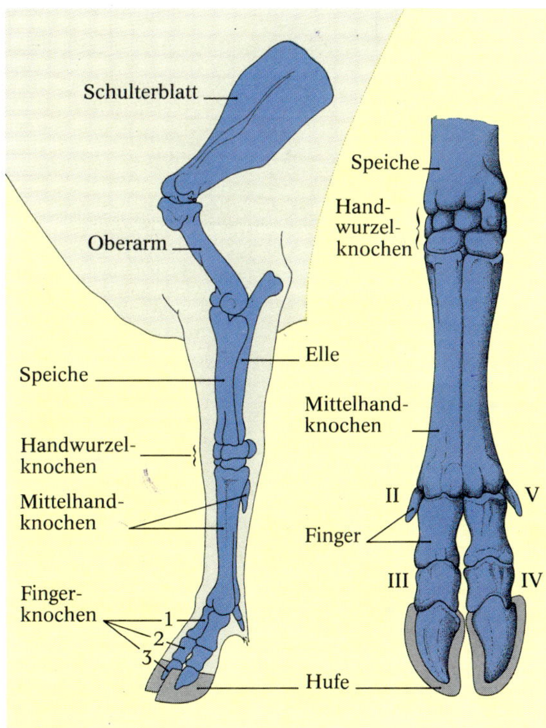

79.2. Vorderbein des Rindes

***80.1. Wildschwein.** Bache mit Frischlingen.*
Keiler = männliches Tier; Bache = weibliches Tier; Frischling = Jungtier im 1. Lebensjahr; die Bache bringt im Jahr 4 bis 8 Junge zur Welt.

***80.2. Hausschwein.** Sau mit Ferkeln.*
Eber = männliches Tier; Sau = weibliches Tier; Ferkel = Jungtier im 1. Lebensjahr; die Sau kann im Jahr zweimal 8 bis 12 Junge zur Welt bringen.

5. Das Hausschwein stammt vom Wildschwein ab

Hermann Löns erzählt (um 1905):

„Der alte Keiler ließ es erst Nacht werden, ehe er die Dickung verließ. Er trat da aus, wo er den Wind gegen sich hatte, und auch dann erst, als er eine Viertelstunde gesichert hatte. Dann aber vergnügte er sich damit, die morschen Fichtenstümpfe auf dem verwachsenen Kahlschlage kurz und klein zu brechen, denn sie saßen voll von Käfern, Larven und Schnekken. – Darauf jagte er eine Fasanenhenne von ihrem Gelege, fraß die Eier sämtlich auf, ließ eine Menge Mäusebrut und einen Junghasen hinterdreinwandern, vergaß auch nicht, das Haferstück um und um zu pflügen, denn es saß voll von Engerlingen. Dann scheuerte er sich ausgiebig an einer harzigen Fichte, machte aus einem Kartoffelfelde einen Sturzacker, verhunzte einen Saatkamp gänzlich und schlief um die Zeit, als der Bauer und der Förster an der Stätte seiner Untaten standen, eine halbe Meile weiter im tiefsten Forst . . .“

1. Was erfährst du in dieser Darstellung über die Lebensweise des Wildschweins?

Wildschweine sind in bewaldeten Gegenden weit verbreitet. Trotzdem wirst du dieses „Schwarzwild“ in freier Wildbahn selten zu sehen bekommen. Tagsüber hält es sich nämlich im Unterholz feuchter Laubwälder oder in dichten Nadelholzschonungen verborgen. Hier bevorzugt es Stellen mit schlammigen Pfützen. Es wälzt sich gern in diesen *Suhlen* und schmiert dabei sein schwarzes Borstenkleid mit Schlamm ein. Dadurch ist es gegen Insektenstiche geschützt.
Erst am späten Abend werden die Wildschweine aktiv und gehen auf Nahrungssuche. Sie fressen Eicheln, Bucheckern, Kräuter, Pilze und frisches Gras, aber auch Wurzeln, Würmer, Larven und Mäuse. Wildschweine sind also **Allesfresser.** Sie können ausgezeichnet riechen und deshalb sogar die in der Erde liegende Nahrung wahrnehmen. Um an diese „Erdmast“ zu gelangen, wühlen sie mit dem starken *Rüssel* den Boden auf. Beim „Aufbrechen“ des Bodens und beim Abreißen von Wurzeln leisten die nach oben gerichteten Eckzähne, die *Hauer,* gute Dienste.
Reicht die Mast nicht aus, „wechseln“ die Wildschweine in angrenzende Wiesen und Fel-

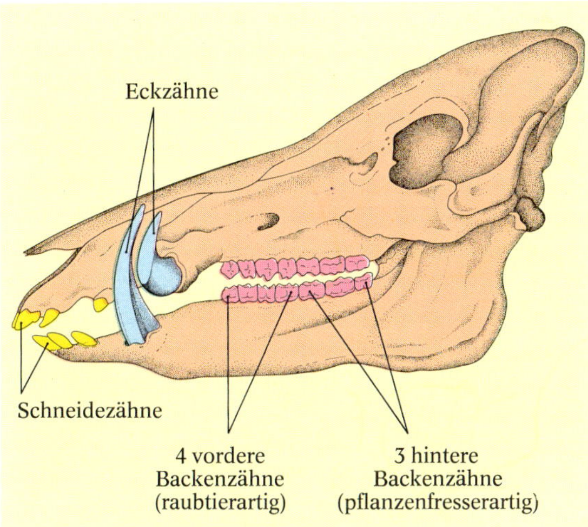

81.1. Schädel und Gebiß des Wildschweins

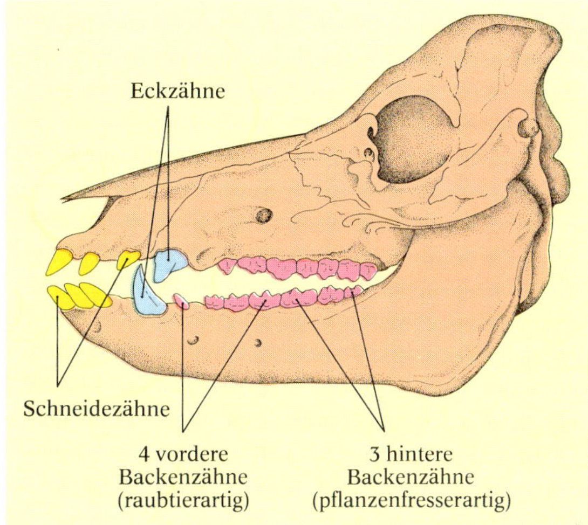

81.2. Schädel und Gebiß des Hausschweins

2. Schädel und Gebiß sind der Lebensweise des Wildschweins angepaßt. Erläutere!

3. Beschreibe das Gebiß des Hausschweins! Warum wird es als Allesfressergebiß bezeichnet?

der. Auf der Suche nach Nahrung können sie hier großen Flurschaden anrichten.
Aus dem Wildschwein hat der Mensch schon vor über 5000 Jahren das **Hausschwein** gezüchtet. Vom äußeren Bau her ist diese Abstammung vom Wildschwein kaum zu erkennen. Wenn man aber Hausschweine ins Freie läßt, zeigen sie ein Verhalten, das dem der Wildschweine ähnelt: Sie wühlen den Boden auf und durchsuchen ihn nach Nahrung. In schlammigen Pfützen wälzen sie sich ebenso gern wie Wildschweine in ihren Suhlen.
Auch das Hausschwein nimmt als *Allesfresser* pflanzliche und tierische Nahrung zu sich. Sein Gebiß ist dieser Ernährungsweise angepaßt: Mit den spitzhöckerigen vorderen Backenzähnen werden Fleischteile zerrissen; mit den stumpfhöckerigen hinteren Backenzähnen werden Pflanzenteile zermalmt. Die Backenzähne kennzeichnen das Gebiß somit als **Allesfressergebiß.**
Das Hausschwein wächst schnell heran. Schon nach 5–7 Monaten kann es 100 kg wiegen und schlachtreif sein. Auch beim Schwein läßt sich, wie beim Rind, alles verwerten.

4. Erläutere, wie das Wildschwein seiner Lebensweise angepaßt ist! Denke dabei zum Beispiel an Haarkleid, Körperbau, Kopfform und Gebiß!

5. Vergleiche den Bau von Wildschwein und Hausschwein! Verwende dazu die Abbildungen 80.1., 80.2., 81.1. und 81.2.! Lege eine Tabelle an!

6. Stelle zusammen, welchen Nutzen das Schwein dem Menschen bringt!

82.1. ***Neugeborener Welpe.*** *Der Welpe liegt noch in der Fruchtblase, die ihn im Mutterleib schützend umgeben hat.*

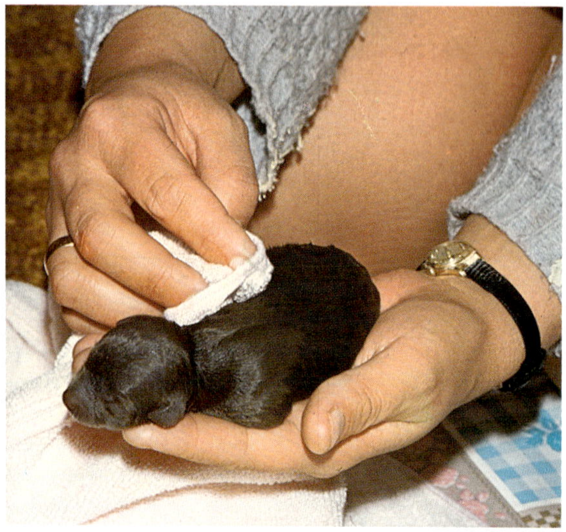

82.2. ***Nesthocker.*** *Neugeborene Welpen sind blind, behaart und unbeholfen. Nach 10 bis 12 Tagen können sie sehen.*

6. Viele Haustiere sind Säugetiere

Die trächtige *Hündin* ist schon unruhig. Sie verweigert die Nahrung, schnüffelt in allen Ecken herum und versucht, ein „Nest" zusammenzukratzen. Bald werden die jungen Hunde zur Welt kommen. In den frühen Morgenstunden wird der erste **Welpe** „geworfen". Er zappelt noch in der Fruchtblase. Die Hündin reißt die Fruchtblase auf und zerbeißt dann die Nabelschnur. Mit nassen, verklebten Haaren liegt das Junge nun frei und wird von der Hündin trocken geleckt.

Junge Welpen sind recht hilflos: Ihre Augen sind geschlossen; der viel zu große Kopf sinkt immer wieder zu Boden; sie können weder stehen noch gehen, sondern nur unbeholfen kriechen. Ihre Entwicklung ist also noch nicht abgeschlossen. Man bezeichnet sie deshalb als **Nesthocker.**

Trotz aller Unbeholfenheit gelingt es den Neugeborenen jedoch, an den Bauch der liegenden Mutter heranzukommen. Sie pendeln mit dem Kopf so lange hin und her, bis sie die Saugwarzen der Hündin, die *Zitzen,* erreichen. Nun beginnen sie sofort zu saugen. Dabei treten sie mit den Vorderpfoten gegen das *Gesäuge* der Hündin. Durch diesen „Milchtritt" werden die Milchdrüsen angeregt, Milch zu bilden. – Alle Tiere, die wie der Hund lebende Junge gebären und säugen, bezeichnet man als **Säugetiere.**

Die Welpen werden von der Mutter beleckt, gesäubert, gewärmt und verteidigt. Dieses Verhalten des Muttertieres nennt man **Brutpflege.** Das Brutpflegeverhalten braucht von der Hündin nicht erlernt zu werden; es ist ihr angeboren. Auch die Welpen zeigen angeborene Verhaltensweisen: das Suchen der Zitzen, das Saugen, den Milchtritt.

Auch Pferde gehören zu den Säugetieren. Das weibliche Pferd, die *Stute,* bringt nach einer *Tragzeit* von 334 bis 343 Tagen ein Junges zur Welt. Man nennt es Füllen oder **Fohlen.** Im Gegensatz zu den Welpen kann das Fohlen bei der Geburt bereits sehen. Auch besitzt es ein ausgebildetes Fell. Sobald das Fohlen trocken geleckt ist, stellt es sich auf die noch sehr wackeligen Beine und „stelzt" unsicher vorwärts. In wenigen Stunden ist es so sicher, daß es der Mutter folgen und an den beiden Zitzen ihres Euters saugen kann. Schon nach einer

83.1. Hündin säugt die Welpen. *Nach einer Tragzeit von 60 bis 63 Tagen werden 3 bis 10 Welpen geboren oder „geworfen". Die Hündin kann acht Junge gleichzeitig säugen.*

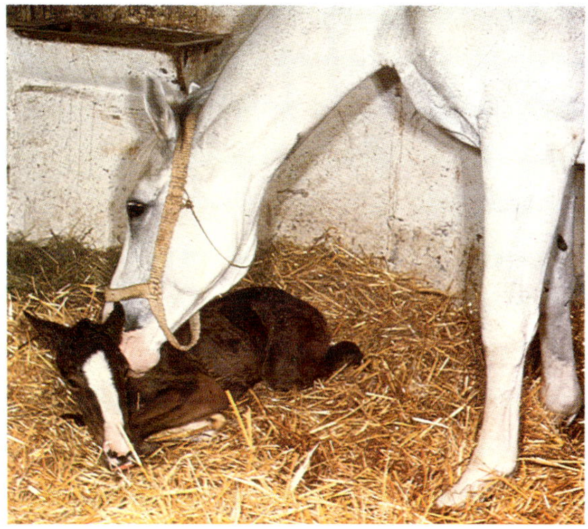

83.2. Stute leckt das Neugeborene

Woche sieht man es galoppieren und „übermütige" Sprünge machen. – Jungtiere, die wie das Fohlen bei der Geburt weitgehend selbständig sind, nennt man **Nestflüchter.**

83.3. Nestflüchter

1. Nenne Haustiere, die zu den Säugetieren gezählt werden!

2. Vergleiche Aussehen und Verhalten von Welpen und Fohlen! Denke dabei an äußere Erscheinung, Augen, Fell, Gliedmaßen und Beweglichkeit, Saugen, Nesthocker und Nestflüchter! Lies im Text nach und verwende die Abbildungen 82.1 bis 83.4.! Stelle die Unterschiede in einer Tabelle zusammen!

3. Suche Beispiele für Nesthocker unter den Säugetieren! Berichte!

4. Suche Beispiele für Nestflüchter unter den Säugetieren! Berichte!

5. Fohlen sind als Nestflüchter an die Lebensweise der Muttertiere angepaßt. Begründe! Denke auch an die Lebensweise der Vorfahren unserer Pferde!

83.4. Stute säugt das Fohlen

84.1. Hühnerrassen. *Es gibt etwa 125 Rassen. Für unsere Ernährung sind „Fleischhühner“ und „Legehühner“ besonders wichtig. Alle Rassen stammen vom Bankivahuhn ab.*

7. Das Huhn – ein Vogel als Haustier

7.1. Vom Bankivahuhn zur Legebatterie

Weißt du, woher die vielen Hühnereier und Brathähnchen kommen? Du siehst doch auf Bauernhöfen oder im Freien fast keine Hühner mehr! – Die früher übliche *Freilandhaltung* von Hühnern wird kaum noch betrieben. Sie ist zu teuer. Außerdem kann man damit den steigenden Bedarf an Eiern und Schlachthühnern nicht mehr decken. Deshalb hält man die Hühner heute vorwiegend in großen *Hühnerfarmen.* Bei dieser **Intensivhaltung** leben die Tiere in besonders eingerichteten Ställen.

Bei der **Bodenhaltung** sind die Legehühner in einem geräumigen Stall untergebracht. Sie können sich hier frei bewegen. An die Einrichtungen für Futter- und Wasserversorgung kommen sie ungestört heran. Eine Klimaanlage reguliert Belüftung und Temperatur.
Bei der **Batteriehaltung** dagegen leben mehrere Legehühner in je einem Drahtkäfig. Hunderte solcher Käfige sind nebeneinander und übereinander zu mehrstöckigen „Batterien“ angeordnet. Die Tiere stehen auf Maschendraht und haben zeitlebens keinen Auslauf. Sie können aber die Futterrinne und Trinkrinne vor ihrem Käfig gerade noch erreichen. Die auf den Drahtboden gelegten Eier rollen in eine Auffangrinne.

Durch Züchtung und Intensivhaltung hat der Mensch erreicht, daß gute Legehühner 250 Eier und mehr im Jahr legen. Diese Legeleistung zeigt den Unterschied zwischen dem Haushuhn und seinen Vorfahren, den **Bankivahühnern,** besonders deutlich.
Bankivahühner leben heute noch in den Wäldern Indiens und Indonesiens. Sie picken Knospen und Samen von Kräutern und Sträuchern und scharren im Waldboden nach Würmern und Larven. Sie „baden“ gern im Staub, um sich von Ungeziefer zu reinigen. Zum Übernachten fliegen sie auf ihre Schlafbäume. – Die Bankivahenne scharrt unter dichtem Gebüsch ein „Nest“ zusammen. Darin brütet sie ihre 8 bis 12 Eier in 19 Tagen aus.

1. Vergleiche die Lebensbedingungen der Hühner anhand der Abbildungen 85.1. bis 85.3.! Berichte!

85.1. Freilandhaltung von Hühnern. *Die Hühner sind ständig auf Nahrungssuche. Sie bewegen sich frei und können Staubbäder nehmen. Zur Eiablage suchen sie ein Nest im Stall auf.*

85.2. Bodenhaltung von Hühnern. *Der Boden des großen Stalles ist mit einer Streu bedeckt. Die Hühner können laufen, scharren, picken, im Staub „baden" und ihre Eier in Nester legen.*

Umstrittene Käfighaltung

Eine Biologin behauptet: „Bei der Käfighaltung ist ein artgemäßes Verhalten der Hennen nicht möglich. Bereits die Suche nach einem geeigneten Legeplatz ruft große Unruhe hervor, die sich zu panikartiger Fluchtstimmung steigern kann. Regelmäßig versuchen die Hennen, in den Futtertrog zu steigen, um darin zu scharren; denn Pick- und Scharrbewegungen sind einander zugeordnet ..."
Der Leiter einer Hühnerfarm antwortet auf besorgte Fragen: „Die Hühner sind doch kein anderes Leben gewohnt. Sie haben niemals in ihrem Leben den Stall verlassen. Regelmäßig wie Maschinen legen sie ihre Eier."
Sein kaufmännischer Berater ergänzt: „Besser als bei uns könnten es die Tiere gar nicht haben. Denn wir sind darauf bedacht, daß es ihnen gut geht, sonst würde ihre Legeleistung nachlassen." (Aus Zeitungsberichten.)

2. Vergleiche die Standpunkte von Gegner und Verteidiger der Käfighaltung! Berichte! Wie würdest du dich entscheiden?

85.3. Legebatterie. *In jedem Käfig stehen 3–4 Hühner auf Maschendraht. Sie können weder scharren noch im Staub „baden". Versorgung mit Futter, Wasser, Eierabnahme und Kotbeseitigung erfolgen automatisch.*

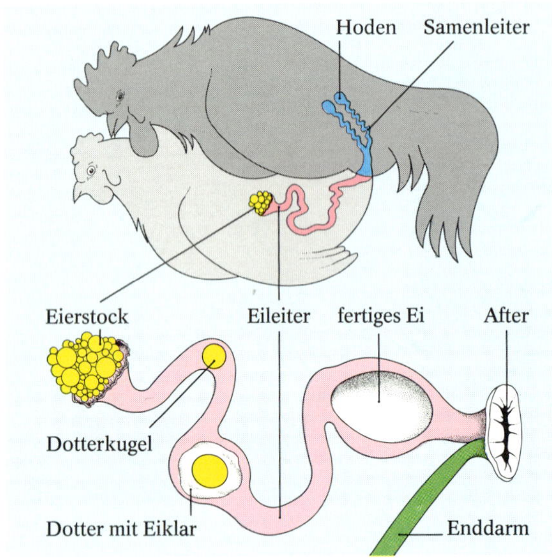

86.1. Paarung des Haushuhns und Entstehung der Hühnereier

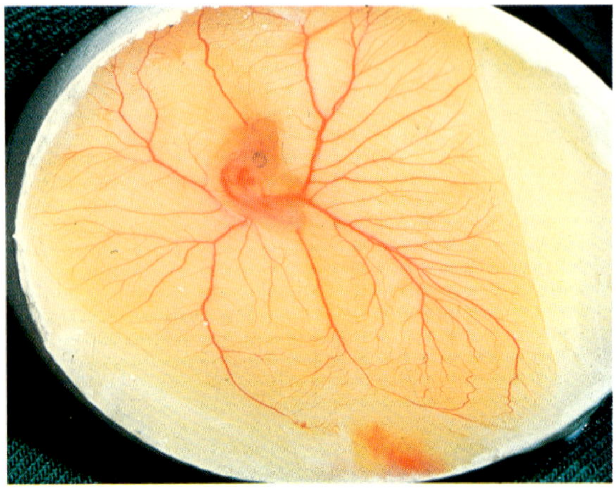

86.2. Hühnerembryo am 6. Bruttag

1. Beschreibe die Abbildung 86.1.! Erläutere, wie das Hühnerei entsteht!
In welchem Teil des Eileiters kann die Eizelle befruchtet werden?

7.2. Küken entwickeln sich aus Eiern

Du weißt sicher, daß Küken aus Eiern hervorgehen, die von der Henne gelegt wurden. Solch ein Hühnerei beginnt sich im Eierstock zu entwickeln. Der *Eierstock* ist mit winzigen Dotterkugeln angefüllt. Es sind die mit Nährstoffen angereicherten *Eizellen.* Sie wachsen nacheinander heran und wandern einzeln durch den *Eileiter.* Dabei werden die noch fehlenden Eiteile zugefügt: Eiklar mit Eiweißstoffen, Schalenhaut und Kalkschale.
Küken entwickeln sich nur aus befruchteten Eiern. Wie erfolgt aber die *Befruchtung?* Während der *Paarung* überträgt der Hahn sehr viele Samenzellen in den Eileiter der Henne. Die Samenzellen „schwimmen" in Richtung Eierstock zur Dotterkugel. Nur eine einzige Samenzelle dringt in die Eizelle ein. Der Kern dieser *Samenzelle* verschmilzt mit dem Kern der *Eizelle,* die sich in der **Keimscheibe** befindet. Die Eizelle ist nun befruchtet.
Die *Entwicklung* des Hühnchens setzt aber erst ein, wenn das befruchtete Ei bebrütet wird. Beim Brüten sitzt die Glucke Tag und Nacht auf 12 bis 15 Eiern. Sie hält diese *Bruteier* mit ihrem Körper warm und wendet sie von Zeit zu Zeit mit dem Schnabel. Durch dieses Umwenden wird die Wärme in den Eiern gleichmäßig verteilt. Aus der *Keimscheibe* des Dotters entwickelt sich in 21 Tagen das *Küken.* Zwei Eischnüre halten die Dotterkugel so in der Schwebe, daß die Keimscheibe stets oben liegt. Sie befindet sich also immer in Nähe der Wärmequelle. Eiklar und Dotter ernähren in dieser Zeit den Embryo.

Beim *Schlüpfen* pickt das Küken mit dem *Eizahn,* einem Höcker auf der Spitze des Oberschnabels, gegen die Eischale. Es entsteht eine kleine Öffnung. Sie wird erweitert. Bald zeigen sich größere Risse. Schließlich stemmt sich das Küken mit aller Kraft gegen die Schalenwände und sprengt diese: Das Küken schlüpft. Sobald die Flaumfedern getrocknet sind, wird das Küken lebhaft. Es kann sofort sehen, laufen, picken und scharren. Küken sind also **Nestflüchter.**

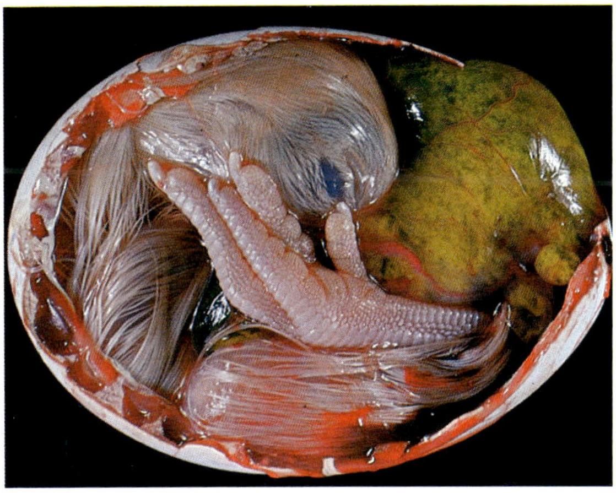

87.1. Hühnerküken am 19. Bruttag

2. Vergleiche den Entwicklungszustand des Kükens in den Abbildungen 86.2. und 87.1.! Beachte: Größe, Gestalt, Lage im Ei, einzelne Körperteile, Federkleid!

3. Untersuche ein Hühnerei:
a) Löse vom hartgekochten Ei die Kalkschale mit einer spitzen Pinzette vorsichtig ab! Ziehe dann die Schalenhaut vom Ei ab! Aus wieviel Schichten besteht sie? – Schneide das Ei längs durch! Vergleiche mit der Abbildung und berichte!

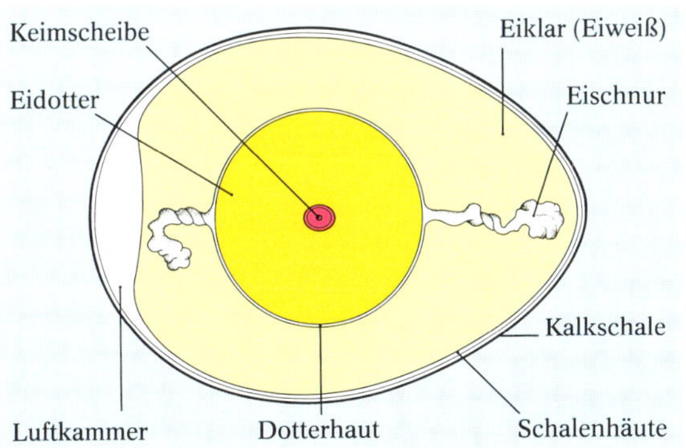

b) Öffne ein rohes Ei: Stich mit einer spitzen Nadel in die Mitte des Eies ein Loch! Löse vorsichtig mit der Pinzette ein Stück Kalkschale so weit ab, daß ein „Fenster" von etwa 3×2 cm entsteht! Entferne hier die Schalenhaut! Suche die Keimscheibe auf der Dotterkugel! Gieße nun den Inhalt langsam in ein Gefäß; fasse dann die Eischnur mit der Pinzette und ziehe vorsichtig daran! – Vergleiche mit der Abbildung und berichte!

c) Beschreibe nun den Aufbau des Hühnereies!

87.2. Ein Küken schlüpft

4. Beschreibe die Abbildung 87.2.! Warum wird das Küken als Nestflüchter bezeichnet?

88.1. Freilandhaltung von Rindern

88.2. Stallhaltung von Milchkühen

1. Vergleiche die Lebensweise von Rindern auf der Weide und im Stall!

8. Haltung und Pflege von Tieren

8.1. Was ist bei der Haltung von Haustieren zu beachten?

Im Alpenort herrscht Aufregung: Vielstimmiges Läuten von Kuhglocken ist von weither zu hören. *Almabtrieb!* Das Läuten kommt immer näher. Endlich erscheint die Leitkuh, besonders schön geschmückt und mit einer dumpf klingenden, großen Glocke am breiten Halsband. Ihr folgt die ganze Herde. Fast alle Tiere tragen eine Glocke und einen bunten Kopfschmuck.
Im Frühsommer, etwa Anfang Juni, wurden die Rinder aus ihren Ställen auf die Alm getrieben. Jetzt, im September, erfolgt wieder der Abtrieb. Den Sommer über konnten sie sich Tag und Nacht auf den Almwiesen im Freien aufhalten. Die Wintermonate werden sie im Stall verbringen.

Für Rinder ist die **Freilandhaltung** im Sommer das Natürliche. Auf weiten Weideflächen und in der Herde fühlen sie sich offenbar wohl. Beim ersten Austrieb springen sie ausgelassen umher und gehen mit gesenkten Hörnern aufeinander los. Nach vielen Kämpfen ist eine Rangordnung hergestellt: Das stärkste Tier ist das Leittier und wird von der ganzen Herde anerkannt. – Das Rind kann stundenlang fressen, ohne zu ermüden. Zum Wiederkäuen aber legt es sich gern an einem schattigen Ort nieder. Zum Trinken sucht es eine Tränke auf. Landwirte halten ihr Vieh im Freiland also richtig, wenn sie ihm weite Flächen zum Grasen, schattige Plätze zum Ausruhen und eine leicht zugängliche Tränke bieten.

Auch bei der **Stallhaltung** berücksichtigt der Landwirt die Lebensansprüche der Rinder so weit wie möglich. *Moderne Kuhställe* sind gewöhnlich luftig, hell und sauber. Die Kühe sind nebeneinander angebunden. Sie stehen mit dem Kopf zur Futterkrippe und zur Wasserrinne. Das Füttern der Rinder und das Ausmisten des Stalles geschehen häufig automatisch. Das Rind erhält alles, was es zum Gedeihen braucht. Es steht jedoch kurz angekettet auf engem Raum. Ihm fehlt die Bewegung auf weiten Weideflächen.
Im kommenden Frühjahr wird es sich auf der Weide wieder frei bewegen können.

89.1. Kettenhund

2. Was muß bei der Haltung eines Hundes beachtet werden, damit er sich wohl fühlt?

89.2. „Schoßhund“

3. Nenne Beispiele für falsche Tierliebe bei Hunden! Warum ist sie für den Hund schädlich?

Jedes Jahr, wenn die Ferienzeit beginnt, hört man Klagen über verantwortungslose Hundebesitzer. Sie möchten in Urlaub fahren, können oder wollen ihren Hund aber nicht mitnehmen. Sie setzen ihr Tier daher irgendwo aus. Solche Menschen hätten sich überhaupt keinen Hund anschaffen dürfen! Haben sie sich über seine Lebensansprüche nicht rechtzeitig informiert?

Für die Unterbringung und Pflege eines Hundes braucht man nämlich viel Raum und Zeit. Ein Hund muß sich zum Beispiel ausgiebig bewegen und auslaufen können. Deshalb sollte ein Großstädter mit enger Etagenwohnung große Rassen wie Boxer oder Schäferhund nicht halten. Auch sollte ein Hund nicht dauernd angekettet sein.

Übertriebene Tierliebe ist ebenso falsch. Es sieht zwar possierlich aus, wenn der „süße kleine Kerl“ mit einem passenden Hundeanzug sein „Herrchen“ oder „Frauchen“ begleitet. Dem Tier ist damit aber nicht gedient. Es wird zu sehr verwöhnt und dadurch gegen Krankheiten leicht anfällig.

Könntest du ein Hundebesitzer sein?

Um diese Frage zu bejahen, mußt du erst alle folgenden Fragen mit „ja“ beantworten.

1. Darfst du in eurer Mietwohnung einen Hund halten? – Lies den Mietvertrag durch!
2. Hat der Hund bei dir oder in deiner Umgebung genug Auslauf? – Regelmäßige und ausreichende Bewegung ist für die Gesundheit des Hundes wichtig.
3. Hast du Zeit, dich jeden Tag mit dem Hund ausgiebig zu beschäftigen? – Der Hund braucht engen Kontakt mit seinem „Herrn“, den er als Rudelgenossen ansieht.
4. Kannst du die Kosten für einen Hund immer aufbringen? – Zu den laufenden Ausgaben gehören: Hundesteuer, Haftpflichtversicherung, Tierarzt- und Futterkosten.
5. Hast du dich informiert, wie man mit Hunden umgehen muß und ob die von dir gewählte Rasse besondere Ansprüche stellt?
6. Hast du Tiere so gern, daß du den Hund stets liebevoll behandeln wirst?

90.1. Goldhamster als Heimtier

90.2. Goldhamsterkäfig

1. Auf welche Lebensgewohnheiten des Goldhamsters mußt du unbedingt achten, wenn du für ihn einen Käfig einrichtest? Nimm dazu auch die Abbildung 90.2. zu Hilfe!

8.2. Wie pflegt man Heimtiere?

Viele Kinder wünschen sich Tiere, die sie zu Hause betreuen dürfen: Goldhamster, Meerschweinchen oder Zwergkaninchen, Wellensittiche oder Zierfische.
Vielleicht besitzt du bereits solch ein **Heimtier** oder du möchtest eines haben. Dein „Wunschtier", zum Beispiel einen Goldhamster, mußt du so unterbringen und pflegen, daß es sich bei dir wohl fühlt. Du bist für das Tier verantwortlich. Dazu gehört auch, daß du dich über seine Herkunft und Lebensgewohnheiten informierst.

Goldhamster sind Wüstentiere und kommen in Syrien vor. Sie bauen bis 2 m tiefe Gänge in die Erde. An deren Enden legen sie kleine Höhlen als Vorrats- und Schlafkammern an. In diesen Gängen und Höhlen halten sich die Goldhamster tagsüber auf. Als Dämmerungs- und Nachttiere werden sie erst am Abend munter. Sie kommen nun aus ihrem unterirdischen Bau heraus und gehen auf Nahrungssuche. Um die tägliche Futtermenge einzutragen, müssen sie oft weite Strecken zurücklegen.

Als Heimtier ist der Goldhamster leicht zu halten. Du mußt jedoch darauf achten, daß der *Käfig* groß genug und leicht zu säubern ist und nicht durchgenagt werden kann. Wähle zum Beispiel einen Metallgitterkäfig mit einer Grundfläche von etwa 40 × 30 cm! Der Käfig sollte ein aufklappbares Dach oder eine ausziehbare Schublade und an der Vorderseite eine Tür besitzen. Als *Einstreu* kannst du Torfmull oder Sägespäne benutzen.
Weil der Goldhamster ein nachtaktives Tier ist, verbringt er den Tag in seinem *Schlafhäuschen.* Hier polstert er sein „Nest" mit Heu, Holzwolle, Stoffresten oder Papierschnitzeln weich aus.
Bei Beginn der Dämmerung wird der Goldhamster munter. Nun muß er sich viel bewegen. Er klettert unermüdlich an den Gitterstäbchen entlang oder „trabt" oft stundenlang in der *Lauftrommel.* – Gefüttert wird der Goldhamster morgens und abends. Er braucht eine *abwechslungsreiche Nahrung:* Getreidekörner, Gemüse, Obst, Löwenzahn, Klee und auch etwas rohes Fleisch. Trinkwasser benötigt er nicht, wenn er täglich Frischfutter bekommt.

Wir richten ein Aquarium ein

1. Beschaffe dir einen geeigneten Behälter, zum Beispiel ein Gestellaquarium *(siehe Abb. 91.1.)! Es besteht aus einem Metallrahmen mit eingekitteten Glaswänden. Größe: zum Beispiel 60 × 30 × 35 cm. Inhalt: 63 l.*

2. Wasche feinen oder groben Kies unter fließendem Wasser so lange, bis keine Trübung mehr auftritt!

3. Fülle diesen Bodengrund *4–6 cm hoch in das Aquarium ein! Verteile ihn so, daß er von dem Hintergrund nach vorn abfällt! Auf diese Weise sammeln sich im vorderen Bodenbereich Mulm und Abfälle, die du dann von Zeit zu Zeit mit einem Saugheber herausholen kannst. Lege einige gesäuberte Kieselsteine auf den Kies!*

4. Setze nun Wasserpflanzen *ein! Ordne sie in kleinen Gruppen vorwiegend im Hintergrund an! So haben die Fische einerseits gute Versteckmöglichkeiten, andererseits kannst du sie im Vordergrund gut beobachten. – Die Pflanzen geben Sauerstoff ab, den die Fische zum Atmen brauchen. Von den Ausscheidungsstoffen der Fische ernähren sich die Pflanzen.*

5. Fülle sofort nach der Bepflanzung Wasser *ein! Lege dazu eine kleine Schale auf den Boden und gieße das Wasser darauf, damit kein Sand aufwirbelt!*

6. Warte mindestens eine Woche, bevor du Fische einsetzt! Die Pflanzen sind nun eingewachsen, und das Wasser ist vollkommen klar. Berühre die Fische nicht mit der Hand! Benutze eine Fangglocke oder ein Fangnetz! Du kannst das Transportglas oder den Plastikbeutel auch in das Aquarium geben und die Fische allein herausschwimmen lassen.

7. Guppys, Schwertträger *und* Metallpanzerwelse *lassen sich bei einer Wassertemperatur von 20° C bis 25° C leicht halten.*
Für die Einrichtung kannst du zusätzlich verwenden: Heizregler, Thermometer und Filteranlage.
Geeignete Wasserpflanzen: Sumpfschraube *(Vallisneria),* Pfeilkraut *(Sagittaria),* Ludwigia, Amazonasschwertpflanzen, Cabomba *und* Tausendblatt.

8. Füttere einmal am Tag! Gib nur so viel Futter, wie die Fische in kurzer Zeit fressen können!

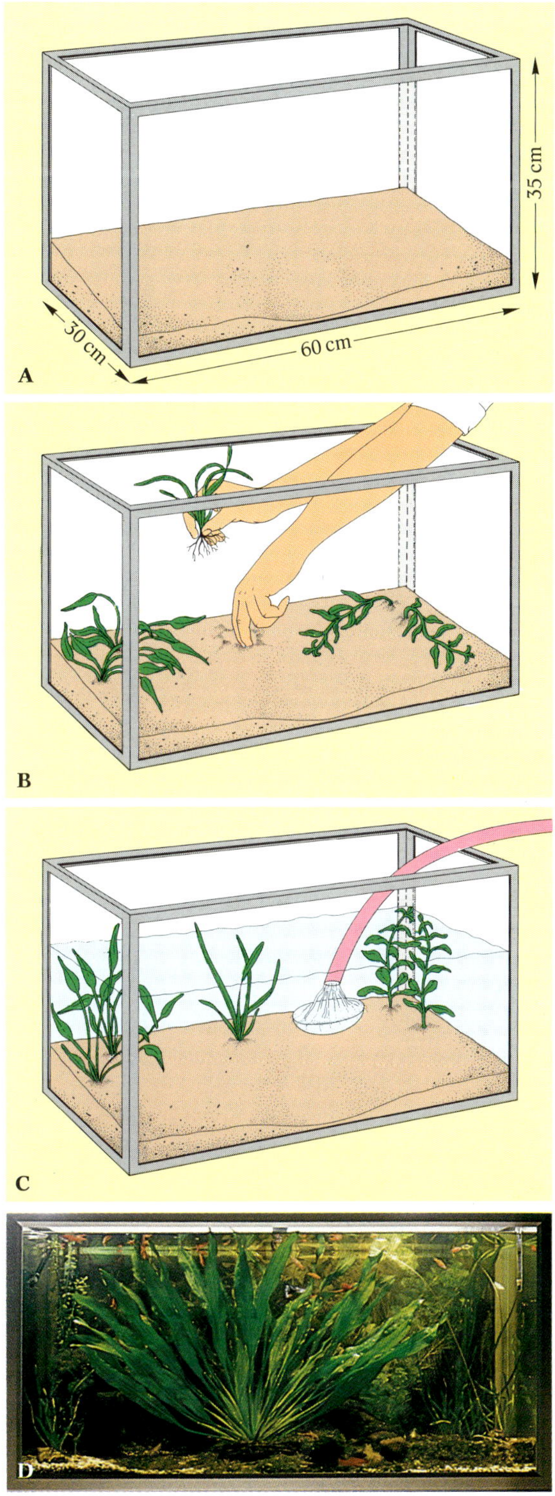

91.1. Einrichten eines Aquariums

Wirbeltiere in ihrer Umwelt

92.1. Flußbarsche

1. Fische sind dem Lebensraum Wasser angepaßt

1.1. Fische schwimmen und schweben

Das Ruderboot liegt still auf dem Wasser. Andreas und Henning haben die Angeln ausgeworfen. „Heute abend ‚springen' aber die Fische gut!" Was meinen sie damit? – Ein Insekt, ein Wasserläufer, berührt die Wasseroberfläche. Im gleichen Augenblick schießt ein Flußbarsch an die Oberfläche, schnappt zu und ist sofort wieder in der Tiefe des Gewässers verschwunden. Nur noch „Ringe" auf dem Wasser weisen darauf hin, daß kurz zuvor ein Fisch seine Nahrung an der Wasseroberfläche gefunden hat.

Fische können sich im Wasser ausgezeichnet fortbewegen. Ihr Körper ist hierfür besonders angepaßt. Kopf-, Rumpf- und Schwanzbereich sind miteinander verschmolzen. Der Körper verschmälert sich zum Kopfende und zum Schwanzbereich hin. Mit dieser *Spindelform* können Fische gewandt durch das Wasser *schwimmen.* Dabei strömt das Wasser leicht an ihrem Körper vorbei. Man sagt, der Fisch ist *stromlinienförmig* gebaut.

Der Fischkörper ist mit zahlreichen **Schuppen** bedeckt. Sie bestehen aus dünnen Knochenplättchen und liegen dachziegelartig übereinander. Eine zarte Haut überzieht die Schuppen. Sie enthält viele Drüsen, die Schleim absondern. Dadurch wird die Oberfläche des Fisches schlüpfrig und erleichtert zusätzlich die Bewegung im Wasser.
Aus dem Schuppenkleid ragen die **Flossen** hervor. Ihre weiche Flossenhaut spannt sich zwischen feinen, beweglichen Knochenstäben aus. Die Flossen können so wie ein Fächer ausgebreitet und wieder zusammengelegt werden.
Die Fortbewegung wird durch Muskeln ermöglicht. Sie liegen zu beiden Seiten der Wirbelsäule. Die Muskeln können sich abwechselnd zusammenziehen und wieder erschlaffen. Dadurch verursachen sie ein starkes Hin- und Herschlagen des Schwanzes mit der *Schwanzflosse.* Diese drückt gegen das Wasser, und der Fisch wird dabei schlängelnd vorwärts getrieben.
Auch mit den paarigen *Brust-* und *Bauchflossen* können sich Fische fortbewegen. Hauptsächlich jedoch steuern sie damit ihre Bewegungen. *Rückenflosse* und *Afterflosse* wirken

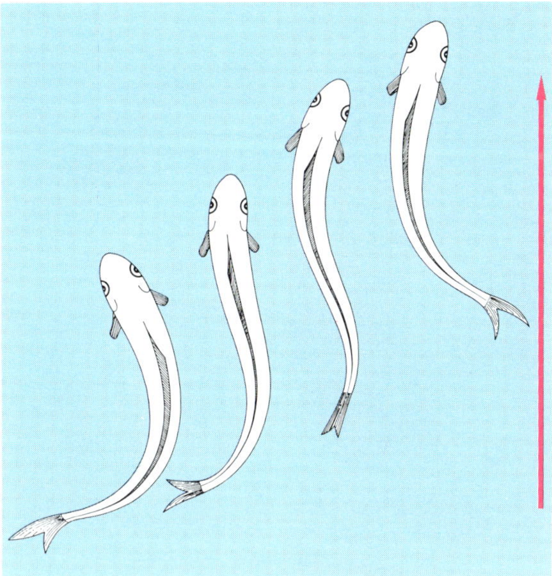

93.1. Schwimmbewegung der Fische

93.2. Karpfen. *A äußerer Bau; B Skelett und Schwimmblase*

wie der Kiel eines Schiffes. Sie verhindern das „Umkippen" des Fisches.
Auch bei Dunkelheit oder im trüben Wasser können Fische allen Hindernissen sicher ausweichen. Sie „fühlen" solche Hindernisse mit ihrem **Seitenlinienorgan.** Wir erkennen es als punktierte Linie auf den Flanken des Fisches. Die einzelnen Punkte sind winzige Poren. Sie münden in einen gemeinsamen Kanal, der druckempfindliche Sinneszellen enthält. So spürt der Fisch schon feinste Änderungen der Wasserströmungen und kann dadurch Hindernisse wahrnehmen.
Wie gelingt es jedoch dem Fisch, ohne Flossenbewegung in einer bestimmten Wassertiefe stehen zu bleiben? Die meisten Fische besitzen dazu einen Hautsack, die **Schwimmblase.** Sie ist mit einem Gasgemisch, zum Beispiel Luft, gefüllt. Wenn die Schwimmblase voll gefüllt ist, wird der Fisch aufwärts getrieben. Ist die Schwimmblase nur wenig gefüllt, sinkt der Fisch ab. Der Fisch kann die Schwimmblase mit mehr oder weniger Gas füllen. Dadurch ist er in der Lage, in unterschiedlichen Wassertiefen zu schweben.

Schwimmblasenmodell

Baue ein Schwimmblasenmodell! Fülle einen Standzylinder (1000 ml) zu drei Vierteln mit Wasser! Gib in ein Reagenzglas (= Fisch) Wasser! Verschließe es mit dem Daumen! Tauche es mit der Öffnung nach unten in das Wasser! Das Reagenzglas sollte ganz eintauchen, aber noch nicht untergehen. Verschließe den Standzylinder mit einem Stopfen, durch den ein abgewinkeltes Glasröhrchen gesteckt ist! Schließe eine Saug-Druck-Pumpe an (siehe Abbildung)! Pumpe Luft in den Standzylinder! Beobachte Luftblase (= Schwimmblase) und Reagenzglas (= Fisch)! Berichte!

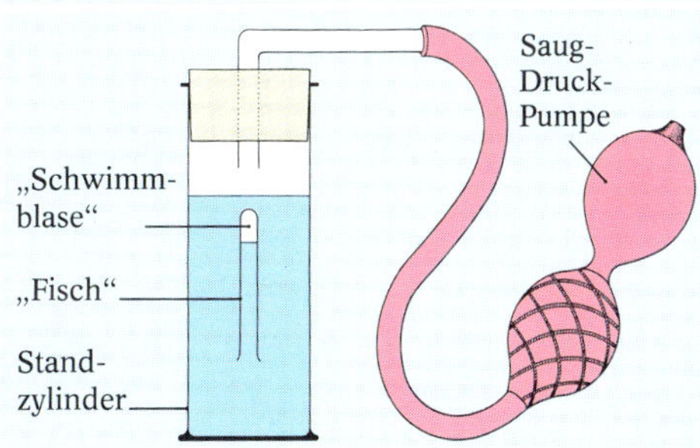

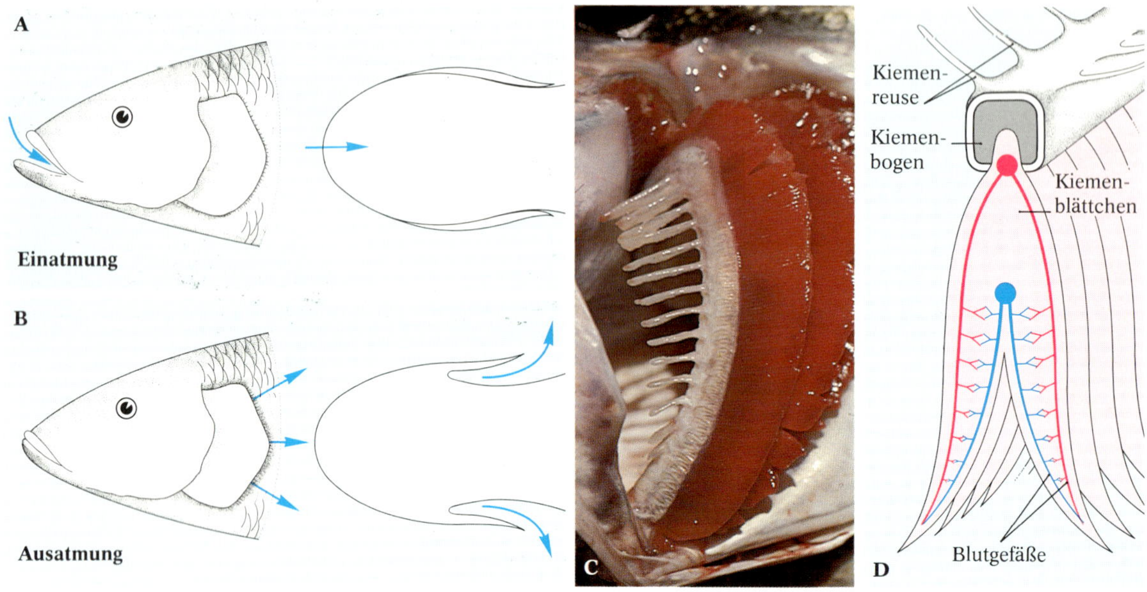

94.1. Kiemenatmung bei Fischen

1.2. Wie atmen Fische?

Wir können ohne Tauchgerät nur kurze Zeit unter Wasser bleiben. Dringt Wasser in unsere Lungen ein, müssen wir ersticken. Fische dagegen leben ständig im Wasser. Ihre Atmungsorgane arbeiten offenbar anders.

Fische atmen mit Hilfe ihrer **Kiemen.** Diese liegen unter den schützenden *Kiemendeckeln.* Hebt man die Kiemendeckel an, kann man die tiefroten, blutdurchströmten Kiemen erkennen. Sie bestehen aus hauchdünnen, häutigen Blättchen. Diese *Kiemenblättchen* stehen dicht beieinander auf einer halbrunden knöchernen Spange, dem *Kiemenbogen.* Auf jeder Kopfseite ragen 4 Kiemenbögen in den hinteren Raum der Mundhöhle. Diesen Raum nennt man *Kiemenhöhle.*

Beim Atmen öffnet der Fisch das Maul. Dabei dringt Wasser in den Mundraum ein. Nun schließt er das Maul und preßt das Wasser durch die Kiemen in die Kiemenhöhle. Durch die geöffneten Kiemendeckel strömt es dann nach außen. Schwebeteilchen könnten die feinen Kiemenblättchen verletzen. Wie in einem Kamm bleiben diese Teilchen in den „Zinken" der *Kiemenreuse* hängen.

Im Wasser, das an den Kiemenblättchen vorbeiströmt, ist Luft gelöst. Der Sauerstoff dieser Luft wird von den Blutgefäßen der Kiemenblättchen aufgenommen: Der Fisch atmet ein. Gleichzeitig tritt Kohlenstoffdioxid aus, löst sich in dem Wasser und wird so nach außen abgegeben: Der Fisch atmet aus. Die Kiemen müssen ständig mit Wasser durchspült werden; denn in einem Liter gut durchlüftetem Wasser sind nur etwa 10 ml Sauerstoff gelöst. Dagegen befinden sich in einem Liter Luft etwa 210 ml Sauerstoff.

1. Beobachte die Atmung eines Fisches im Aquarium! Berichte!

2. An der Luft verkleben die feinen Kiemenblättchen. Der Fisch erstickt. Gib hierfür eine Erklärung!

95.1. Fortpflanzung und Entwicklung bei der Forelle. *A Laich wird künstlich besamt; B Entwicklungsstadien (Ei mit Embryo, schlüpfende Larve, Forellen-Larve)*

1.3. Wie pflanzen sich Fische fort?

In der Zeit vom Oktober bis Januar ziehen die **Forellen** bachaufwärts. Sie suchen flaches, sauerstoffreiches Wasser des Oberlaufes auf. Die Bachforellen, sonst Einzelgänger, finden sich hier zu Paaren zusammen, um für Nachwuchs zu sorgen.

Zu diesem Zeitpunkt ist der Eileiter des Weibchens prall mit etwa 2000 Eiern gefüllt. Fischeier werden als *Rogen* bezeichnet. Deshalb heißen Fischweibchen auch **Rogner.** Das Männchen erzeugt Samenzellen. Sie schwimmen in der Samenflüssigkeit. Da diese weißlich aussieht, wird sie *Milch* genannt. Fischmännchen heißen daher **Milchner.**

Vor der Eiablage schlägt das Forellenweibchen mit kräftigen Schwanzschlägen eine flache Grube in den Sand oder Kies des Bachgrundes. Anschließend beginnt es mit dem Ablegen der Eier. Die abgelegten Eier bezeichnet man als **Laich.** Das Männchen schwimmt in unmittelbarer Nähe des Weibchens. Nachdem das Weibchen einen Teil des Laichs in der Grube abgelegt hat, spritzt das Männchen sofort seine Milch darüber. Bei Forellen findet also eine *äußere Besamung* statt. Die Samenzellen befruchten die Eizellen.

Im befruchteten Ei entwickelt sich zunächst der *Embryo.* Die Entwicklung dauert je nach Wassertemperatur 2 bis 3 Monate. Dann schlüpft die junge Forelle aus. Sie sieht einer erwachsenen Forelle noch nicht sehr ähnlich und wird deshalb als **Forellen-Larve** bezeichnet. Der Kopf der Forellenlarve ist noch kugelig, die Mundöffnung klein. Am Bauch hängt ein *Dottersack.* Er ist ein Vorratsspeicher, von dem der Jungfisch zehrt. Etwa 6 Wochen lang wachsen die Jungforellen zwischen den Steinen am Gewässergrund heran. Sie ernähren sich dabei auch von kleinen Wassertieren, die sie in unmittelbarer Nähe erbeuten können. Wenn der Dottersack aufgezehrt ist, sind alle Flossen ausgebildet. Die Schwimmblase ist voll entwickelt und gefüllt. Die junge Bachforelle ist nun selbständig.

1. Beschreibe die Entwicklung der Forelle! Nimm auch die Abbildung 95.1. zu Hilfe!

96.1. Karpfen

96.2. Hecht

1. Körperbau und Verhalten von Karpfen und Hecht entsprechen ihrer Lebensweise. Erläutere!

1.4. Besondere Anpassungen in Körperform und Lebensweise

Bei einem Spaziergang kannst du in Fischteichen oder in Teichen von Parkanlagen den **Karpfen** gut beobachten. Behäbig gleitet er durch das Wasser, wühlt den schlammigen Teichgrund auf und sucht nach Nahrung. Dabei tastet er mit den fleischigen Lippen und den daran hängenden 4 Bartfäden (Barteln) den Boden ab. Er sucht nach Würmern, Schnecken, Insektenlarven oder Laich. Der Karpfen lebt aber auch von vermoderten Pflanzenteilen und Algen. Er ist ein **Friedfisch,** da er keine anderen Fische frißt.
Die Nahrung zerdrückt der Karpfen mit Hilfe von Knochenwülsten, den „Schlundzähnen". Seine Kiefer besitzen keine Zähne.

Wenn der Karpfen an die Wasseroberfläche kommt, kann man seine Gestalt gut erkennen. Der Körper hat die typische Spindelform der Fische und ist seitlich abgeflacht. Die schwärzlich-grüne Rückenfärbung ist seiner natürlichen Umgebung angepaßt.

Ein anderer Bewohner von Teichen und Seen lauert regungslos zwischen den Pflanzenstengeln des Uferbereichs. Es ist der **Hecht.** Mit seinem grünlichen, dunkelgestreiften und gefleckten Schuppenkleid ist er in dem Pflanzengewirr kaum auszumachen. Wegen dieser **Tarnfärbung** können ihn seine Beutetiere schlecht erkennen. Entdeckt der Hecht ein Beutetier, zum Beispiel einen Barsch, gleitet er ruhig durch das Wasser. Dabei wird er nur durch die gleichmäßigen Wellenbewegungen seiner Brust- und Bauchflossen angetrieben. Ist er nahe genug herangekommen, stößt er blitzschnell auf die Beute zu. Dabei treibt die kräftige Schwanzflosse den torpedoartigen Körper schnell durch das Wasser. Beim Hecht stehen After- und Rückenflosse weit hinten. Sie vergrößern auf diese Weise die Ruderfläche des Schwanzes. Dadurch wird die Schlagkraft des Schwanzes verstärkt.
Das tief eingeschnittene Maul des Hechtes kann weit geöffnet werden. Mit den scharfen, rückwärts gerichteten Zähnen des Unterkiefers hält er die Beute fest. Der Hecht ist ein **Raubfisch,** weil er andere Fische erbeutet. Er ernährt sich

97.1. *Fischschwarm* *(Heringe)*

2. Erläutere die Begriffe Friedfisch und Raubfisch!

3. Nenne die Vorteile der Schwarmbildung bei Fischen!

4. Erkundige dich in Lebensmittelgeschäften (Fischgeschäften), welche Fische dem Menschen als Nahrung dienen! Sammle entsprechende Bilder und klebe sie zu einem Plakat zusammen!

5. Beschreibe, wie sich die Scholle vor ihren Feinden tarnt und wie sie flieht! Nimm dazu die Abbildung 97.2. und den Text zu Hilfe!

neben Fischen auch von Fröschen, Wasserratten und Küken der Schwimmvögel.
Räuberisch lebende Fische gibt es auch in den Meeren. Gegen den Angriff von Kabeljau, Schellfisch oder Makrele schützen sich Friedfische, zum Beispiel Heringe, auf besondere Weise. Sie leben zu Hunderten zusammen. Diese **Schwarmbildung** bietet dem einzelnen Fisch einen größeren Schutz vor Feinden, als wenn dieser als Einzelgänger lebte.

Ganz anders schützt sich die einzeln lebende **Scholle** vor ihren Feinden. Sie besitzt einen abgeplatteten Körper und liegt mit einer Seite auf dem Meeresboden. Diese Seite ist die helle Unterseite des Fisches. Das Maul, die Augen und die Nasenlöcher liegen auf der dunkleren Oberseite. Rücken- und Afterflosse sind zu einem Flossensaum ausgebildet. Schollen schwimmen mit wellenförmigen Bewegungen des ganzen Körpers. Am Meeresboden wühlen sie sich bis auf die Augen in den Sand ein und sind dadurch gut **getarnt.** Auch kann die Oberseite die Färbung des Bodengrundes annehmen.

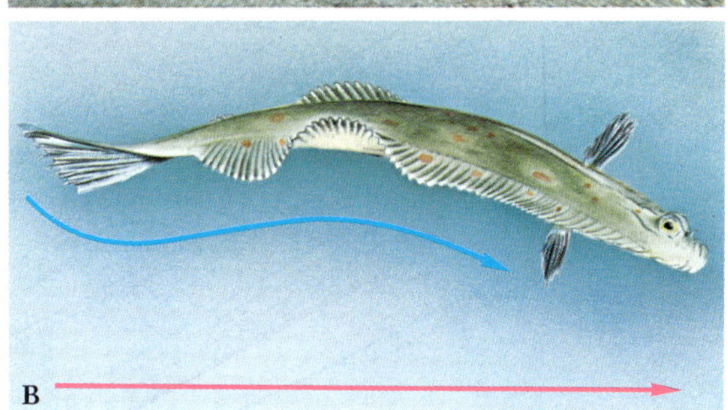

97.2. *Scholle.* *A ruhend; B schwimmend*

98.1. Quakender Wasserfrosch

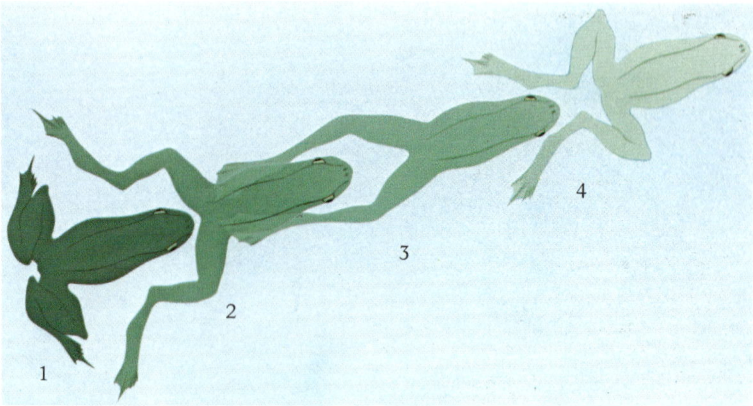

98.2. Fortbewegung im Wasser

1. Beschreibe die Fortbewegung der Frösche im Wasser! Nimm dazu die Abbildung 98.2 zu Hilfe!

2. Beschreibe anhand der Abbildung 99.1. die Fortbewegung der Frösche auf dem Land!

2. Lurche leben im Wasser und auf dem Land

2.1. Frösche sind Feuchtlufttiere

Näherst du dich einem Teichufer, kann es dir passieren, daß plötzlich ein *Wasserfrosch* mit einem langen Satz in das Wasser springt. Du siehst dann, wie er mit kräftigen Stößen der Hinterbeine in der Tiefe verschwindet. Er taucht auch so schnell nicht wieder auf. – Frösche können auf dem Land und im Wasser leben. Man sagt, sie leben amphibisch. Daher spricht man bei den **Lurchen,** zu denen Frösche und Kröten gehören, auch von *Amphibien.* – Warum hast du den Frosch nicht schon vor seiner Flucht entdeckt?

Der Wasserfrosch ist mit der grünlichen, durch schwarze Tupfen unterbrochenen Färbung seiner Körperoberseite gut an das Pflanzenkleid des Uferrandes angepaßt. Wegen dieser **Tarnfärbung** hast du ihn übersehen. Der Frosch selbst bemerkt jedoch jede Bewegung eines herankommenden Feindes. Seine großen Augen, die wie zwei Kuppeln auf dem Kopf sitzen, ermöglichen ihm einen guten „Rundblick“. Der Frosch sieht daher sogar einen Feind, der sich von hinten nähert. Auch das gute Gehör warnt ihn rechtzeitig. Zusätzlich spürt er die Erschütterung des Bodens.
Bei der Flucht stößt sich der Frosch mit den langen, muskulösen Hinterbeinen kräftig vom Boden ab. Anschließend fängt er sich mit den kurzen Vorderbeinen auf. So kann er bis zu einem Meter weit springen. – Auch beim Beutefang kommt ihm sein Sprungvermögen zugute. Der Frosch ist ein „Ansitzjäger“. Er schnappt nach allem, was sich bewegt und kleiner ist als er selbst. So springt er zielsicher auf fliegende oder kriechende Insekten zu. Die vorn im Maul angewachsene, klebrige Zunge klappt blitzschnell heraus. Mit dieser *Klappzunge* zieht der Frosch die Beute ein und verschluckt sie unzerkaut. Frösche besitzen nämlich keine Zähne.
Im Wasser jagt der Frosch Kleinkrebse, Insektenlarven, Würmer und Jungfische. Gewandt und schnell schwimmt er seiner Beute hinterher. Die kurzen Vorderbeine legt er an den Körper an. Der Frosch schwimmt nur mit den Hinterbeinen, die er abwechselnd anzieht und wieder nach hinten stößt. Dabei spannen sich die Schwimmhäute zwischen den 5 Zehen.

99.1. Springender Wasserfrosch

Nach dem Untertauchen kann der Frosch einige Minuten unter Wasser bleiben. Er besitzt aber keine Kiemen, sondern Lungen. Warum erstickt er nicht? Frösche können durch die Haut atmen. Die dünne, schleimigfeuchte Haut ist von feinen Blutgefäßen durchzogen. Auf diese Weise dringt der Sauerstoff unmittelbar in das Blut ein. Eine solche Atmung bezeichnet man als **Hautatmung.**

Beobachtest du einen Frosch, der auf dem Land sitzt, fällt dir die ständige Bewegung der Kehlhaut auf. Frösche besitzen keine Rippen und keinen Brustkorb. Sie können also nicht so atmen wie der Mensch.

Beim Einatmen gelangt Luft ins Maul des Frosches. Dann schließt er Maul und Nasenlöcher, drückt die Kehlhaut hoch und preßt so die Luft aus dem Maul in die Lungen. Frösche sind **Lungenatmer.** Die Hautatmung ist jedoch für den Frosch von größerer Bedeutung. Allerdings muß die Haut dazu immer feucht sein. In trockener Luft würde sie bald hart und luftundurchlässig werden. Aus diesem Grunde suchen Frösche außerhalb des Wassers feuchte Stellen auf. Frösche sind **Feuchtlufttiere.**

99.2. Beutefang beim Frosch

3. Beschreibe das Beutefangverhalten des Frosches! Siehe auch Abbildung 99.2.!

100.1. *Grasfrösche paaren sich*

100.2. *Entwicklung des Grasfrosches*

2.2. Aus Kaulquappen werden Frösche

Zur Paarungszeit im März suchen die **Grasfrösche** für 2 oder 3 Tage ihre Laichgewässer auf. Mit leisem Knurren lockt das Männchen ein Weibchen an. Dann springt es auf dessen Rücken und umklammert das Weibchen mit den Vorderbeinen.
Kurz darauf beginnt das Weibchen mit der *Eiablage.* Über den frisch gelegten Laich sondert das Männchen eine milchig trübe Flüssigkeit ab. Sie enthält Samenzellen. Diese dringen in die Eizellen ein und befruchten sie.

Ein Froschweibchen legt während der Laichzeit etwa 4000 Eier ab. Sie sind zunächst kleiner als Stecknadelköpfe und sinken auf den Gewässergrund. Die Eiweißhülle einer jeden Eizelle quillt im Wasser auf. Sie erreicht dabei einen Durchmesser von fast einem Zentimeter. Der Laich steigt nun an die Wasseroberfläche. Die gallertartige Hülle schützt den **Embryo.** Klumpen mit Hunderten solcher Gallertkugeln kann man im Frühjahr an den flachen Ufern mancher Teiche finden.

Nach 8 bis 10 Tagen schlüpft aus der Gallertkugel eine kleine, etwa 6 mm lange *Larve,* die **Kaulquappe.** Sie bleibt zuerst fast unbeweglich an der Eihülle hängen. Von Tag zu Tag wächst sie und nimmt eine fischähnliche Gestalt an. Die Kaulquappe bewegt sich mit einem *Ruderschwanz* und atmet mit Hilfe von *Außenkiemen.* Das sind büschelartige Auswüchse an beiden Seiten des Kopfes. Etwa mit dem 20. Tag beginnt eine Hautfalte die Außenkiemen zu überwachsen. Es entstehen *Innenkiemen.*

Ständig sind die kleinen Kaulquappen auf Nahrungssuche. Sie knabbern mit feinen, scharfen Hornzähnchen auf den Lippen an Wasserpflanzen und weiden den Algenbelag von Steinen und Holzstücken ab. Kaulquappen durchsuchen aber auch den Bodenschlamm nach Resten abgestorbener Pflanzen. Um ihre Nahrung gut verdauen zu können, besitzt die Kaulquappe einen langen Darm. Dieser ist kennzeichend für einen *Pflanzenfresser.*

Um den 40. Tag ist die Kaulquappe bereits 4 cm lang. Aus kurzen Stummeln beiderseits der

101.1. Entwicklungsstadien des Grasfrosches

Schwanzwurzel beginnen die *Hinterbeine* zu wachsen. Nach einer Woche sind sie voll entwickelt. Erst später erscheinen die *Vorderbeine.* Sie durchbrechen die Haut unmittelbar hinter den Innenkiemen. Die Kaulquappe schwimmt nun öfter zur Wasseroberfläche oder hält sich am Uferrand auf. Sie schnappt nach Luft. Ihre Lungen beginnen zu arbeiten.
Die Gestalt der Kaulquappe wird nun dem Frosch immer ähnlicher. Der Schwanz bildet sich zurück und verschwindet. Der Darm verkürzt sich und ist damit auf die *Fleischnahrung* des Frosches eingestellt. Am Kopf wölben sich die großen Augen nach oben, und das breite Froschmaul entsteht. Nach etwa 70 Tagen hat sich die Kaulquappe zu einem Frosch umgewandelt. Diesen Vorgang bezeichnet man als **Metamorphose.**

1. Beschreibe die Entwicklung des Grasfrosches! Nimm den Text sowie die Abbildungen 100.2. und 101.1. zu Hilfe!

Auch Molche und Salamander sind Lurche

101.2. Kammolch

Volker und Klaus sind im Wald unterwegs. Plötzlich zeigt Volker auf eine große Pfütze: „Da ist eine Eidechse ins Wasser gefallen!“ Klaus kommt heran und lacht: „Das ist doch ein Molch! Molche können im Wasser und auf dem Land leben. Es sind Lurche!“
Sie nehmen den Molch vorsichtig auf die Hand, und Klaus als „Experte“ erklärt: „Hier kannst du die typische Haut der Lurche fühlen. Sie ist feucht und glitschig; denn auch Molche atmen wie Frösche durch die Haut und mit Lungen.“ „Entwickeln sich denn Molche auch aus Kaulquappen?“ fragt Volker. „Ja, sie laichen wie Frösche in Teichen. Allerdings heften sie die Eier einzeln an Wasserpflanzen. Die Kaulquappen entwickeln sich ähnlich wie bei den Fröschen.“ „Dann kann man sie ja nicht von den Fröschen unterscheiden“, stellt Volker fest. „Doch, bei Molchlarven wachsen zuerst die Vorderbeine. Außerdem tragen sie bis zur endgültigen Verwandlung ihre äußeren Kiemen. Ihren Schwanz behalten sie natürlich auch, wie du siehst“, erklärt Klaus.
„Gibt es denn bei uns noch andere Lurche?“ fragt Volker. „Ja“, sagt Klaus. „Zum Beispiel den **Feuersalamander.** Salamander legen keine Eier. Sie bringen lebende Junge zur Welt. Es sind Larven, die sich in kühlen, stehenden Gewässern weiterentwickeln. Leider sieht man Molche und Salamander immer weniger“, bedauert Klaus und setzt den Molch in die Pfütze zurück.

102.1. Zauneidechse. *Männchen ♂ (links) und Weibchen ♀ (rechts).* **Geschützt!** *Größe: 15 cm bis über 20 cm. Lebensraum: trockenes und sonniges Gelände, Waldränder und Waldlichtungen, sonnenwarme Böschungen, an Hecken und Mauern.*

1. Beschreibe das Aussehen von Männchen und Weibchen!

102.2. Schlüpfende Zauneidechse. *Im Mai/Juni legt das Weibchen 5–15 Eier in feuchtwarme, lockere Erde; nach etwa 8 Wochen schlüpfen 3–4 cm große Junge.*

3. Kriechtiere und ihre Angepaßtheit an das Leben auf dem Land

3.1. Eidechsen bevorzugen sonnige Plätze

Bei einem sommerlichen Spaziergang durch trockenes Gelände huscht plötzlich vor deinen Füßen etwas über den Weg. Ehe du dich versiehst, ist es am Wegrand zwischen Pflanzen, in einem Erdloch oder in einer Gesteinsspalte verschwunden. Das flinke Tier wirst du kaum fangen können. Es ist eine **Zauneidechse.**

Verhältst du dich einige Zeit lang ganz ruhig, so kommt sie vorsichtig aus ihrem Unterschlupf heraus. Du erkennst jetzt, daß die Eidechse sich durch schlängelndes Kriechen fortbewegt. Dabei huscht sie streckenweise so schnell dahin, daß du einzelne Bewegungsabläufe kaum wahrnehmen kannst. Beim Schlängeln biegt sich ihre Wirbelsäule abwechselnd nach rechts und nach links, wobei die Beine entsprechend den Körperbiegungen vorgesetzt werden. Hält die Zauneidechse inne, erkennst du die seitlich abstehenden Beine. Sie können den Körper kaum tragen. Er hängt deshalb durch und berührt mit dem Bauch den Boden. Diese kriechende Fortbewegung kennzeichnet die Eidechse als **Kriechtier.** Kriechtiere werden auch *Reptilien* genannt.

Nach weiterem Warten wirst du vielleicht beobachten, wie die Zauneidechse geschickt auf einen sonnigen Stein oder Baumstumpf klettert. Dort liegt sie oft stundenlang regungslos in der Sonne. Ihr Körper ist breit und ganz flach, die Beine sind weit ausgestreckt. So fängt sie möglichst viel Sonnenwärme ein. In dieser Lage kannst du sie kaum von der Umgebung unterscheiden. Durch ihre **Tarnfärbung** ist sie vor vielen Freßfeinden wie Bussard, Krähe oder Marder geschützt.

Besonnte Eidechsen haben einen warmen Körper. Jetzt sind sie besonders flink. Bei kühler Witterung dagegen bleiben sie in ihrem Schlupfwinkel. Ihr Körper fühlt sich dann kalt an. Ihre Bewegungen sind träge und schwerfällig. Anders als bei den gleichwarmen Säugetieren bleibt die Körpertemperatur der Eidechsen nicht gleich. Sie steigt und sinkt mit den Temperaturen der Umgebung. Die Körpertemperatur wechselt also ständig. Eidechsen gehören deshalb zu den **wechselwarmen Tieren.**

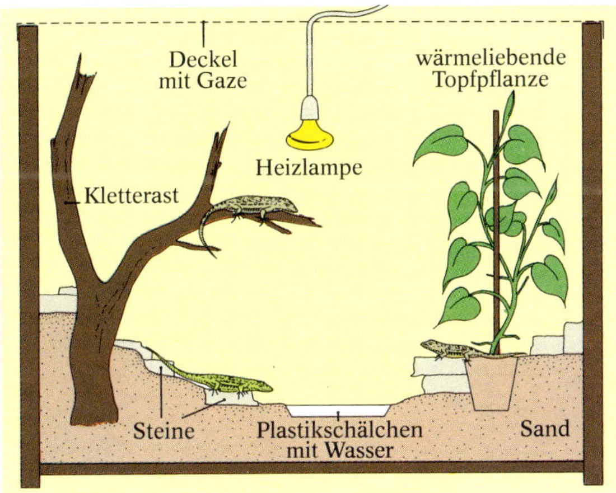

103.1. Einrichtung eines trocken-warmen Schulterrariums für Eidechsen.
Standort: heller sonniger Platz. Fütterung: lebende Tiere, z. B. Mehlwürmer. Pflege: Sand lockern, Wasser wechseln. ***Die Tiere müssen nach der Beobachtung wieder am Fangplatz ausgesetzt werden!***

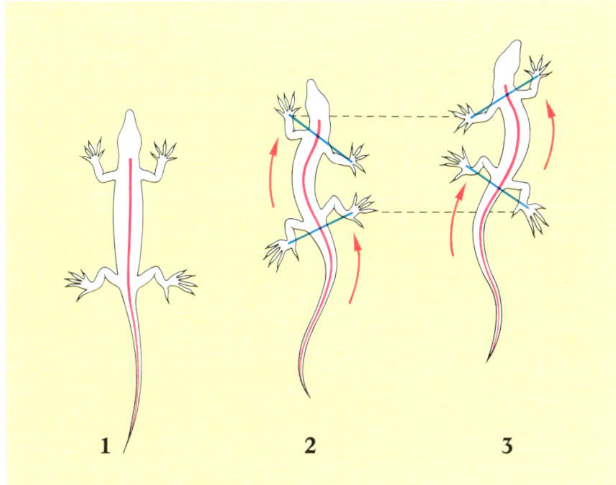

103.2. Fortbewegung der Eidechsen

2. Fertige ein Eidechsenmodell aus Zeichenkarton an! Entnimm die Maße der folgenden Abbildung! Zeichne einen Körperstreifen und zwei Gliedmaßenstreifen auf und schneide aus! Die Gliedmaßenstreifen mußt du wie in Teilzeichnung C knicken und mit Klebstoff an den entsprechenden Stellen am Körperstreifen befestigen! Zeige mit deinem Modell, wie sich die Eidechse fortbewegt!

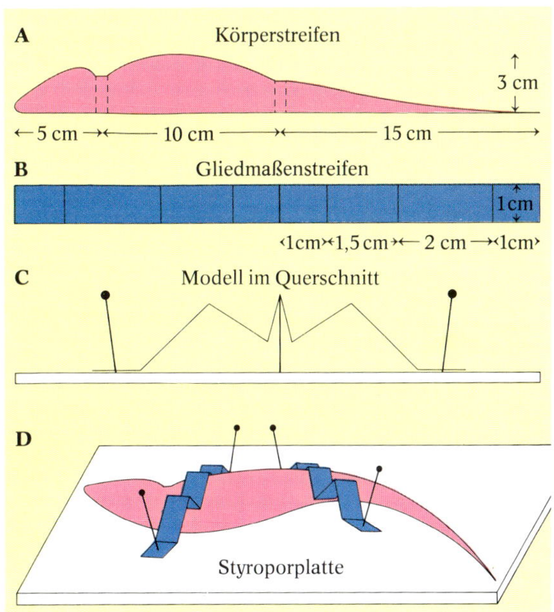

Um noch mehr über Zauneidechsen zu erfahren, kannst du sie in einem Terrarium beobachten. Bei der Fütterung mit Fliegen, Heuschrecken, Würmern und Spinnen gelingt es dir, die Jagdweise der Zauneidechse genau zu verfolgen. In schneller Folge streckt sie ihre Zunge hervor: sie züngelt. Dieses *Züngeln* dient dem „Riechen" und Tasten. Die Zauneidechse ist ein reiner Fleischfresser. Mit ihren scharfen Augen nimmt sie die Bewegung eines Beutetieres, zum Beispiel einer Fliege, sofort wahr. Zielsicher schnappt sie zu und verschluckt die Fliege als Ganzes.

Vielleicht siehst du auch eine Zauneidechse, bei der sich die mit Schuppen bedeckte Haut in Fetzen ablöst. Man nennt diesen Vorgang **Häutung.** Die verhornten Schuppen der Haut wachsen nämlich beim Größerwerden der Tiere nicht mit. Sie werden daher von Zeit zu Zeit abgestreift. Der neue *Schuppenpanzer* befindet sich schon darunter. Er schützt die Eidechsen in ihrem trocken-warmen Lebensraum vor Austrocknung, aber auch vor möglichen Verletzungen.

3. Die Blindschleiche ist eine besondere Echsenart (siehe Abbildung 235.1.!). Überprüfe dies auch in einem Bestimmungsbuch oder Tierlexikon! Stelle in einer Tabelle zusammen: Größe, Färbung, Gestalt, Nahrung, Fortpflanzung, Lebensraum!

104.1. Ringelnatter mit Natternhemd. *Gelb-weiße Flecke am Hinterkopf, runde Pupillen, grau-grüner Körper mit schwarzen Flecken, heller Bauch.*

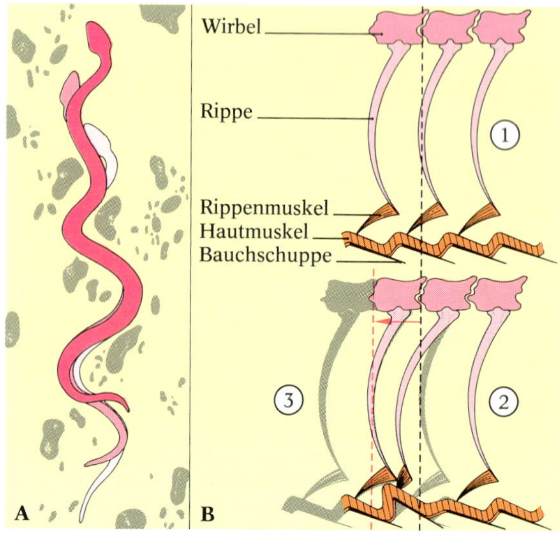

104.2. Fortbewegung der Schlangen. *A Schlängelbewegung des Körpers; B Zusammenspiel von Rippen und Bauchschuppen*

3.2. Schlangen „laufen" mit den Rippen

Viele Menschen fürchten sich vor Schlangen. Schon immer wurden sie – jedoch zu unrecht – als unheimlich und hinterlistig betrachtet. Es mag sein, daß ihr starrer Blick, der glänzend-glatte Körper und das Züngeln fremdartig wirken. Auch das lautlose Dahingleiten kann Furcht hervorrufen. Wir müssen aber verstehen, daß Schlangen hiermit sinnvoll dem Lebensraum angepaßt sind.

Spiralig eingerollt liegt die Schlange oft stundenlang in Ruhestellung. Plötzlich kommt Leben in den langgestreckten Körper. „Wie von Geisterhand" bewegt gleitet das Tier dahin. Beine sind nicht erkennbar. Nur mit seitlichen Schlängelbewegungen kriecht die Schlange über den Boden. Wie ist das möglich?

Betrachtest du den Bau eines Schlangenskeletts, so findest du weder Gliedmaßen noch Schulter- oder Beckenknochen. Das ganze Rumpfskelett besteht nur aus vielen Wirbeln mit beweglichen Rippenpaaren. Es ist seitlich sehr biegsam. Bei der Fortbewegung bringen kräftige Muskeln ein Rippenpaar nach dem anderen nach vorn. Dadurch werden die an der Bauchseite liegenden Schuppen nacheinander aufgerichtet. Die *Bauchschuppen* verankern sich im Boden und werden anschließend wieder angelegt. Sie unterstützen auf diese Weise das Vorwärtsgleiten. Man kann also sagen: Schlangen „laufen" mit den Rippen.

Schlangen sind bei uns selten geworden. Wir müssen sie schützen! – Zu den bekannten Arten gehören Ringelnatter und Kreuzotter. Die **Ringelnatter** wird über 1 Meter lang. Sie lebt meist in der Nähe von Gewässern und kann gut schwimmen und tauchen. Die **Kreuzotter** bevorzugt warme, sonnige Lebensräume. Sie wird etwa 75 cm lang. Man erkennt sie an dem dunklen Zickzack-Band auf dem Rücken. Im Gegensatz zur Ringelnatter ist sie eine *Giftschlange*.

1. Beschreibe anhand der Abbildung 104.2. die Fortbewegung der Schlangen!

3.3. Wie jagen Schlangen ihre Beute?

Die **Ringelnatter** hat einen Frosch erspäht. Geräuschlos und lebhaft züngelnd schlängelt sie sich heran. Für einen Augenblick hält sie inne. Dann stößt sie plötzlich vor. Zielsicher packt sie ihr Opfer mit dem Maul. Es gibt kein Entrinnen mehr. Mit dem Kopf voran wird die Beute verschlungen.

Kreuzottern dagegen lauern auf ihre Beute. Sie bevorzugen Mäuse als Nahrung. – Eine Maus nähert sich einer Kreuzotter, die regungslos daliegt. Die Kreuzotter läßt die Maus nahe genug an sich herankommen. Erst jetzt hebt sie den Kopf und schnellt mit weit geöffnetem Maul auf die Maus zu. Die beiden langen, nadelspitzen *Giftzähne* sind aufgerichtet und dringen beim Biß tief in den Körper des Opfers ein. Dabei wird ein tödlich wirkendes Gift in die Bißwunde eingespritzt. Danach läßt die Kreuzotter von ihrem Opfer ab. Sofort flüchtet die Maus. Aber schon nach kurzer Zeit zeigt sich die Wirkung des Kreuzottergiftes: Die Maus bleibt tot liegen. Züngelnd und ohne Hast folgt die Kreuzotter der Spur. Dabei dient ihr die Zunge zum „Riechen“ und Tasten. Auf diese Weise findet sie die tote Maus. Nun verschlingt sie die Beute mit dem Kopf voran durch das weit aufgerissene Maul.

Es ist erstaunlich, wie die Kreuzotter ein Beutetier bewältigen kann, das wesentlich größer ist als ihr Kopf. Ober- und Unterkiefer besitzen vorn ein dehnbares Sehnenband. Sie können sich dadurch stark weiten. Beim Schlingen werden rechte und linke Kieferhälfte abwechselnd nach und nach über das Beutetier geschoben. Auch Rachen, Speiseröhre und Magen sowie das Rippenskelett sind dehnbar. Nach kurzer Zeit ist die Maus vollständig verschlungen.

1. Giftzähne und Kieferapparat der Kreuzotter sind dem Beutefang und der Nahrungsaufnahme sinnvoll angepaßt. Erläutere dies mit Hilfe der Abbildungen auf dieser Seite!

105.1. Kreuzotter

105.2. Kopf der Kreuzotter

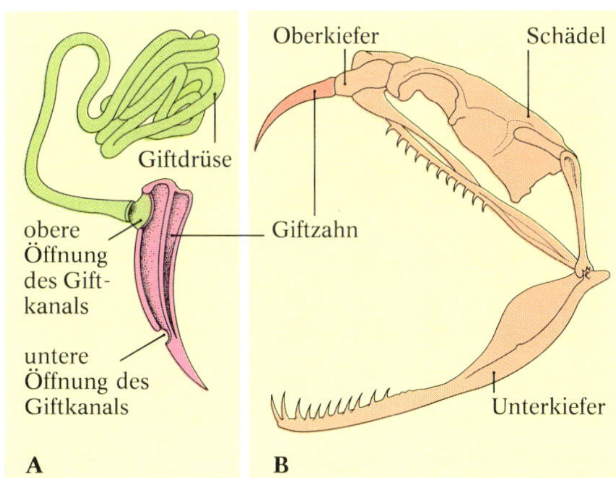

105.3. Kreuzotter. *A Giftzahn (Längsschnitt) mit Giftdrüse; B Kopfskelett*

106.1. *Haustauben*

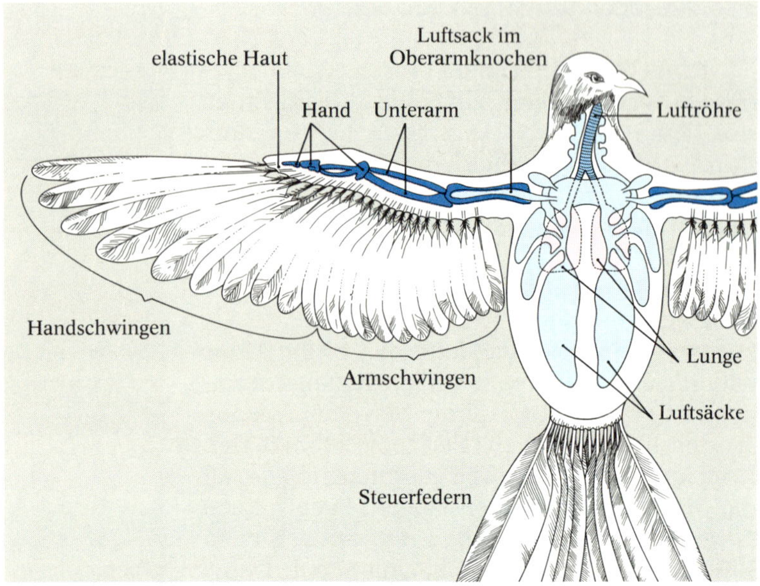

106.2. Leichtbauweise des Vogelkörpers *(Schema)*

4. Vögel sind fliegende Wirbeltiere

4.1. Warum können Vögel fliegen?

Näherst du dich einem Taubenschwarm, hebt sich dieser wie auf Kommando vom Boden ab. Mit kräftigen Flügelschlägen gewinnen die Tiere rasch an Höhe. Sie fliegen gemeinsam einige Kurven und scharfe Wendungen. Schließlich landen sie an einer Futterstelle oder auf einem Dachfirst. Wie bringen die Vögel solche Flugkünste fertig?

Du weißt, daß der Körper dieser hervorragenden Flieger mit einem **Federkleid** bedeckt ist. Nur Schnabel und Füße besitzen kein Gefieder. Am Schwanz und an den Flügeln fallen die besonders langen und kräftigen *Steuerfedern* und *Schwungfedern* auf. Der übrige Körper ist von *Deckfedern* umgeben. Sie bilden eine Schutzdecke, unter der die wärmenden, weichen Flaumfedern oder *Daunen* liegen.

Die beiden **Flügel** sind die eigentlichen Flugorgane des Vogels. Sie werden beim Fliegen ausgebreitet. Dabei bilden die Federn eine geschlossene Fläche. Vergleichst du das Flügelskelett mit dem Armskelett des Menschen, stellst du Ähnlichkeiten fest. Auch der Flügel besteht aus Oberarm, Unterarm und Handknochen. Flügel sind also umgestaltete Vordergliedmaßen. Während der kurze Oberarm federlos ist, sitzen an Elle und Speiche sowie den verlängerten Handknochen die Schwungfedern. Diese kräftigen Federn stecken in einer elastischen Haut.

Wie du bei den Tauben erkennen kannst, ist der Körper der Vögel *stromlinienförmig* gebaut. Diese Körperform kommt den Vögeln beim Fliegen zugute. Sie bietet der Luft wenig Widerstand.

Um sich in der Luft halten zu können, dürfen die Tiere nicht zu schwer sein. Deshalb ist der Vogelkörper leicht gebaut. Die Knochen sind dünnwandig und hohl. Der Schnabel besteht aus leichtem Horn. Eine besondere Einrichtung stellen die **Luftsäcke** dar. Es handelt sich um Ausstülpungen der Lunge, die mit Luft gefüllt sind. Sie durchziehen den ganzen Körper und liegen zwischen Muskeln, Eingeweiden sowie in

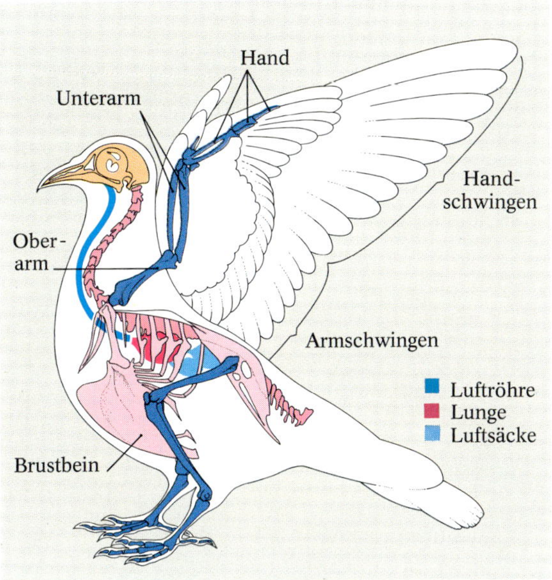

107.1. Haustaube *(Skelett, Flügel und Luftsäcke)*

1. Besorge dir Vogelfedern! Ordne sie nach Schwung-, Steuer-, Deckfedern und Daunen! Klebe sie geordnet auf Karton! Beschrifte die Federarten und Bauteile einzelner Federn!

2. Betrachte Schwungfedern, Deckfedern und Daunen! Beschreibe ihren Bau! Vergleiche auch mit der Abbildung 107.2.! Zeichne!

3. Wie ist die Fahne einer Feder gebaut? Untersuche dazu eine Schwung- oder Deckfeder mit der Lupe! Trenne vorsichtig benachbarte Äste der Fahne, so daß die Fläche unterbrochen ist! Betrachte mit der Lupe! Streiche danach die Fahne wieder glatt! Betrachte erneut mit der Lupe!
Vergleiche deine Beobachtungen mit Abbildung 107.2. (Teilzeichnung)! Erläutere deine Ergebnisse schriftlich! Zeichne!

4. Vergleiche Schwungfedern, Deckfedern und Daunen miteinander! Stelle ähnliche Baumerkmale und Unterschiede fest! Beschreibe!

manchen Knochen. Auch unterstützen sie die Atmung und verschaffen Kühlung bei großen Fluganstrengungen.

Trotz des geringen Gewichtes muß das Knochengerüst der Vögel *Festigkeit* aufweisen. So sind die Wirbel von der Brust bis zum Schwanz fest miteinander verwachsen. Die Rippen stellen mit dem Brustbein eine starre Verbindung her. Das Brustbein ist stark vergrößert und kahnförmig gebaut. An ihm sitzen starke Flugmuskeln.

Selbst Ernährungsweise und Fortpflanzung sind dem Fliegen angepaßt. Wie du bei den Tauben feststellen kannst, fressen sie häufig und scheiden die Nahrungsreste schnell wieder aus. Dies gilt für alle fliegenden Vögel. Sie haben eine rasche Verdauung. So wird ihr Körpergewicht kaum durch das Gewicht der Nahrung verändert. Auch durch Eiablage und Entwicklung der Jungen außerhalb des Vogelkörpers wird das Gewicht gering gehalten.
Den Vogelkörper kann man also als **„Leichtbaukonstruktion"** bezeichnen.

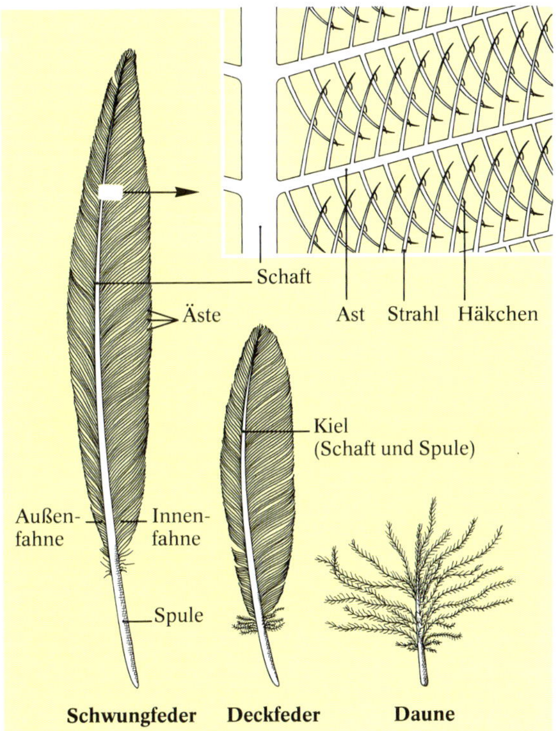

107.2. Bau verschiedener Federarten *(Schema)*

108.1. Ruderflug bei startenden Zwergschwänen

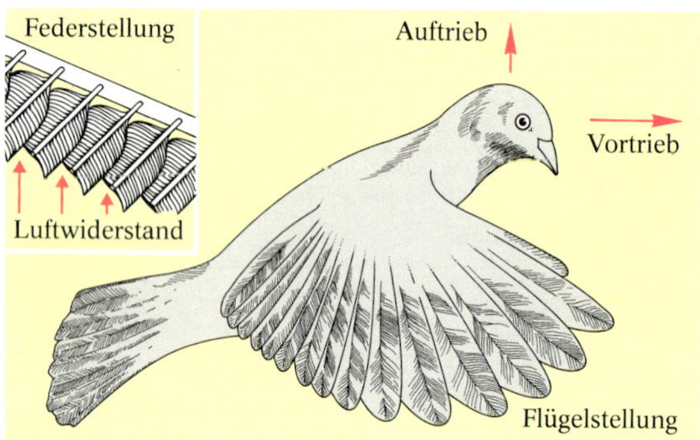

108.2. Abwärtsschlag beim Ruderflug

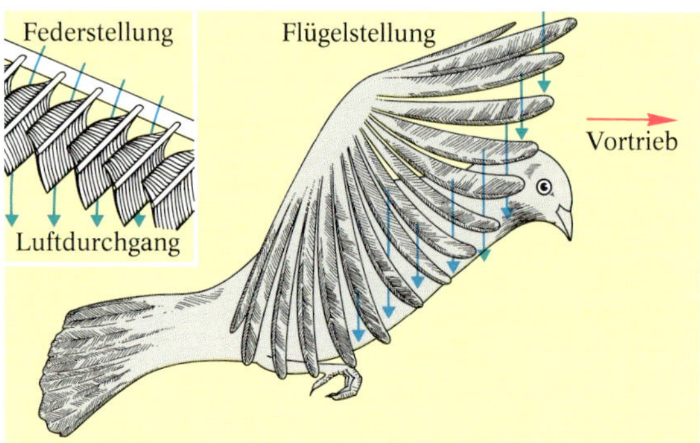

108.3. Aufwärtsschlag beim Ruderflug

Tauben schlagen ihre Flügel in rascher Folge auf und ab. Dieser **Ruderflug** erfordert Muskelkraft. Aus Zeitlupenaufnahmen weiß man, wie der Ruderflug im einzelnen abläuft: Beim *Abwärtsschlag* bilden die Federn der Flügel eine luftundurchlässige Fläche. So drücken sie den Vogel gegen die darunterliegende Luft nach vorn. Beim *Aufwärtsschlag* sind die Schwungfedern so gestellt, daß Luft von oben hindurchströmt. Auf diese Weise sackt der Vogel nicht ab.

Möwen, Greifvögel oder Störche können längere Zeit mit ausgebreiteten Flügeln fliegen, ohne diese zu bewegen. Sie *segeln*. Bei diesem Segelflug nutzen sie aufsteigende Luftmassen aus, die bei besonderen Wetterlagen entstehen. Flügelform und Flügelwölbung sorgen dafür, daß sich die Vögel in der Luft halten können.

5. Beschreibe den Ruderflug der Vögel anhand der Abbildungen auf dieser Seite! Achte besonders auf die Flügel- und Federstellungen beim Abwärtsschlag und Aufwärtsschlag!

109.1. Rauchschwalbe im Flug

4.2. Schwalben und Segler sind geschickte Flieger

Im Sommer kannst du die Beutejagd der Schwalben in ihrem Luftrevier verfolgen. Schnell und wendig fliegen sie oft stundenlang hin und her. Je nach Wetterlage halten sie sich in unterschiedlichen Höhen auf. Bei schlechtem Wetter jagen sie ihre Beute, meist Mücken und Fliegen, in Bodennähe. Dann rasen sie oft so dicht über Erd- oder Wasserflächen hinweg, daß ihre Flügelspitzen den Boden zu berühren scheinen. Bei schönem Wetter folgen sie den Insekten in größere Höhen.

Der rasante Flug wird den Schwalben durch ihren schlanken Körper und die langen, sichelförmigen Schwingen ermöglicht. Die kleinen Füße bleiben während des Fluges im Gefieder verborgen. Bei der Jagd nach Mücken sperrt die Schwalbe den Schnabel weit auf. Er bildet eine Art Fangreuse. Mit den scharfen Augen entdeckt die Schwalbe auch kleinste Insekten, die sie zielsicher im Flug erhascht. Schwalben sind also **Flugjäger.**

Die bei uns vorkommenden Rauch- und Mehlschwalben werden mitunter verwechselt. Du kannst die **Rauchschwalbe** aber leicht an den langen Schwanzspitzen und der rotbraunen Kehle erkennen. Die **Mehlschwalbe** dagegen hat eine weiße Kehle und einen rein weißen Bürzel. Ihr Schwanz ist kurz und nur wenig gegabelt.

Mauersegler ähneln den Schwalben, sie sind jedoch nicht mit ihnen verwandt. Du kannst diese schnellen, unermüdlichen Flieger bei uns nur ab Anfang Mai bis Ende Juli antreffen. Mauersegler leben fast nur in der Luft. In pfeilschnellem Flug jagen sie um Hausgiebel und Türme. Dabei stoßen sie ihr schrilles, langgezogenes „srieh, srieh“ aus. Den ganzen Tag über bis zum Anbruch der Dunkelheit sind sie auf der Jagd nach Insekten. Das können 20 Stunden sein. Bis zu 1000 km legen sie dabei zurück. Nur gelegentlich klammern sie sich mit ihren kurzen Beinen an Mauern und Felsen fest. In dieser Ruhestellung erkennt man, daß sich die sehr langen Flügel an den Spitzen überkreuzen.

110.1. Schwarzspecht (♂) vor seiner Nisthöhle. *Größte einheimische Spechtart, fast so groß wie eine Krähe; lebt häufig in Nadelwäldern.*

110.2. Nisthöhle des Großen Buntspechts. *Die Wände sind meist abgestuft, so daß die Jungvögel daran hochklettern können.*

4.3. Spechte sind Baumbewohner

Es ist Frühjahr. Aus dem Wald schallt in regelmäßigen Abständen ein Trommelwirbel, so als ob jemand in schneller Folge mit einem Knüppel an einen hohlen Baumstamm klopft. Gehst du den Klopftönen nach, kommst du in das Revier eines Spechtes. Diesmal ist es ein **Großer Buntspecht**. Er sitzt auf einem trockenen Ast, auf den er mit schnellen Schnabelhieben hämmert. Dadurch kommen die lauten, hallenden Trommelwirbel zustande. Auf diese Weise kennzeichnet er sein Revier und lockt paarungsbereite Weibchen an.

Der Specht ist für ein Leben auf Bäumen wie geschaffen. Mit kleinen Sprüngen hüpft er mühelos den Stamm hinauf. Die **Kletterfüße** verankern sich dabei in der rauhen Borke. Ihre 4 Zehen sind mit scharfen, gebogenen Krallen ausgestattet. Zwei Zehen sind nach vorn gerichtet. Sie wirken wie Aufhängehaken. Die beiden anderen Zehen stehen nach hinten und dienen als Stützen. Der Schwanz mit den besonders starken Schwanzfedern wird beim Sitzen gegen den Stamm gestemmt. Dieser **Stützschwanz** gibt einen sicheren Halt und verhindert ein Abrutschen nach unten.

Wenn du Glück hast, kannst du auch beobachten, wie der Specht zwischen der Borke oder im morschen Holz geschickt nach Beute spürt. Durch kräftige Hiebe mit dem langen, keilförmigen und sehr harten Schnabel werden Insekten oder Larven freigelegt. An diesem **Meißelschnabel** fällt der kantige Oberschnabel auf. Er besitzt vorn eine senkrechte Schneide und überragt den Unterschnabel ein wenig. Schnabel, Kopf und Hals bilden bei diesem „Zimmermann des Waldes“ eine Art Axt, mit der vom Holz Span um Span abgesplittert werden kann. Hat der Specht den Fraßgang einer Larve freigelegt, schnellt die lange, dünne und biegsame Zunge aus dem Schnabel. Mit der verhornten, harpunenartigen Spitze werden größere Beutetiere aufgespießt. Kleinere Tiere bleiben am klebrigen Schleim dieser **Schleuderzunge** hängen. So kann der Specht auch versteckte Beutetiere erreichen, die mehrere Zentimeter tief im Holz leben.

111.1. Spechtschmiede. *In jedem Spechtrevier gibt es Spechtschmieden; geeignete Spechtschmieden benutzt der Specht immer wieder.*

111.2. Spechtzunge beim Larvenfang

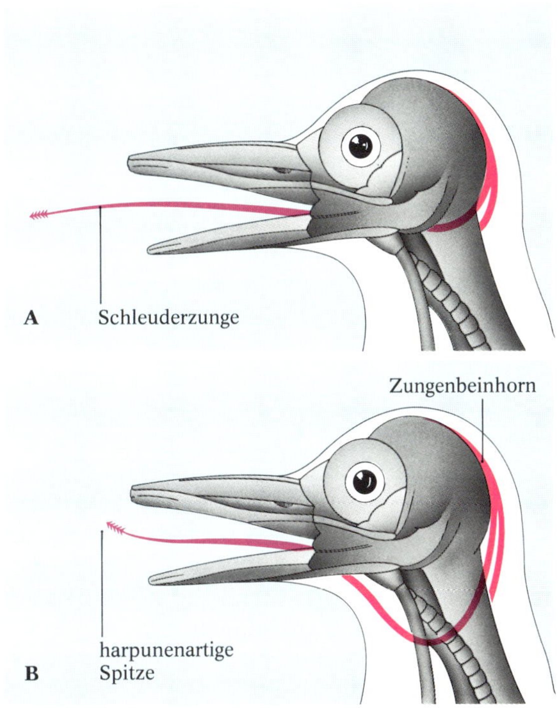

111.3. Spechtzunge. *A vorgestreckt; B zurückgezogen*

Hat sich ein Spechtpärchen gefunden, so meißelt es in gemeinsamer Arbeit in einen meist kernfaulen Baumstamm eine **Nisthöhle.** Der Eingang führt leicht nach oben. So kann kein Regenwasser eindringen. Dahinter liegt die birnenförmige Höhle. Sie führt im Stamm nach unten. In der Höhle werden die Eier abgelegt und ausgebrütet. Die Jungen dieser **Höhlenbrüter** kommen nackt und blind zur Welt. Sie werden von den Eltern gefüttert und großgezogen. Es sind *Nesthocker*.

Im Herbst, wenn die Insekten knapp werden, ernährt sich der Specht auch von Fichtenzapfen oder von Kiefernzapfen. In ihnen sind fettreiche Samen enthalten. Um an die Samen heranzukommen, klemmt er die Zapfen in geeignete Baumspalten oder in rissige Baumstümpfe. Dann hämmert er so lange auf den Zapfen ein, bis sich die Zapfenschuppen heben lassen und er mit der Zunge an die Samen gelangen kann. Solche **Spechtschmieden** kannst du ausfindig machen, wenn du am Fuße eines Baumstammes größere Mengen von bearbeiteten Zapfen findest.

*1. Nenne Beispiele dafür, wie der Specht dem Leben auf Bäumen angepaßt ist!
Erläutere diese Beispiele!*

*2. Welche Spechtarten kommen bei uns vor? Informiere dich darüber in einem Tierlexikon oder in einem Vogelbestimmungsbuch!
Stelle Unterscheidungsmerkmale zwischen den verschiedenen Spechtarten in einer Tabelle zusammen!*

112.1. Mäusebussard mit Beute

1. Besondere Körpermerkmale kennzeichnen die Jagd- und Ernährungsweise des Mäusebussards. Erläutere!

112.2. Hakenschnabel des Mäusebussards. *Der Oberschnabel wirkt wie ein Reißhaken; die Schnabelränder wirken wie Scheren.*

112.3. Greiffuß des Mäusebussards. *3 Zehen stehen nach vorn, 1 Zehe nach hinten; Hornschilder schützen vor Verletzungen.*

4.4. Greifvögel sind gewandte Jäger

Auf dem Zaunpfahl nahe am Waldrand sitzt ein **Mäusebussard.** Er späht nach Beute. Plötzlich hebt er von seiner Warte ab. Lautlos gleitet er über die Weide. Auf einmal breitet er die Schwingen aus und spreizt die Schwanzfedern. Er bremst den Flug ab. Mit vorgestreckten *Fängen* stürzt er dem Boden zu. Aber schon im nächsten Augenblick erhebt sich der Bussard mit einigen kräftigen Flügelschlägen wieder in die Luft und strebt dem nächsten Baum zu. Seine **Greiffüße** halten eine Maus umklammert. Die gekrümmten, dolchartigen Krallen der Zehen haben sich tief in den Körper des Beutetieres gebohrt. Der Bussard läßt sich nun auf einem dicken Ast, seinem *Kröpfplatz,* nieder. Mit dem starken **Hakenschnabel** reißt er Stück um Stück aus der Beute heraus. Er verschlingt sie mit Haut und Haaren.

Die Hauptnahrung des Mäusebussards sind Feldmäuse. Aber auch Käfer, Schnecken, Eidechsen, Schlangen, Heuschrecken, Hamster und Maulwürfe werden von ihm gejagt. Gelegentlich schlägt er auch einmal junge oder kranke Rebhühner, Fasanen, Kaninchen und Feldhasen.
Die Nahrung wird im Magen von scharfen Magensäften rasch verdaut. Unverdauliche Reste wie Federn, Haare oder Fellteile werden zusammengepreßt als Ballen herausgewürgt. Solche **Gewölle** kannst du gelegentlich im Revier des Bussards finden.

Sein **Jagdrevier** ist das freie Feld- und Wiesengelände. Hier jagt der Bussard seine Beute nur tagsüber. Bei gutem Wetter kreist er oft stundenlang im Aufwind. Dann schlägt er die Beutetiere, indem er sich aus der Höhe auf sie stürzt. Der Mäusebussard lebt meist in der Nähe von Waldrändern. In der Waldzone hat er sein Nest, den *Horst,* und den Schlafbaum. Hier ist sein **Horstrevier.**

Auch Habicht, Sperber, Adler, Weihen und Falken zeigen ähnliche Körpermerkmale wie der Bussard. Sie besitzen einen Hakenschnabel und Greiffüße. Solche Vögel bezeichnet man als **Greifvögel.**

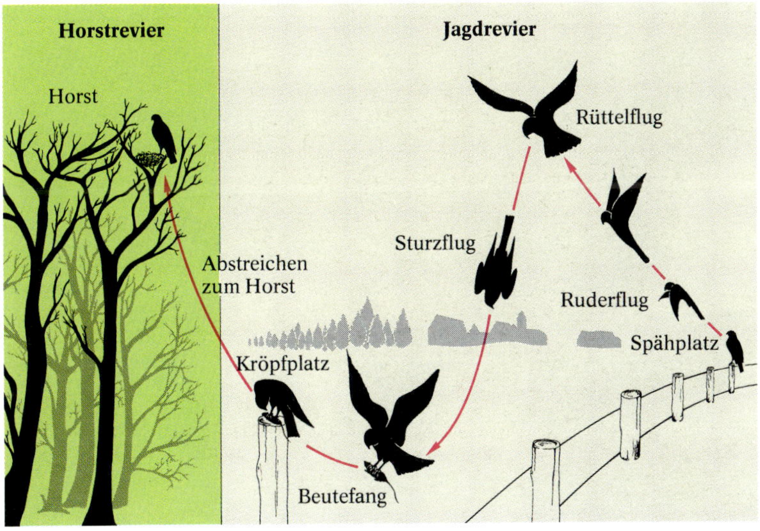

113.1. Jagd- und Horstrevier des Turmfalken

113.2. Turmfalke am Kröpfplatz

2. Beschreibe die Jagdweise des Turmfalken anhand der Abbildung 113.1.!

Von den Greifvögeln kannst du bei uns häufiger den **Turmfalken** beobachten. Mit seinen scharfen Augen späht er meist aus der Luft nach Mäusen. Dazu bleibt er sogar manchmal „in der Luft stehen". Bei diesem *Rüttelflug* richtet er den Körper gegen den Wind auf, spreizt die Schwanzfedern weit auseinander und schlägt schnell mit den Flügeln. Hat er ein Beutetier entdeckt, legt er die Flügel an und fällt im *Sturzflug* zur Erde. Im letzten Augenblick bremst er ab, indem er Flügel- und Schwanzfedern weit ausbreitet. Gleichzeitig schlägt er mit vorgestreckten Fängen die Beute. Danach streicht er ab und verzehrt das Opfer an einem Kröpfplatz.

3. Stelle in einem Schaubild dar, welche Beutetiere der Mäusebussard jagt! Sammle dazu Abbildungen vom Bussard und seinen Beutetieren! Klebe die Abbildung vom Bussard in die Mitte! Gruppiere um sie Abbildungen seiner Beutetiere!

4. Zeichne Flugbilder von einheimischen Greifvögeln auf Pappe! (Die Zentimeterangaben in Abbildung 113.3. bedeuten Flügelspannweite.) Schneide sie aus und klebe sie auf! Woran erkennst du die einzelnen Arten?

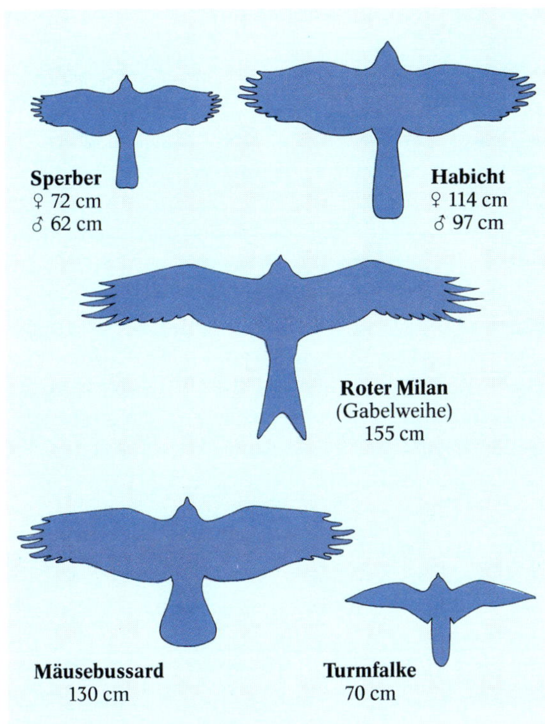

113.3. Flugbilder einheimischer Greifvögel

114.1. Schleiereule kehrt mit Beute an den Nistplatz zurück. *Schleiereulen schlagen in einer Nacht 3 bis 5 Mäuse. Wenn sie Junge haben, erhöht sich diese Zahl auf 12 bis 15 Mäuse. Schleiereulen-Weibchen brüten 6 bis 8 Junge aus.*

4.5. Wie jagen Eulen ihre Beute?

Schleiereulen leben in der Nähe des Menschen. Sie bewohnen Dachböden, Scheunen, Türme oder alte Gemäuer. Dennoch bekommt man sie nur selten zu Gesicht. Woran mag das liegen?

Tagsüber halten sich Schleiereulen an ihrem Schlafplatz versteckt. Erst mit Anbruch der Dunkelheit werden sie aktiv. Sie verlassen dann ihren Schlupfwinkel und begeben sich auf die Jagd nach Beutetieren. Die meisten Eulenarten jagen nämlich nur nachts. Deshalb bekommen wir sie auch nur selten zu Gesicht. Das gilt auch für die Schleiereule.

Bei ihrer Jagd auf die *nächtlich aktiven Beutetiere,* zu denen besonders Mäuse gehören, huscht die Eule niedrig über den Boden dahin. Fluggeräusche entstehen dabei kaum. Mit ihrem seidenweichen Gefieder und den feinen Fransen an den Rändern der ersten Schwungfedern wird die Luft geräuschlos durchschnitten. Auf diese Weise verrät sich die Eule ihren Beutetieren nicht.

Schon leiseste Geräusche nimmt die Eule mit ihrem *feinen Gehör* wahr. Sie kann die Federn, die um die Ohröffnung stehen, aufrichten. Dadurch entsteht eine Art Federtrichter. Dieser wirkt wie ein Höhrrohr und verstärkt die Geräusche für das Hörorgan.
Mit ihren *lichtempfindlichen Augen* nimmt die Schleiereule in der Dämmerung und in mondhellen Nächten ihre Beutetiere wahr, wenn diese sich fortbewegen. Die Pupillen der nach vorn gerichteten Augen können sich stark weiten. Dadurch erkennen Eulen ihre Beutetiere selbst nachts bei schwachem Licht.
Hat die Schleiereule eine Maus entdeckt, gleitet sie lautlos zur Erde und schlägt die spitzen Krallen ihrer Fänge in das Beutetier. Dabei sind zwei Zehen der Greiffüße nach vorn und zwei nach hinten gerichtet. Beim Ergreifen der Beute wird die sonst nach vorn gerichtete äußere Zehe als *Wendezehe* nach hinten gewendet. Aus solchen *Haltefängen* gibt es kein Entrinnen mehr. Meist ist die Maus auf der Stelle tot. Mit der Beute im kräftigen *Hakenschnabel* fliegt die Eule zum *Kröpfplatz.* Hier wird die Maus unzerteilt mit dem Kopf voran verschlungen.

115.1. Waldohreule beim Beutefang

115.2. Gewölle einer Eule

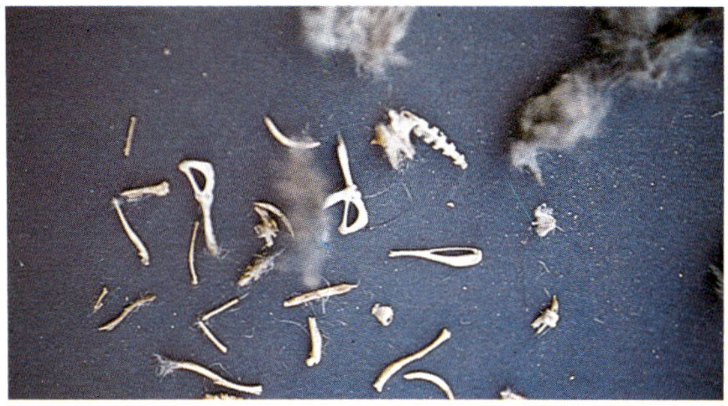

115.3. Zerlegtes Gewölle

Zum Verdauen ihrer Mahlzeit suchen Eulen häufig dieselben Plätze auf. Dort kann man 4 cm bis 5 cm lange, graue und wollige Ballen finden. Es sind **Gewölle.** Diese enthalten neben Haaren und Federn auch Knochen. Sie werden als unverdauliche Nahrungsreste von den Eulen ausgewürgt.

Untersuchst du ein solches Gewölle, kannst du feststellen, welche Beutetiere die Eule gefressen hat. Dazu zerzupfst du ein Gewölle mit Hilfe einer Pinzette und löst die einzelnen Knochen heraus. Gelegentlich kannst du sogar Teile des Skeletts einer Maus heraussuchen und auf einer Unterlage, zum Beispiel einem Stück Pappe, geordnet zusammenfügen und aufkleben. Aber auch Reste von Käfern und hin und wieder von einem Vogel können in einem Gewölle enthalten sein.

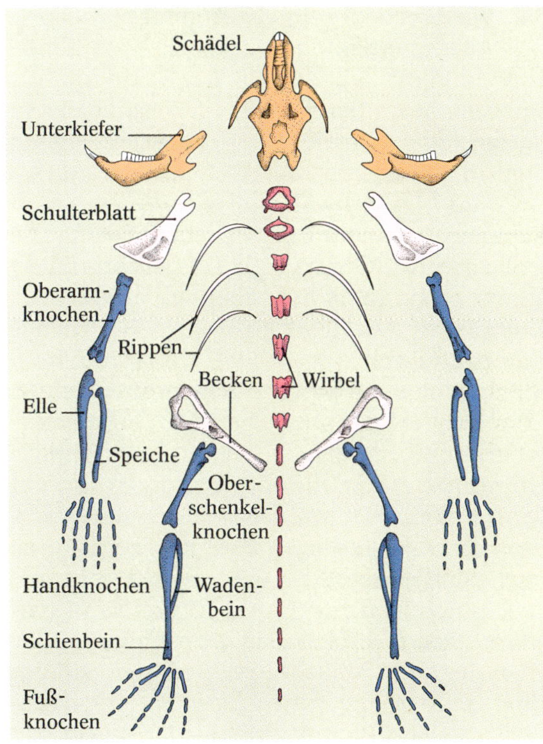

115.4. Knochen eines Mäuseskeletts aus einem Gewölle

1. Untersuche ein Gewölle! Lege Einzelknochen, wenn möglich, wie in Abbildung 115.4. zusammen! Klebe auf und beschrifte!

116.1. Wasservögel auf einem Teich

***116.2. Stockente (Männchen).** Die Abbildung zeigt die Körperhaltung beim Schwimmen und die unterschiedliche Stellung der Beine und Schwimmfüße.*

4.6. Wasservögel zeigen besondere Anpassungen

Auf dem Teich herrscht reges Vogelleben. Zunächst fallen dir die ruhig dahinschwimmenden *Höckerschwäne* auf. Deshalb siehst du erst später die pechschwarzen *Bläßhühner.* Nur ihr Schnabel und ihre Stirn leuchten weiß. Hier lebt auch das *Grünfüßige Teichhuhn.* Du erkennst es am roten Schnabel und an der roten Kopfplatte. Am häufigsten jedoch kommen **Stockenten** vor.

Stockenten sind typische **Schwimmvögel.** Sie können aber auch gut fliegen. Mit ihren Beinen rudern und steuern sie ihren kahnförmigen Körper geschickt durchs Wasser. Beim Vorwärtsschwimmen werden rechtes und linkes Bein abwechselnd nach vorn gezogen und danach zurückgestoßen. Bei jedem Rückwärtsschlag kommen die Enten so ruckweise vorwärts. Dabei spreizen sie die **Schwimmfüße.** Zwischen den 3 nach vorn gerichteten Zehen spannen sich *Schwimmhäute.* Sie vergrößern die Fußfläche. Beim Vorziehen des Beines werden Zehen und Schwimmhäute jedoch zusammengelegt. So gleiten die Enten ohne großen Widerstand durchs Wasser.

An flachen Stellen des Teiches kannst du auch Enten beobachten, die mit dem Kopf untertauchen. Sie **gründeln.** Dabei suchen sie den Teichgrund nach Schnecken, Würmern, Laich, Insekten, Kaulquappen und kleinen Fröschen ab. Auch Pflanzenteile werden abgebissen. Bei dieser Tätigkeit gelangt viel Wasser in den Schnabel. Dieses wird nach dem Auftauchen über den Schnabelrand herausgedrückt. Einen solchen Schnabel nennt man **Seihschnabel.** Die Nahrung bleibt auf der Zunge zurück und wird verschluckt.

Enten halten sich mühelos auf der Wasseroberfläche. Sie haben ein dichtes Federkleid aus Daunen. Es ist von Deckfedern wie von einer Haut umgeben. Dieses Federkleid enthält viel Luft. Es wirkt wie ein „Luftkissen", so daß die Ente nicht untergeht. Außerdem schützt es vor Kälte. Luft ist nämlich ein schlechter Wärmeleiter. Schwimmfähigkeit und Kälteschutz werden noch durch eine dicke Fettschicht unterstützt. Auch das Gefieder wird

117.1. Seihschnabel einer Stockente. *Hornleisten an den Schnabelrändern sowie die Zunge mit Fransen und Zähnchen bilden zusammen den Seihapparat. Bei geschlossenem Schnabel fließt das Wasser über Rinnen zwischen den Leisten wie durch ein Sieb ab.*

ständig gefettet. Dazu drehen die Enten den Kopf bis an die Schwanzwurzel. Hier liegt die **Bürzeldrüse.** Sie gibt einen öligen Stoff ab, den die Enten mit ihrem Schnabel aufnehmen. Anschließend ziehen sie dann Feder um Feder durch den Schnabel. Auf diese Weise wird das Gefieder wasserabstoßend. So bleibt die Ente auch im Wasser trocken.

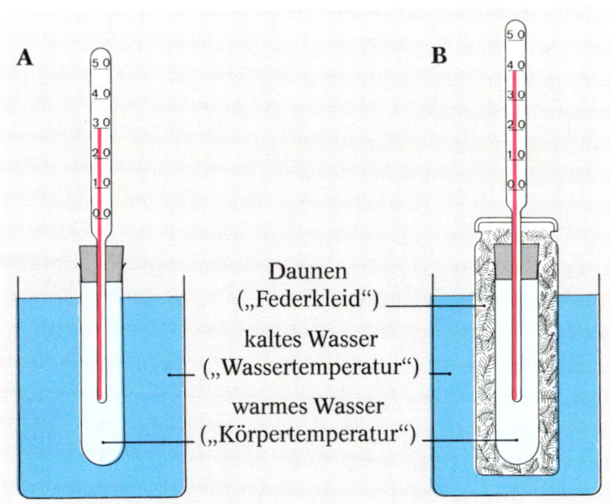

117.2. Versuch: Kälteschutz durch Federn

117.3. Königspinguin

Pinguine „fliegen" unter Wasser

Pinguine sind Vögel. Sie kommen nur auf der südlichen Erdhälfte, vor allem in der Antarktis, vor. Sie sind an ein Leben im Wasser und in der Kälte angepaßt.
Die schmalen Flügel wirken wie Flossen. Mit ihnen können die Pinguine nicht fliegen, aber um so besser schwimmen. Pfeilschnell schießen sie mit ihrem spindelförmigen Körper durch das Wasser. Mit ihren leistungsfähigen Lungen können Pinguine minutenlang nach Fischen tauchen, die sie als Nahrung aufnehmen. Wie alle Schwimmvögel haben auch Pinguine Schwimmhäute an ihren Füßen. Sie werden als Ruder benutzt. Da die Beine hinten am Körper sitzen, können Pinguine aufrecht stehen. Auf dem Land watscheln sie damit unbeholfen. Der kurze Schwanz dient dabei als Stütze.
In ihrem Lebensraum herrschen Kälte und Eisstürme. Auch hieran sind Pinguine hervorragend angepaßt. Der Körper ist mit kurzen, schuppenartigen Federn bedeckt. Zusammen mit der Fettschicht unter der Haut bilden sie den Kälteschutz.

1. Wie sind Enten vor Abkühlung in kaltem Wasser geschützt?
Führe den nebenstehenden Versuch durch! Du benötigst dazu 2 Bechergläser, 1 Glas (mit Plastikdeckel verschließbar), 2 Reagenzgläser, 2 Thermometer, 2 Gummistopfen mit Bohrung, Daunen, kaltes und warmes Wasser. Lies in kurzen Zeitabständen (1 Minute) die Temperaturen auf beiden Thermometern ab! Trage die Werte in eine Tabelle ein!
Erkläre mit Hilfe der Versuchsergebnisse, wie Enten vor Abkühlung in kaltem Wasser geschützt sind!

118.1. Wildkaninchen vor dem Bau

118.2. Feldhase in der Sasse

1. Stelle in einer Tabelle die wichtigsten Unterscheidungsmerkmale von Wildkaninchen und Feldhase zusammen! Achte auf Größe, Ohren, Fell, Schwanz, Lebensraum, Nachkommen, Schutzverhalten, Gemeinschaftsverhalten!

5. Säugetiere sind unterschiedlichen Lebensräumen angepaßt

5.1. Wie unterscheiden sich Wildkaninchen und Feldhase in ihrer Lebensweise?

Manche Hundehalter haben es schon erlebt: Mit einem Ruck reißt sich ihr sonst so treuer Begleiter los und verfolgt im Gelände ein flüchtendes Tier. Hase oder Kaninchen? Auf den ersten Blick ist das nicht immer zu unterscheiden.

Die Jagd endete diesmal an einem Loch in einer Böschung. Jetzt ist klar: Der Hund hat ein **Wildkaninchen** verfolgt. Im Gegensatz zu Hasen graben Wildkaninchen *unterirdische Baue,* die sie meist in sandigem, lockeren Boden anlegen.

Oft findest du Bau an Bau; denn Wildkaninchen leben gesellig in *Kolonien. Wohnkessel* und *Gänge* bilden eine umfangreiche Anlage. Dennoch leben die Familien streng voneinander getrennt.

Jedes Weibchen bringt mehrmals im Jahr Junge zur Welt. Auf diese Weise kann es bis zu 60 Nachkommen haben. Die große Anzahl verhindert das Aussterben. Die Jungen werden in einer *Neströhre* geboren. Diese Kinderstube ist mit Gras und ausgezupften Bauchhaaren gepolstert. Die Jungen werden blind und nackt geboren und sind hilflos. Es sind **Nesthocker.** Sie werden etwa 3 Wochen lang gesäugt, ehe sie sich selbst pflanzliche Nahrung suchen.

Wildkaninchen sind wehrlos, haben aber viele Feinde wie Fuchs, Wiesel und Greifvögel. Deshalb äsen sie hauptsächlich in der Dämmerung oder nachts. Die Futterstellen liegen meist in der Nähe des Baues. Bei Gefahr warnen sich die Tiere gegenseitig. Sie trommeln dabei mit den Hinterläufen auf den Erdboden. Blitzschnell verschwinden sie dann in ihrem Bau. Die Flucht ist in diesem Fall die einzige Möglichkeit zu überleben. Wildkaninchen sind also *Fluchttiere.*

Wird einem Wildkaninchen die Zuflucht zum Bau abgeschnitten, schlägt es zunächst geschickt Haken. Der Verfolger läuft dann an ihm vorbei. Wegen der kleinen Lungen ermüdet das Kaninchen aber rasch. So dauert es nicht lange, bis dieser *Kurzstreckenläufer* seinem Verfolger zum Opfer fällt.

Im Gegensatz zum Wildkaninchen lebt der **Feldhase** als *Einzelgänger.* Er verbringt den

119.1. Feldhase auf der Flucht

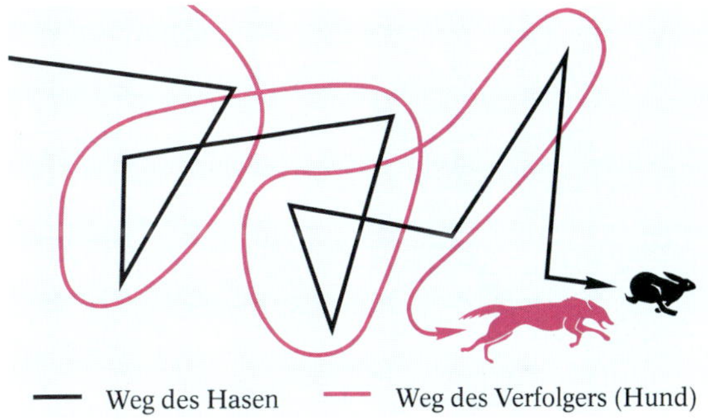

119.2. Fluchtweg des Feldhasen

119.3. Wie die Hasenspur entsteht

Tag in einer flachen Mulde, der *Sasse.* Sie liegt im Feld. Dort schützt ihn die erdfarbene *Tarnfärbung* des Felles vor Entdeckung. Als *Dämmerungstier* zieht er erst abends auf Äsung aus. Mit der empfindlichen Nase nimmt er jeden Geruch wahr. So unterscheidet der Hase auch mögliche Gefahren. Den langen Ohren, auch Löffel genannt, entgeht kein Laut. Mit den seitlich liegenden Augen erkennt er vor allem Bewegungen. Feinde bemerkt er schon von weitem. Meist duckt er sich tief in sein Lager. So wird er oft übersehen.

Erst bei größter Gefahr springt er auf. Als *Fluchttier* kann er schnell und ausdauernd laufen. Mit langen, kräftigen Hinterläufen führt er dabei weite Sprünge aus. Kommt diesem *Langstreckenläufer* dennoch ein Feind zu nahe, schlägt er ganz plötzlich einen Haken. Auf diese Weise gewinnt der Hase wieder einen Vorsprung, der ihn meist rettet.

Auch der Feldhase wird durch eine hohe Nachkommenschaft vor dem Aussterben geschützt. Die Jungen kommen behaart und sehend zur Welt. Es sind **Nestflüchter,** die schon nach 3 Wochen selbständig werden.

2. Der Hase ist ein Fluchttier. Erläutere diese Aussage anhand der Abbildungen 119.1. bis 119.3.!

3. Welcher Hase sitzt in der Sasse richtig? Beantworte die Frage anhand der folgenden Abbildung!

4. Erläutere die Sinnesleistungen des Hasen anhand der folgenden Abbildung!

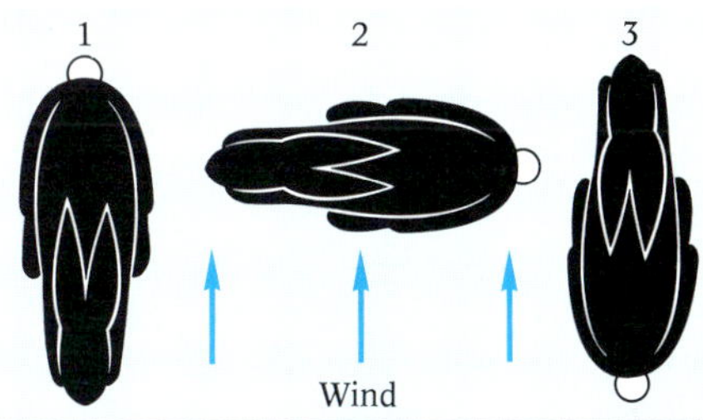

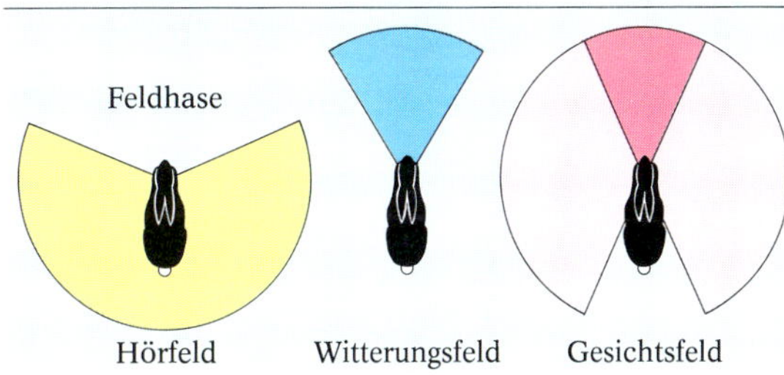

120.1. Maulwurf. *Früher nannte man ihn Moltwerf, Moltewurf oder Multwerf. Mit Molte, Mult oder Mull bezeichnet man lockere Erde. Also bedeutet sein Name soviel wie „Erdwerfer".*

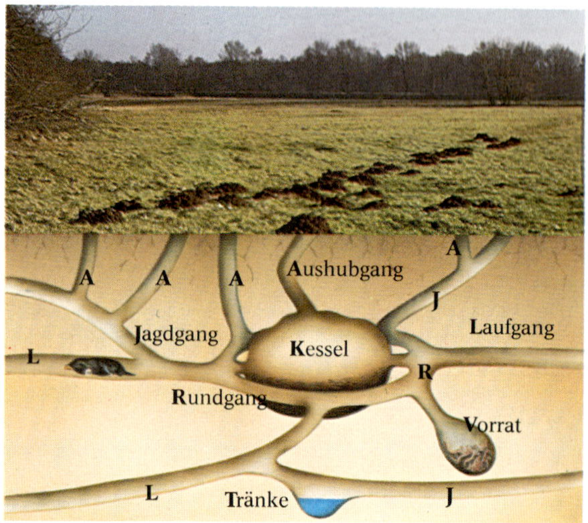

120.2. Gangsystem des Maulwurfs

1. Beschreibe das Wohn- und Jagdrevier des Maulwurfs!

5.2. Der Maulwurf lebt unter der Erde

Unser Gartennachbar ist verärgert. In den frischbestellten Beeten und im Rasen sind täglich neue Erdhügel zu sehen. Über 30 solcher Haufen, die aus lockerer Erde bestehen, hat er nun schon beseitigt.

Du weißt natürlich, daß hier ein Maulwurf seine Gänge gräbt. Von dieser Grabtätigkeit zeugen die zahlreichen *Maulwurfshaufen.* Aus ihrer Lage kannst du dir ein Bild davon machen, wie groß das Revier eines Maulwurfs ist. Maulwürfe leben nämlich die längste Zeit im Jahr als Einzelgänger.

Alle Maulwurfshügel sind unterirdisch durch Gänge verbunden, die 10 bis 60 cm tief unter der Erdoberfläche liegen. Im Mittelpunkt eines solchen *Gangsystems* befindet sich der *Wohnkessel.* Er ist mit Pflanzenteilen ausgepolstert und dient als Ruheort. Hier werden auch die 3 bis 6 Jungen großgezogen. Das *Wohnrevier* ist von einem *Rundgang* umgeben. Von ihm zweigen *Laufgänge* mit festen, geglätteten Wänden ab. Sie führen in das *Jagdrevier* des Maulwurfs. Die nur locker gebauten *Jagdgänge* liegen dort dicht unter der Erdoberfläche. Sie führen häufig durch das Wurzelgeflecht der Pflanzen.

Schadet der Maulwurf vielleicht unserem Gartennachbarn dadurch, daß er die Wurzeln der Pflanzen abfrißt? Sicher nicht; denn der Maulwurf ist kein Pflanzenfresser. Er lebt vorwiegend von Regenwürmern. Aber auch Käfer, Tausendfüßer, Asseln, Engerlinge und Schnekken nimmt er zu sich. Er muß täglich etwa soviel fressen wie er wiegt. Deshalb läuft er alle 3 bis 4 Stunden die Jagdgänge ab, um die eingedrungenen Kleintiere aufzuspüren. Dabei leistet ihm sein ausgeprägtes Geruchsvermögen gute Dienste. Auch Gehör- und Tastsinn sind ausgezeichnet entwickelt. Nur sehen kann er schlecht.

Die Beutetiere werden mit den kräftigen, spitzen Zähnen ergriffen und zermalmt. Tiere mit solch einem Gebiß bezeichnet man als **Insektenfresser.** – Im Spätherbst legen Maulwürfe Nahrungsvorräte für den Winter an. Dazu beißen sie Regenwürmern den vorderen Körperabschnitt ab. Dadurch werden sie nicht getötet, können sich aber nicht mehr fortbewegen.

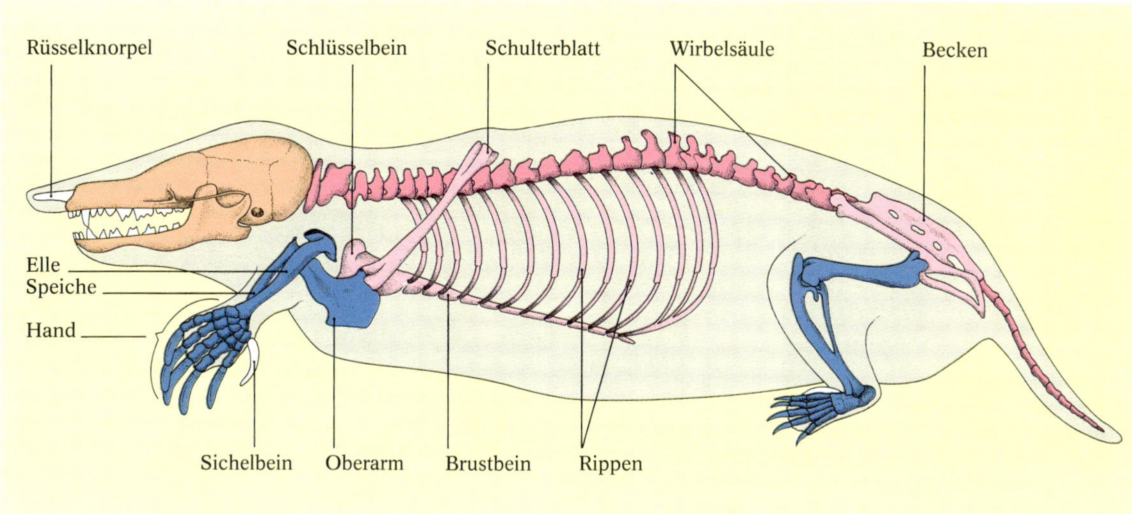

121.1. Skelett des Maulwurfs

2. Der Maulwurf ist seiner unterirdischen Lebensweise angepaßt. Zeige dies am Bau des Skeletts!

Betrachtest du den Körperbau des Maulwurfs näher, erkennst du, daß er der unterirdischen Lebensweise angepaßt ist. Die kurzen Beine können den walzenförmigen Körper schnell durch die engen Gänge schieben. Das dichte Fell schützt vor Kälte und Nässe. Die kurzen Haare weisen keine Strichrichtung auf. So können sie sich beim Vor- oder Rückwärtskriechen jeweils in die entgegengesetzte Richtung legen, ohne die Fortbewegung zu behindern. Ohrmuscheln besitzt der Maulwurf nicht. Die kleinen Augen liegen im Fell verborgen. Mund- und Nasenöffnungen sind nach unten gerichtet, so daß sie beim Graben nicht mit Erde verstopft werden.

Besonders auffällig sind die seitlich vom Körper abstehenden Vorderpfoten. Mit den langen Krallen dienen sie als **Grabhände.** Sie werden durch das *Sichelbein* an der Daumenseite, auch *Scharrkralle* genannt, noch verbreitert. Die *Grabarme* sind kurz und deshalb für eine Wühlarbeit im Erdreich besonders geeignet.

Beim Graben stemmt sich der Maulwurf mit den Hinterbeinen ab. Die Grabhände lockern die Erde, und mit seinem spitzen, keilförmigen Kopf dreht er sich in den Boden hinein. Die gelockerte Erde wird nach hinten gescharrt und später mit der breiten Stirn über *Aushubgänge* nach oben gedrückt. Auf diese Weise entstehen die Maulwurfshügel, die unsern Nachbarn so ärgern.

3. Beschreibe anhand eines ausgestopften Maulwurfs Körperform und Aussehen!

4. Streiche in verschiedene Richtungen über das Fell eines ausgestopften Maulwurfs! Verfahre in gleicher Weise mit Hund oder Katze! Vergleiche!

5. In seinem Gangsystem ist der Maulwurf vor Feinden geschützt. Nenne Gefahren, denen er auf der Erdoberfläche ausgesetzt ist!

122.1. Eichhörnchen

122.2. Klettertour eines Eichhörnchens

1. Beobachte das Verhalten von Eichhörnchen (Parkanlagen, Film)! Achte auf die Fortbewegung am Boden, am Baumstamm, auf den Ästen und beim Sprung von Baum zu Baum! Beschreibe jeweils Körperhaltung, die Stellung des Schwanzes und die Haltung der Beine!

5.3. Das Eichhörnchen bewohnt Bäume

Vermutlich sind dir bei einem Spaziergang im Wald oder in Parkanlagen schon einmal Eichhörnchen über den Weg gelaufen. Meist sind die Tiere scheu. In Parks oder auf Friedhöfen lebende Eichhörnchen werden dagegen oft so zutraulich, daß sie sich von Spaziergängern füttern lassen. Hier kannst du deine Beobachtungen anstellen:

In kleinen Sprüngen huscht das Tier flink über den Erdboden. Plötzlich hält es inne und macht „Männchen". Es äugt. Während es dabei auf seinen Hinterbeinen sitzt, liegt der S-förmig gekrümmte Schwanz am Körper. Die Ohren sind steil aufgerichtet. Kurz darauf flieht das Eichhörnchen auf einen Baum. Mit kurzen Sätzen klettert es scheinbar mühelos am Stamm empor. Du kannst die Klettergeräusche hören. Geschickt eilt es durch das Geäst, läuft über einen Querast und springt mit einem gewaltigen Satz zum benachbarten Baum hinüber. Aus der Krone dieses Baumes läuft das Eichhörnchen kopfüber wieder am Baumstamm herunter. Wie kommt es, daß das Eichhörnchen ein so wendiges und sicheres **Klettertier** ist?

Der Körper ist schlank und leicht. Die langen, kräftigen Hinterbeine dienen als *Sprungbeine.* Alle Pfoten besitzen lange Krallen. Mit ihnen kann sich das Tier an der Borke festhaken. Die *Klettersohlen* mit den rauhen *Haftballen* verhindern ein Abrutschen auf glatter Rinde. Mit dem langen, buschigen *Schwanz* wird gesteuert und balanciert. Beim Springen aus größeren Höhen wirkt er wie eine Fallbremse.

Eichhörnchen bauen hoch oben in Astgabeln ihr kugeliges Nest. Dieser **Kobel** besteht aus einem Flechtwerk von Zweigen. Er besitzt zwei Öffnungen, das *Einschlupfloch* und das *Fluchtloch.* Innen ist er warm ausgepolstert. In den Kobel zieht sich das Eichhörnchen immer wieder zurück. Auch die Jungen, die als *Nesthocker* zur Welt kommen, werden hier aufgezogen. – Der Kobel bietet Schutz vor Habicht, Sperber, Eule und Fuchs. Nur der Baummarder, der größte Feind des Eichhörnchens, stellt ihm auch dort nach.

Eichhörnchen gehören zu den **Nagetieren.** Sie ernähren sich vorwiegend von Nüssen, Zapfen,

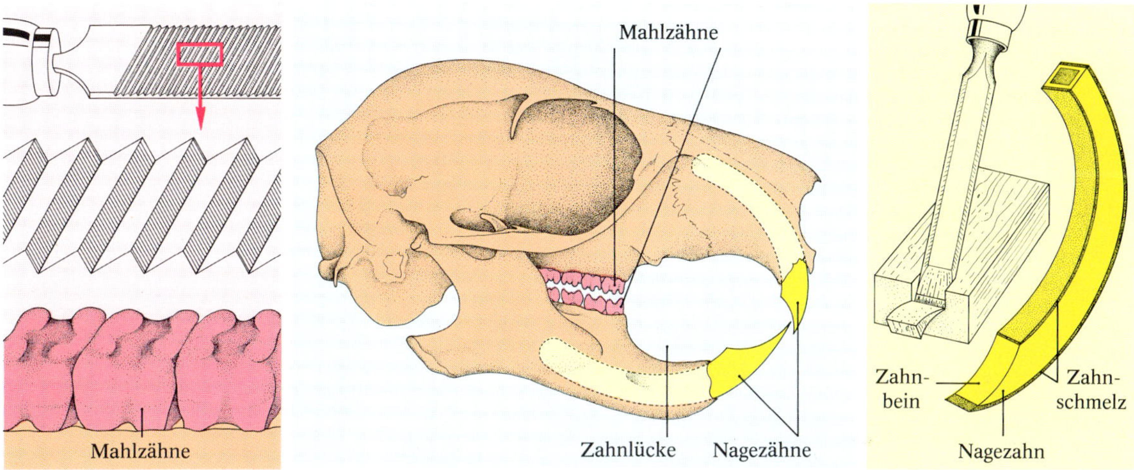

123.1. ***Bau und Arbeitsweise des Nagetiergebisses.*** *Es besteht aus meißelartigen* ***Nagezähnen*** *und breiten, raspelartigen* ***Mahlzähnen*** *mit Querfalten; Eckzähne fehlen. Dazwischen liegt eine große* ***Zahnlücke.*** *Nagezähne sind vorn mit hartem* ***Schmelz*** *und hinten mit weicherem* ***Zahnbein*** *überzogen. Durch unterschiedliche Abnutzung entsteht an der Vorderkante eine scharfe Schneide. Die Nagezähne wachsen von unten her ständig nach.*

Eicheln, Zweigspitzen und jungen Knospen. Mit ihrem kräftigen *Nagetiergebiß* können sie selbst die härtesten Schalen öffnen. Gelegentlich fressen sie aber auch Vogeleier und Jungvögel.
Im Herbst vergräbt das Eichhörnchen Früchte und Samen an vielen Stellen im Boden. Im Winter sucht es diese Vorratskammern von Zeit zu Zeit auf. Es findet sie sogar unter einer Schneedecke. Es werden jedoch nicht alle Verstecke wieder aufgesucht oder vollständig geleert. Aus den vergrabenen Samen keimen im Frühjahr Jungpflanzen aus. Man könnte daher das Eichhörnchen sogar als „Sämann des Waldes" bezeichnen.

2. Füttere bei Gelegenheit in einem Park Eichhörnchen mit Nüssen und Fichtenzapfen! Beobachte, wie eine Nuß geöffnet oder ein Fichtenzapfen bearbeitet wird!

3. Beschreibe Bau und Arbeitsweise des Nagetiergebisses anhand eines Schädels aus der Schulsammlung! Vergleiche mit Abbildung 123.1.!

123.2. ***Fraßspuren***

4. Sammle Zapfen und Nüsse mit Fraßspuren! Versuche festzustellen, wer die Früchte bearbeitet hat! Erläutere! Vergleiche mit Abbildung 123.2.! Zeichne! Beschrifte! Stelle aus!

124.1. Rehe in einer Kulturlandschaft

124.2. Rehkitz

*1. Aus der **Jägersprache:** Bock = männliches Tier; Ricke/Geiß = weibliches Tier; Kitz = Jungtier; Sprung = Gruppe von Rehen; Einstand = Ruheplatz; Blattzeit = Begattungszeit; Decke = Fell; beschlagen = begatten. Suche weitere Bezeichnungen aus der Jägersprache! Erkläre sie!*

Ein Jäger berichtet

„Es war Anfang August zur Blattzeit. Ich saß schon einige Zeit auf dem Hochsitz. Drüben am Waldrand verlief ein Wechsel. Plötzlich trat aus der Dickung ein Stück Rehwild auf die angrenzende Wiese. Deutlich war die rotgelbe Decke in der Dämmerung zu erkennen. Lange sicherte es, ehe es zu äsen begann. Immer wieder hob das Reh den Kopf und prüfte mit dem Windfang die Witterung. Nun erkannte ich auch das Spiel der Lauscher. Mit seinen Lichtern fixierte es den Waldrand. Da knackte es im Unterholz: ein Sechser trat heraus. Sein Gehörn war stark entwickelt. Offensichtlich trieb er die Ricke. Kurz darauf zeigte sich ein zweiter Bock, ein Spießer. Plötzlich gingen die Böcke, die Köpfe gesenkt, aufeinander los. Aber schon nach dem ersten Zusammenprall wich der schwächere Spießer aus. Bis zuletzt war sein Spiegel zu erkennen, ehe er mit weiten Sätzen im Wald verschwand."

5.4. Rehe sind Kulturfolger

Rehe kommen bei uns häufig vor. Meist trifft man sie in kleinen Rudeln an. Sie bevorzugen Lebensräume mit unterholzreichem Wald. Du kannst sie aber auch im buschreichen Wiesen- und Feldgelände antreffen. Solche Gebiete werden vom Menschen forst- und landwirtschaftlich genutzt. Aus diesem Grunde bezeichnet man Rehe als *Kulturfolger.*

Auf Wegen findest du häufig *Rehfährten.* Sie können dem Jäger wichtige Hinweise geben. Er kann zum Beispiel feststellen, wie stark das Rudel war, wie schnell und in welche Richtung es gezogen ist. Im weichen Boden entstehen die *Trittsiegel* durch den Abdruck der paarigen Hufe, die sich an den Spitzen der beiden Mittelzehen befinden. Rehe sind also *paarhufige Zehenspitzengänger.* Da der Jäger die Hufe mit „Schalen" bezeichnet, zählt das Reh zum „Schalenwild".

Rehe sind *Fluchttiere.* Das kannst du schon an den langen, schlanken „Läufen" erkennen. Vor Gefahren warnt sie ihr feines Gehör und der äußerst empfindliche Geruchssinn.

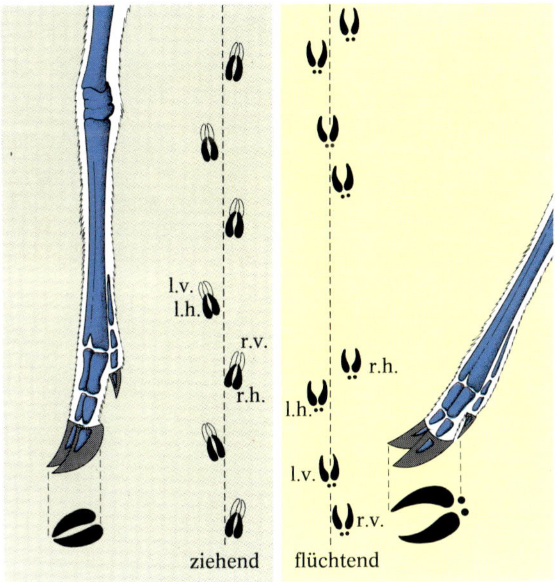

125.1. Fuß des Rehes. Trittsiegel und Fährten

125.2. Rehbock mit Geweih

Ihre Nahrung besteht hauptsächlich aus zarten Blättern, saftigen Gräsern und Kräutern. Die Nahrung wird rasch aufgenommen und später am „Einstandsplatz" wiedergekäut. Rehe sind also wie Rinder **Wiederkäuer.**

Eine Ricke setzt im Mai ein bis zwei „Kitze". Obwohl sie *Nestflüchter* sind, halten sie sich in den ersten Tagen geduckt im Gras oder Gebüsch versteckt. Du darfst ein Kitz nie berühren; denn die Ricke würde es wegen des Menschengeruchs nicht mehr annehmen!

Rehböcke erkennst du am *Geweih.* Es wird jedes Jahr im Spätherbst abgeworfen. Im Frühjahr wächst es wieder neu. An der Größe und Ausprägung der „Geweihstangen" erkennt der Jäger Alter und Stärke eines Rehbocks.

2. Beschreibe anhand der Abbildung 125.1., wie die Trittsiegel beim Reh entstehen und was man aus den Fährten herauslesen kann!

3. Erläutere anhand der Abbildungen 125.2. und 125.3., wie sich beim Rehbock das Geweih entwickelt!

125.3. Geweihbildung beim Rehbock

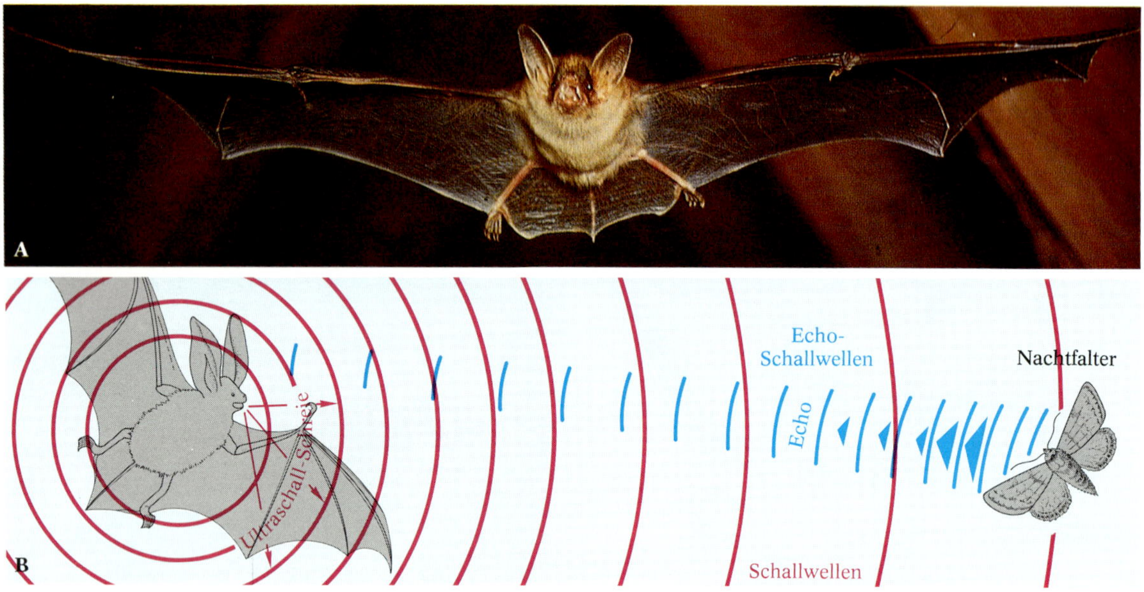

126.1. Fledermaus. *A im Flug; B Beutejagd*

5.5. Fledermäuse jagen in der Luft

An warmen Sommertagen kannst du eine Fledermaus in der Dämmerung beobachten. Im Zickzack-Flug flattert sie lautlos über dich hinweg. Ununterbrochen schlägt sie mit den Flügeln auf und ab. Dadurch kommen flatterartige Flugbewegungen zustande. Gleiten und segeln wie ein Vogel kann sie nicht gut.
Erst bei Anbruch der Nacht begibt sich die Fledermaus auf Jagd. Es ist erstaunlich, mit welcher Sicherheit sie auch in der Dunkelheit ihren Weg findet. Als **Nachtjäger** stellt sie Fliegen, Mükken, Käfern und Nachtfaltern nach. Mit den spitzen Zähnen ihres *Insektenfressergebisses* werden die Insekten ergriffen und noch im Flug zermalmt.
Wie aber spürt die Fledermaus im Flug ihre Beutetiere auf? Die kleinen Augen sind dazu nicht in der Lage. Während des Fluges stoßen Fledermäuse Rufe aus, die für den Menschen unhörbar sind. Deshalb heißt dieser Schallbereich auch *Ultraschall.* Treffen Ultraschall-Schreie auf Hindernisse oder Beutetiere, kehren sie als Echo zurück. Mit den großen Ohrmuscheln fängt die Fledermaus diese Echo-Schallwellen auf. Sie erreichen das Ohr bei geringer Entfernung eher als bei weiter Entfernung. Der Zeitunterschied zwischen dem Ausstoßen der Rufe und dem Empfang des Echos ermöglicht es der Fledermaus, sich zu orientieren und Beutetiere zu erhaschen.

Der **Gehörsinn** der Fledermaus ist so gut ausgebildet, daß sie auch bei völliger Dunkelheit kleinste Hindernisse wahrnimmt. So berührt sie im Flug bei Dunkelheit nicht einmal kreuz und quer gespannte dünne Schnüre.
Erst seit der Mensch das **Echolot** kennt, verstehen wir, wie sich Fledermäuse zurechtfinden. Das Echolot wird zum Beispiel beim Fischfang auf hoher See angewendet. Schallwellen werden von einem Sender des Schiffes aus ins Wasser gesendet. Treffen sie auf einen Fischschwarm, kann man sie als Echo empfangen. Auf diese Weise werden Fischschwärme geortet.

Wie bei den Vögeln sind die Vordergliedmaßen der Fledermäuse zu Flugorganen umgebildet.

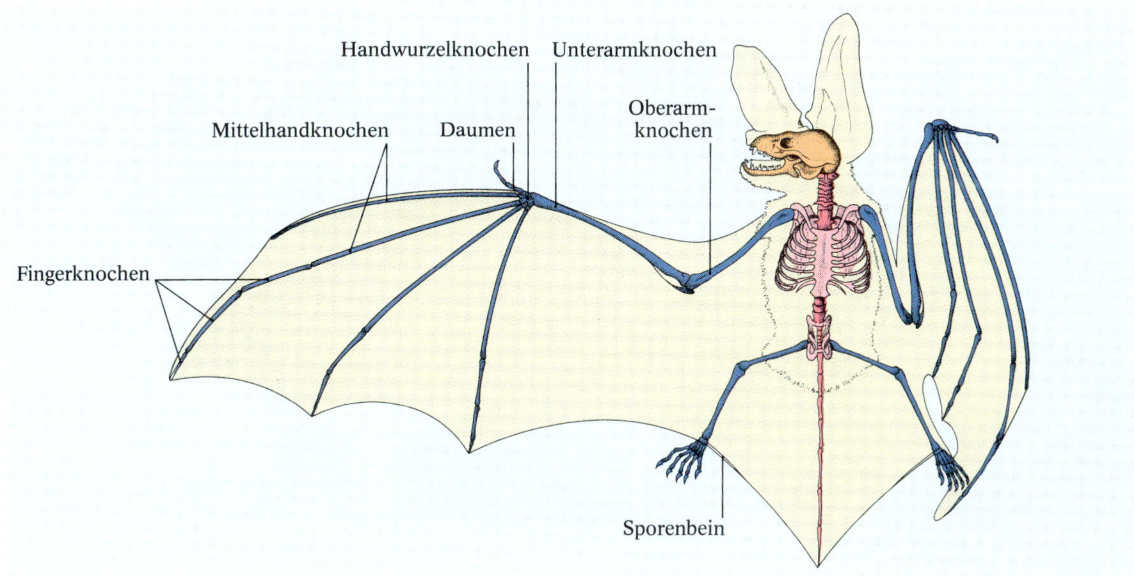

127.1. Skelett der Fledermaus

Allerdings bestehen die Flügelflächen nicht aus Federn, sondern aus dünnen Häuten. Diese **Flughäute** erstrecken sich zwischen Armen, Beinen, Rumpf und Schwanz. Sie überspannen die stark verlängerten *Mittelhand-* und *Fingerknochen.* Nur der kurze Daumen und die Füße bleiben frei. Während des Fluges sind die Flughäute zwischen den gestreckten Knochen der Vordergliedmaßen wie bei einem Regenschirm gespannt. Hiermit ist ein *Flatterflug* möglich. Deshalb zählt man Fledermäuse zu den **Flattertieren.**

Den Tag verbringen Fledermäuse in ihrem Versteck. An Mauervorsprüngen oder Balken halten sie sich mit den Krallen ihrer Hinterbeine fest und schlafen so mit dem Kopf nach unten. Die Flugorgane sind dabei zusammengefaltet und liegen dem Körper eng an.

Die Fledermaus ist ein *fliegendes Säugetier.* Sie bringt in jedem Jahr meist nur ein Junges zur Welt. Neugeborene klammern sich am Körper des Muttertieres an. Diese *Klammerjungen* werden in den ersten Lebenswochen im Flug mitgenommen und auch gesäugt. Nach etwa 7 Wochen sind sie selbständig.

127.2. Kopf der Mausohr-Fledermaus

1. Wie läßt sich der Name „Fledermaus“ erklären? Du weißt, daß diese Tiere weder zu den Vögeln noch zu den Mäusen gehören.

2. Wie unterscheiden sich die Flugorgane der Vögel von denen der Fledermäuse? Nimm dazu auch die Abbildungen 106.2. und 127.1. zu Hilfe!

128.1. Karawane in der Wüste

128.2. Dromedar

1. *Beschreibe, wie das Dromedar an das Leben in der Wüste angepaßt ist!*

5.6. Warum wird das Dromedar „Wüstenschiff" genannt?

Dromedare sind in der Wüste zu erstaunlichen Leistungen fähig. Im Jahre 1954 legte zum Beispiel eine Karawane in 22 Tagen 944 km zurück, ohne zwischendurch eine Wasserstelle aufzusuchen.

Wüsten sind Landschaften mit außergewöhnlichen Lebensbedingungen. Hier wechseln Hitze und Trockenheit mit nächtlicher Kälte ab. Pflanzen gedeihen nur spärlich. Sand, Staub, steiniger Boden und heiße Sandstürme erschweren das Leben. Wie können Dromedare in dieser lebensfeindlichen Landschaft solch ausdauernde Leistungen vollbringen?

Dromedare sind hervorragend an das Leben in der Wüste angepaßt. Tagsüber hält das dichte, zottige Fell die Sonnenstrahlen vom Körper ab. Nachts dagegen hält es die Körperwärme zurück. Die Wasserverdunstung des Körpers ist herabgesetzt. Die Körpertemperatur kann auf über 40° C steigen, ohne daß Schweiß abgesondert wird. Der Fettvorrat im Höcker kann in Mangelzeiten vom Körper als Nahrungs- und Flüssigkeitsreserve aufgezehrt werden. Mit seinen scharfen Sinnen wittert das Dromedar Wasserstellen schon kilometerweit. Kommt es schließlich an eine Wasserstelle, kann es über 100 Liter auf einmal saufen.

Lange Augenwimpern verhindern, daß Flugsand in die Augen gelangt. Die Ohrmuscheln sind nur klein und behaart. Die Nasenöffnungen können verschlossen werden. Die beiden Zehen der Füße spreizen sich beim Laufen. Deshalb sinkt das Tier nicht tief im Sand ein. Vor Verletzungen und Hitze schützen dicke Hornschwielen. Sie befinden sich an der Brust, den Ellbogen, Knien und Füßen.

Als es noch keine Autos gab, konnte man nur mit Dromedaren die großen Wüsten Nordafrikas und Vorderasiens durchqueren. Wegen ihres schwankenden Ganges und wegen der Fähigkeit, schwere Lasten wie ein „Schiff" durch die „Sandmeere" zu transportieren, wurden sie „Wüstenschiffe" genannt. Das Dromedar wird in Wüstengebieten als Haustier gehalten. Der Mensch nutzt es als Reit- und Lasttier. Es liefert aber auch Milch, Fleisch, Leder und Wollhaare.

129.1. Ein Blauwal ist aufgetaucht

129.2. Buckelwal mit Jungtier

5.7. Wale – Säugetiere im Meer

Wale werden manchmal auch als „Walfische" bezeichnet. Sind es tatsächlich Fische? Wenn es Fische wären, müßten sie im Wasser leben und mit Hilfe von Kiemen atmen. Wale atmen aber durch Lungen. Deshalb müssen sie in bestimmten Zeitabständen auftauchen. Die ausgeatmete Atemluft bildet über dem Wasser in der kalten Luft eine Art Fontaine, den „Blas".

Der **Blauwal** ist der größte unter den Walarten. Er kann bis zu 30 Meter lang und 150 Tonnen schwer werden. Das entspricht dem Gewicht von etwa 2000 Erwachsenen. An Land würde er unter der Last seines eigenen Körpergewichts zusammenbrechen.
Der Blauwal kommt fast nur in den kalten Gewässern der südlichen Erdhalbkugel vor. Eine bis zu 40 cm dicke Speckschicht unter der glatten Haut schützt jedoch vor Wärmeverlusten. Die Spindelform des Körpers ist der Fortbewegung im Wasser angepaßt. Den Vortrieb erzeugen kräftige Schläge der waagerecht stehenden Schwanzflosse. Die Vordergliedmaßen sind flossenförmig umgebildet und dienen dem Steuern.
Blauwale ernähren sich fast ausschließlich von Kleinkrebsen, dem **Krill.** Krill kommt in den kalten Meeren massenhaft vor. Diese Nahrung fangen Wale mit einem „Seihapparat" im zahnlosen Maul. Der Seihapparat besteht aus Hunderten dünner, meterlanger *Barten.* Sie hängen vom Oberkiefer in zwei hintereinanderliegenden Reihen herab. Wenn das aufgenommene Wasser bei geschlossenem Maul mit der Zunge herausgepreßt wird, bleibt die Nahrung dort hängen und kann anschließend verschluckt werden. Blauwale zählen deshalb zu den *Bartenwalen.*

Obwohl Wale eine fischähnliche Gestalt besitzen, sind sie **Säugetiere.** Sie bringen ihre Jungen im Wasser zur Welt. Diese sind beim Blauwal bei der Geburt schon 7 m lang und werden ein halbes Jahr lang gesäugt.

1. Warum ist die häufig zu hörende Bezeichnung Wal„fisch" für Wale falsch? Erläutere!

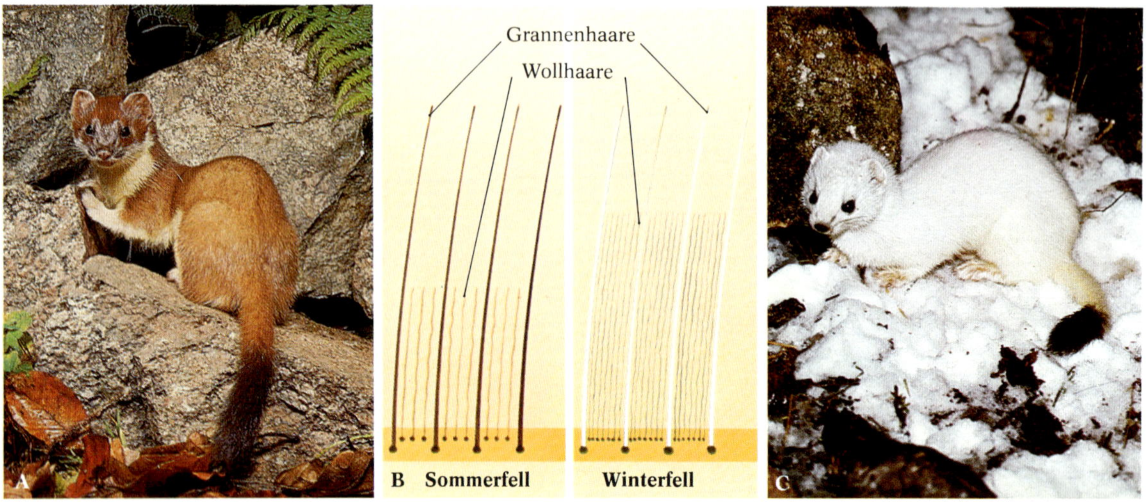

130.1. Haarwechsel beim Hermelin. *A Sommerfell; B Sommer- und Winterfell (Schema); C Winterfell*

1. Der Haarwechsel ist für das Hermelin lebensnotwendig. Erläutere!

2. Nenne Beispiele für Winterruher und für Winterschläfer!

6. Überwinterung bei Wirbeltieren

Wildfütterung

Ein Förster berichtet: „Der letzte Winter hat uns viel Fallwild gebracht. Das Schwarzwild zum Beispiel konnte den gefrorenen Boden nicht mehr aufbrechen, um an Eicheln und Bucheckern zu kommen. Die hohe Schneedecke hat die Saaten und Grünflächen bedeckt. So mußte das Rehwild auf der Suche nach Äsung weit umherziehen. Viele Tiere haben sich dabei an der verharschten Schneedecke die Läufe wund gerissen. Diese Wanderungen kosten außerdem viel Kraft, so daß ein Teil an Ermattung zugrunde gegangen ist. Wir mußten von Mitte Dezember bis Ende März füttern. – Das Schalenwild haben wir an überdachten Raufen mit Wiesenheu und Haferstroh versorgt. Für das Schwarzwild standen Tröge mit Zuckerrübenschnitzeln, Silage, Hafer, Eicheln und Kastanien bereit. Wir haben viele kleine Futterplätze angelegt, damit das Wild in Bewegung bleibt."

6.1. Säugetiere im Winter

Der Winter ist für viele einheimische Säugetiere eine schwere Zeit. Sie leiden meist unter *Nahrungsmangel* und *Kälte*. Säugetiere sind jedoch in unterschiedlicher Weise dem jahreszeitlichen Wechsel angepaßt.
Das *Hermelin* zum Beispiel sieht im Winter anders aus als im Sommer. Es muß also einen **Haarwechsel** durchgemacht haben. Dieser hat bereits im Herbst stattgefunden. An die Stelle des braunen Sommerfelles ist das weiße, dichte Winterfell getreten. Es dient dem Kälteschutz und tarnt das Tier im Schnee.

Der *Maulwurf* schützt sich vor Kälte anders. Er verlegt im Winter seine Höhlen und Gänge in tiefere Erdschichten. Den Nahrungsmangel überbrückt er mit **Vorräten,** die er im Herbst angelegt hat. Sie bestehen aus lebenden Regenwürmern, die er durch einen Biß bewegungsunfähig gemacht hat.
Auch das *Eichhörnchen* legt rechtzeitig Nahrungsvorräte an. In zahlreichen Verstecken vergräbt es fetthaltige Früchte wie Nüsse, Eicheln

131.1. Eichhörnchen am Vorratsplatz

131.2. Fledermaus im Winterschlaf

und Bucheckern. Den Winter verbringt es in seinem warm ausgepolsterten Kobel. Von Zeit zu Zeit verläßt es seine Behausung, um Kot und Urin auszuscheiden und Nahrung aufzunehmen. Diese Art, den Winter zu überstehen, bezeichnet man als **Winterruhe.**

Einige Tiere wie *Fledermaus* und *Igel* wirst du den ganzen Winter über nicht antreffen. Sie halten einen tiefen **Winterschlaf.** Die Körpertemperatur sinkt zum Beispiel beim Igel von +37° C auf etwa +5° C ab. Während dieser Zeit sind Atmung, Herztätigkeit und andere Lebensvorgänge herabgesetzt. Als Nahrungsreserve dient das im Körper gespeicherte Fett. Wenn bei *Winterschläfern* eine bestimmte Temperatur unterschritten wird und sie zu erfrieren drohen, erwachen sie. Atmung, Herztätigkeit und Körpertemperatur erreichen dann für kurze Zeit die normalen Werte.

3. Fülle 3 gleich große Flaschen mit warmem Wasser! Miß die Temperaturen mit einem Thermometer! Stelle eine Flasche in eine Plastiktüte, die mit Luft gefüllt ist! Binde am Flaschenhals zu! Umhülle die zweite Flasche mit einem Stück Tierfell oder Pelz! Laß die dritte Flasche zur Kontrolle uneingepackt! Stelle die 3 Flaschen an einen kühlen Ort! Miß die Temperaturen nach etwa 20 Minuten erneut! Vergleiche sie!
Was hat dieser Versuch mit den Kälteschutzeinrichtungen bei Tieren zu tun?

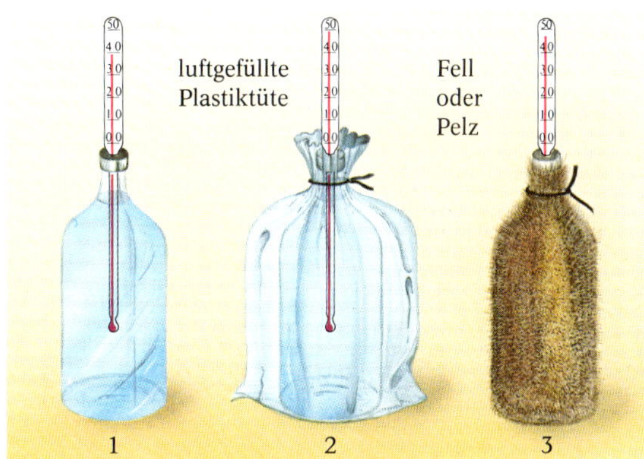

131.3. Versuch zur Wärmeisolierung

132.1. *Schwalben sammeln sich*

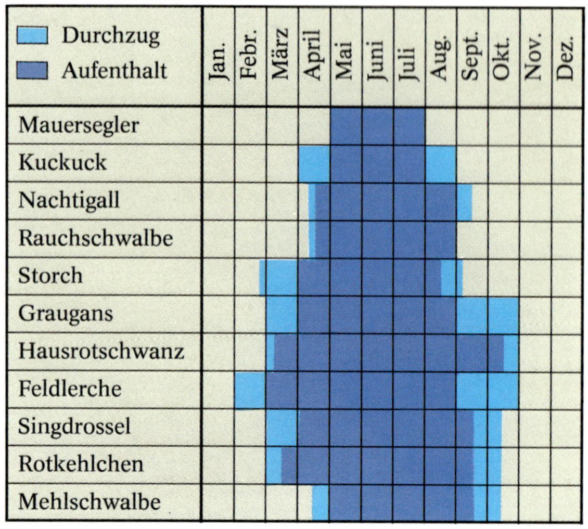

132.2. *Vogelzugkalender*

1. Schreibe einheimische Vogelarten auf, die du kennst! Entscheide, ob es sich um Stand-, Strich- oder Zugvögel handelt! Nimm ein Vogelbuch zu Hilfe!

Gefahren für Zugvögel

(Auszüge aus Zeitungsmeldungen)

... Der gestrige Kälteeinbruch mit Nebel und Schneeschauern wurde vielen Rauchschwalben zum Verhängnis. Nördlich der Alpen in der Nähe von U. fand man sie zu Hunderten ermattet am Erdboden ...

... Jetzt sind sie wieder unterwegs, die Vogelfänger. Nur um Nachschub für die feinen Schlemmerlokale zu liefern, müssen Tausende von Singvögeln ihr Leben lassen ...

... Der starke Frost hat zu einer „Zugkatastrophe" geführt. Viele Wasservögel, die auf den Seen Zwischenstation gemacht haben, finden wegen der Eisdecke kein Futter mehr ...

... Die Trockenlegung der Wiesen zeigt erste Folgen. Im Gegensatz zu früher wurde in diesem Jahr kein einziger Storch mehr gesehen ...

2. Nenne Gefahren, denen Zugvögel ausgesetzt sind! Erläutere!

6.2. Wo bleiben die Vögel im Winter?

Jedes Jahr kannst du von Ende August bis in den September hinein beobachten, wie sich Hunderte von Schwalben auf Leitungsdrähten sammeln. Bald darauf sind sie verschwunden. Rechtzeitig vor Beginn der kalten Jahreszeit suchen sie ihre *Winterquartiere* auf. Diese liegen in wärmeren südlichen Ländern. Schwalben verbringen also nur den Sommer bei uns. Hier ist ihre *Brutheimat.* Es sind **Zugvögel**, die erst im Frühjahr wieder zurückkehren. Eine solche jährlich wiederkehrende Wanderung heißt **Vogelzug.**

Mehr als die Hälfte unserer einheimischen Vogelarten entgeht so Nahrungsknappheit und Kälte. Durch den Vogelzug sind diese Vogelarten an die Veränderung der Lebensbedingungen angepaßt. Mauersegler, Rauchschwalben und Störche ziehen sogar bis an die Südspitze Afrikas. Auf diesem Wege legen sie Tausende von Kilometern zurück.
Schwalben verlassen ihre Brutheimat im *Schwarm.* Auch andere Zugvögel schließen

133.1. *Ziehende Kraniche*

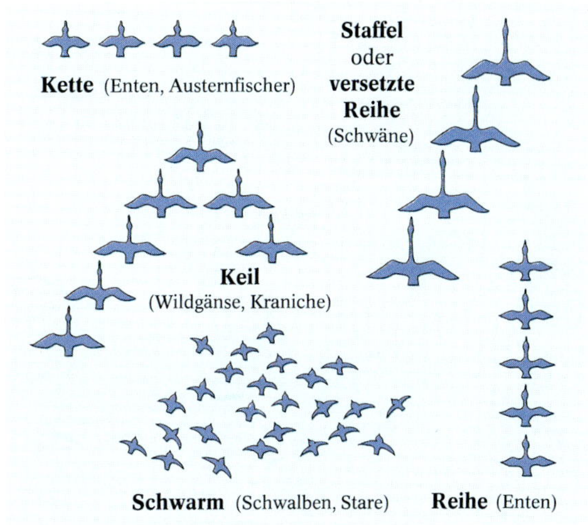

133.2. *Flugordnungen von Zugvögeln*

3. Beschreibe den Weg eines Zugvogels auf seinem Flug ins Überwinterungsgebiet! Ermittle die Zugstrecke! Nimm die Abbildung 133.3. und einen Atlas zu Hilfe!

sich für ihre weite „Reise“ zusammen. So ordnen sich zum Beispiel Kraniche zu einem *Keil.* Enten wiederum fliegen in einer *Reihe* hintereinander. Der Kuckuck dagegen verläßt sein Brutgebiet ganz allein.
Manche Zugvögel, zum Beispiel Singdrossel und Kuckuck, ziehen nur nachts. Man bezeichnet sie als *Nachtzieher.* Andere Vogelarten wie Storch und Kiebitz ziehen am Tage. Es sind *Tagzieher.*

Am Futterhäuschen im Winter kannst du einen Teil der Vogelarten kennenlernen, die ihre Brutheimat nicht verlassen. Sie sind das ganze Jahr über standorttreu. Man bezeichnet sie deshalb als **Standvögel.** Zu ihnen gehören Sperling, Dompfaff, Kleiber, Amsel und Specht. Sie ernähren sich im Winter vorwiegend von Samen und Beeren.
Außer den Zug- und Standvögeln gibt es Vogelarten, die nicht weit fortziehen. Sie weichen den ungünstigen Lebensbedingungen nur kurzzeitig aus. Auf der Suche nach Futter streichen sie umher. Zu diesen **Strichvögeln** gehören Kohlmeise, Blaumeise und Saatkrähe.

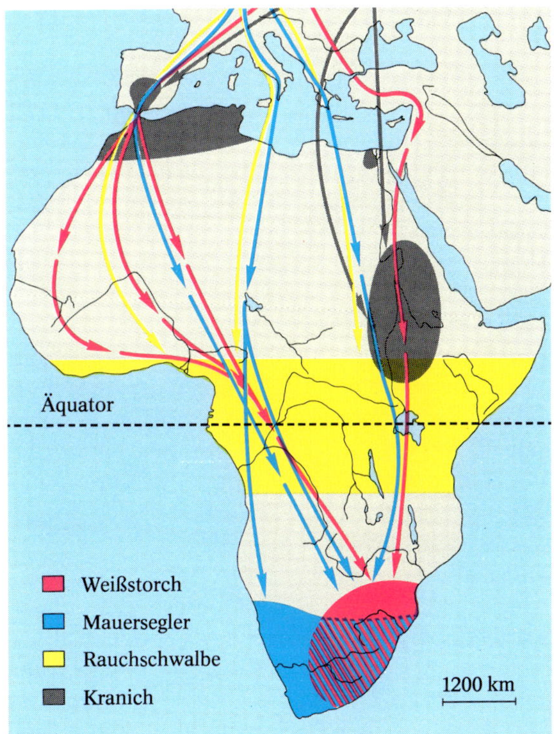

133.3. *Zugwege und Zugziele bekannter Zugvögel*

134.1. Beringung eines Vogels

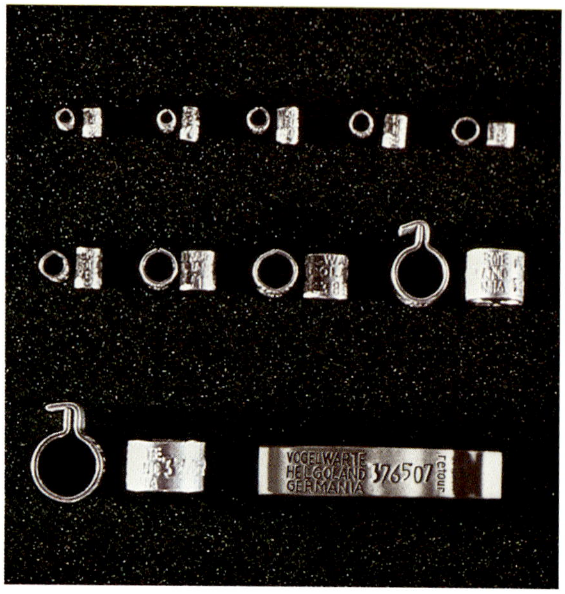

134.2. Vogelringe

6.3. Vogelwarten erforschen den Vogelzug

„Wohin ziehen Zugvögel?“ „Welche Zugwege nehmen sie?“ „Wie schnell fliegen sie?“ „Wie finden sie sich zurecht?“ – Fragen über Fragen, auf die man noch vor 100 Jahren keine Antwort wußte. Erst mit der schrittweisen Erforschung des Vogelzuges durch Biologen in den **Vogelwarten** sind viele Geheimnisse gelüftet worden.

Zur Erforschung des Vogelzuges ist die **Beringung** eine wichtige Hilfe. Dabei wird dem Vogel ein kleiner, leichter Aluminiumring um den Fuß gelegt. Auf diesem Ring steht der Name der Vogelwarte und eine Nummer. Die Nummer ist unverwechselbar. Die Mitarbeiter der Vogelwarten notieren Nummer, Vogelart sowie Ort und Datum der Beringung in Beringungslisten. Anschließend schicken sie diese der Vogelwarte, für die sie die Vögel beringt haben. Wird später zum Beispiel ein Ring von einem toten Vogel der Vogelwarte geschickt, können dort alle Angaben über Beringung und Wiederfund ausgewertet werden.

Auf diese Weise konnte der Vogelzug genauer erforscht werden. So weiß man zum Beispiel, daß manche Zugvögel Gebirge wie die Alpen oder Meere wie das Mittelmeer umfliegen. Auch bevorzugen die einzelnen Vogelarten bestimmte Zugwege. Außerdem fand man heraus, daß die meisten Zugvögel auf ihrer „Reise“ häufiger rasten. Viele Fragen sind aber noch nicht geklärt.
Am wenigsten weiß man darüber, wie sich die Zugvögel auf dem Zug zurechtfinden. Man vermutet, daß zum Beispiel für *Tagzieher* die Sonne sowie Küsten, Gebirge, Flüsse und Täler eine Rolle spielen. *Nachtzieher* dagegen richten sich vermutlich nach dem Stand der Sterne.
Sicher ist, daß auch Jungvögel, die niemals zuvor ihren Zugweg geflogen sind, an ihren Zugzielen ankommen. Der *Orientierungssinn* ist ihnen angeboren.

1. Wie kannst du einer Vogelwarte helfen, wenn du einen toten, beringten Vogel findest?

135.1. Zauneidechsen in Winterstarre

6.4. Wie überstehen wechselwarme Tiere die kalte Jahreszeit?

Hast du dir schon einmal überlegt, warum man im Winter viele Wirbeltiere wie Frösche, Eidechsen, Molche oder Ringelnattern nicht zu Gesicht bekommt? Sie haben sich verkrochen und überleben an frostsicheren Orten. Anders als bei den gleichwarmen Säugetieren und Vögeln paßt sich ihre Körpertemperatur der Umgebung an. Es sind *wechselwarme Tiere.* Kälteschutzeinrichtungen wie Fell oder Federn besitzen sie nicht. Ihr Körper kann auch keine Eigenwärme erzeugen. Sie würden also im Winter erfrieren.
So graben sich im Herbst die Frösche und einige Fischarten im Bodenschlamm der Teiche ein. Eidechsen und Schlangen überwintern in tiefen Erdhöhlen. Molche und Kröten suchen unter Laub, Moos oder Baumstümpfen Schutz. Dort ruhen sie bewegungslos, steif und starr. Diesen todesähnlichen Ruhezustand bezeichnet man deshalb als **Winterstarre** oder **Kältestarre.** Die wechselwarmen Tiere erwachen erst wieder, wenn es im Frühjahr wärmer wird.

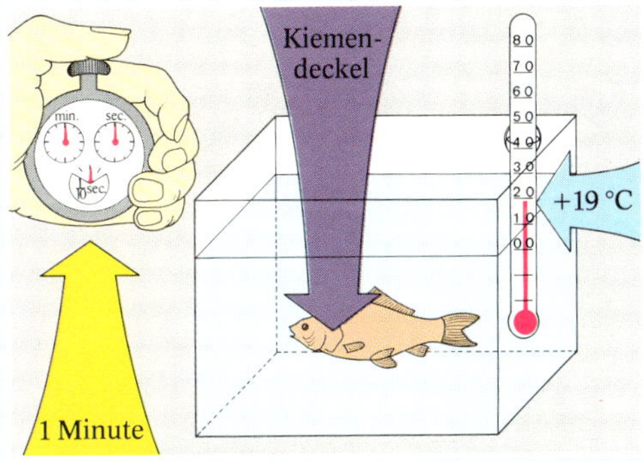

Kiemendeckelbewegungen pro Minute?

Was hat die Wassertemperatur mit der Fischatmung zu tun?

Ein Versuch soll dir diese Frage beantworten helfen: Stelle zwei kleine, möglichst gleich große Aquarienbecken oder ähnliche Gefäße bereit! Fülle beide zur Hälfte mit etwa +19° C warmem Leitungswasser! Die Wassertemperatur im ersten Gefäß soll unverändert bleiben. Im zweiten Gefäß muß sie auf +24° C erhöht werden. Gib deshalb solange erhitztes Wasser hinzu, bis diese Temperatur erreicht ist! Rühre ständig um und prüfe mit einem Thermometer!
Setze anschließend je einen gleich großen Fisch (Guppy, Goldfisch) in die Gefäße! Beobachte die Bewegungen der Kiemendeckel! An ihnen kann man erkennen, wie schnell und wie oft der Fisch atmet.
Zähle nach einiger Zeit (5 Minuten) die Kiemendeckelabhebungen pro Minute für jeden Fisch! Vergleiche! Erläutere! (Setze die Versuchsfische sofort nach dem Versuch in ihr Aquarium zurück!)

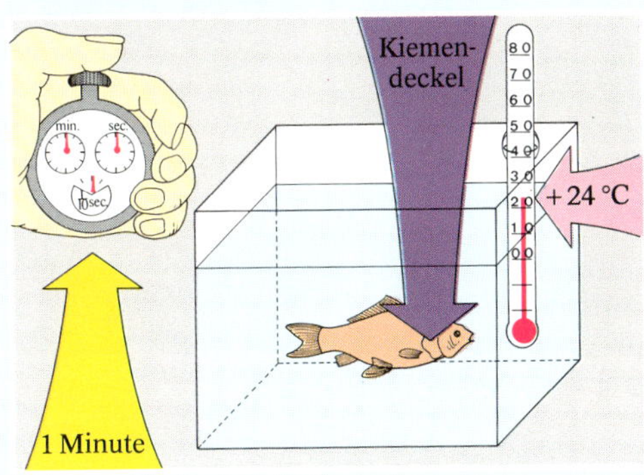

Kiemendeckelbewegungen pro Minute?

Verhalten bei Tier und Mensch

136.2. Ein Fuchs trägt ein Halsband mit einem Sendegerät

1. Das Verhalten des Fuchses wird erforscht

Aus BREHM's TIERLEBEN (um 1864):

„... Der Fuchs zieht aus, um zu rauben. Am Bach lungert er umher, um eine schöne Forelle oder einen dummen Krebs zu überraschen. ... Er ist das Sinnbild von List, Verschlagenheit, Tücke, Frevelhaftigkeit und Ritterlichkeit. Er ist ein Schlaukopf und Strauchdieb in jeder Hinsicht ...".

136.1. Fuchs vor seinem Bau

1. Was fällt dir am Text dieses Tierschriftstellers auf?

„Der Fuchs ist ein schlaues, listiges Tier, das nur Gänse und Hühner stiehlt." – So beschreiben viele Menschen unzutreffend das Verhalten des Fuchses. Wie können sie so etwas behaupten? In Wirklichkeit wußten wir noch bis vor wenigen Jahren recht wenig aus dem Leben eines Fuchses. Wer aber ein Tier wie den Fuchs und dessen Verhalten kennenlernen und verstehen lernen will, muß es zunächst über eine lange Zeit hinweg in seiner natürlichen Umwelt beobachten. Es gibt Wissenschaftler, die das Verhalten von Tieren erforschen. Diesen **Verhaltensforschern** verdanken wir zum Beispiel wichtige Einzelheiten über das Leben der Füchse.

Aus den **Beobachtungen** freilebender Füchse weiß man, daß sie meist allein auf Beutejagd gehen. Es sind *Einzelgänger,* die sich an ihre Beute wie Mäuse, Frösche, Käfer oder Kaninchen heranpirschen. Sind sie dicht genug an eine Maus herangekommen, springen sie zielsicher wie eine Katze mit einem kräftigen, hohen und weiten Sprung auf die Beute und drücken sie mit den Vorderpfoten zu Boden. Ein kräftiger Biß tötet sie. Bei der **Untersuchung** des

137.1. Jagdverhalten des Fuchses

Mageninhalts eines toten Fuchses hat man einmal Reste von 48 Mäusen gefunden. Diese muß der Fuchs innerhalb kurzer Zeit gefressen haben. Wir wissen daher, daß Füchse vor allem wichtige Mäusevertilger sind.

Mehr erfahren Wissenschaftler von Füchsen, wenn sie diese schon als Jungtiere in Freigehegen halten. Füchse vergraben zum Beispiel überschüssige Beute für Notzeiten. Eine Füchsin, auch *Fähe* genannt, wärmt ihre 4 bis 6 zunächst noch nackt, blind und taub geborenen Welpen in ihrem Fell. Die Jungfüchse wachsen jedoch schnell heran und sind schon nach 10 Monaten geschlechtsreif.

Aber erst durch **Versuche** und mit Hilfe der modernen Technik konnten Wissenschaftler viele bisher unbekannte Einzelheiten über das Verhalten des Fuchses im Freien erfahren. Dazu fingen sie zunächst in einem ausgewählten Gebiet alle Füchse. Jedem Fuchs legten sie ein Halsband mit einem Sendegerät um und kennzeichneten die Tiere zusätzlich an den Ohren. Danach ließen sie die Tiere sofort wieder frei. Die Forscher und ihre Helfer waren nun auf die Ergebnisse gespannt. Viele Wochen und Monate lang mußten sie zu jeder Tag- und Nachtzeit unterwegs sein, um die von den Füchsen ausgehenden Signale mit einem Empfänger aufzunehmen und auszuwerten. Folgendes hat man zum Beispiel auf diese Weise erfahren: Das Revier eines Fuchses ist etwa 30 bis 1300 Hektar groß; Füchse können in drei Tagen bis zu 100 km zurücklegen; ein Rüde hat häufig mehrere Weibchen in seinem Revier, aber nur eines davon bekommt Junge.

2. Nenne Methoden von Verhaltensforschern, mit denen das Leben eines bestimmten Tieres erforscht werden kann!

3. Vergleiche Verhaltensweisen des Fuchses (z. B. anhand eines Filmes) mit denen eines Hundes und einer Katze! Trage die Ergebnisse in eine Tabelle ein!

4. Beschreibe auffällige Verhaltensweisen eines Heimtieres!

138.1. ***Werbung bei Amseln*** *(Schwarzdrosseln). A Einleitung; B fortgeschrittene Werbung*

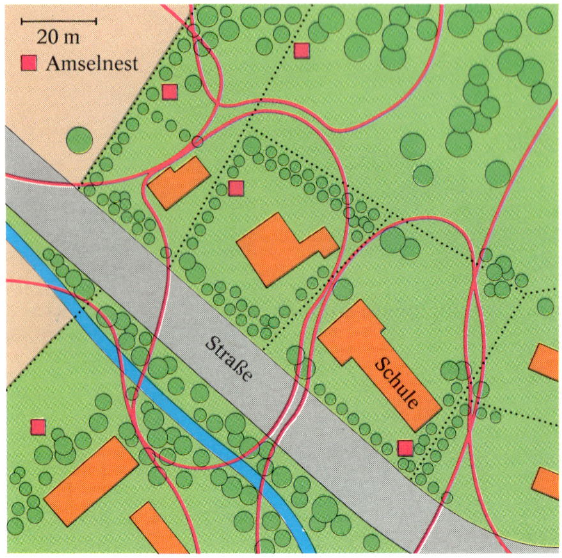

138.2. Amselreviere in einem aufgelockerten Wohngebiet

2. Amseln zeigen angeborene Verhaltensweisen

Selbst wenn im zeitigen Frühjahr noch Schnee liegt, hörst du bereits die ersten *Singvögel.* „Zizibäh, zizibäh", rufen die *Kohlmeisen.* Aus dem unbelaubten Gebüsch heraus schmettert der kleine *Zaunkönig* sein Lied: „Mistmistmist-mist-brrrrrrr-hi hi hi hi!" und stellt dabei sein Schwänzchen steil in die Höhe. Ein bunt gefärbtes *Buchfinkenmännchen* sucht auffällig eine bestimmte Kiefer auf und ruft in kurzen Abständen hintereinander: „Bin bin bin bin ich nicht ein schöner Bräutigam?" Seit einer Woche sitzt auf der Spitze einer Fichte ein *Amselmännchen* und trägt vor allem frühmorgens und am Abend seinen flötenden Gesang vor. Dort hat das Männchen offenbar einen bevorzugten Singplatz, auch *Singwarte* genannt. Eine andere Amsel singt aus einiger Entfernung auf einem Dachfirst. Es hat den Anschein, als ob sich diese beiden Singvögel in ihrem Gesang übertreffen wollen.

Mit ihrem Gesang kennzeichnen die Amseln wie auch alle anderen Singvögel ihr **Revier.** Sie grenzen es damit gegenüber anderen Amseln ab. Das Gebiet muß so beschaffen sein, daß die Vögel ein Nest bauen und ungestört Junge großziehen können. Dafür muß auch ausreichend Nahrung vorhanden sein. Solch ein Amselrevier kann zum Bcispiel 1200 m^2 groß sein. Dieses Revier wird besonders heftig gegen Eindringlinge verteidigt. Daher kommt es an den Grenzen benachbarter Reviere bisweilen zu heftigen Kämpfen zwischen zwei Amselmännchen. Für den Buchfinken oder die Kohlmeise jedoch hat der Amselgesang keine Bedeutung. Amselrevier und Buchfinkenrevier können sich durchaus überschneiden.

Mit dem Gesang im Frühjahr lockt das Männchen aber auch ein Weibchen an. Bald nach der *Paarung* erfolgt der *Nestbau.* Das Nest wird meist in geringem Abstand vom Erdboden in Astgabeln von Sträuchern, in Hecken oder in Nadelbäumen angelegt. Die Amseln flechten und mauern es aus Halmen und Lehmklümpchen. Dieser Nestbautrieb ist den Vögeln angeboren. Sie brauchen den Nestbau nicht mehr zu lernen. Eine solche Verhaltensweise bezeichnet man auch als **Instinkthandlung.** In das fertige Nest legt das Weibchen anschließend 4 bis 5 grünliche Eier.

139.1. Amsel bei der Fütterung der Jungen

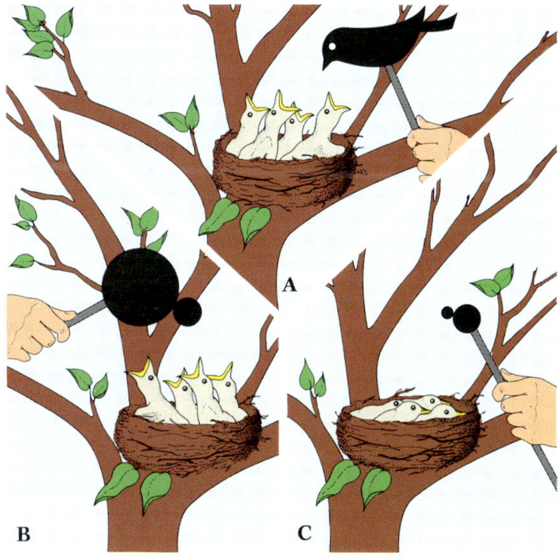

139.2. Verhalten der Jungamseln bei Attrappenversuchen

Etwa 14 Tage lang bebrütet die Amsel ihr *Gelege.* Aus den Eiern schlüpfen nackte, blinde und noch völlig hilflose Jungvögel. Es sind **Nesthocker.** Von morgens bis abends fliegen die beiden Altvögel mit Futter im Schnabel zum Nest. Sobald sich eine Amsel auf den Nestrand gesetzt hat, recken die noch blinden Jungvögel ihre Hälse nach oben und sperren ihre Schnäbel weit auf. In diese grell gefärbten **Sperrachen** stopft die Amsel nun ihr Futter.

Woher aber wissen die blinden Jungen, daß ihre Eltern da sind und sie füttern wollen? Die Antwort darauf gibt ein Versuch: Nähert man sich vorsichtig dem Nest und klopft sanft auf den Nestrand, recken die Nestlinge ihre Hälse ebenfalls in die Höhe und sperren. Daher wissen wir: Die Erschütterung des Nestes genügt als Reiz, um bei den Jungen das Sperren *auszulösen.* Dieses Verhalten ist angeboren.

Sobald die Nesthocker nach 8 Tagen sehen können, wird der Erschütterungsreiz als **Auslöser** für das Sperren bedeutungslos. Die Jungvögel reagieren nicht mehr darauf. Sie sperren aber trotzdem, sobald eine Amsel am Nest erscheint. Also scheinen sie ihre Eltern zu erkennen. Ob dieses auch zutrifft, wollte man durch Versuche herausfinden.

Als man den Jungvögeln eine Amsel aus Pappe, eine *Amsel-Attrappe,* vorhielt, streckten sie auch dieser ihre Schnäbel entgegen. Größe und Umriß der Elternvögel sind also ein *optischer Reiz,* um dieses Verhalten auszulösen. Jungamseln in diesem Alter können ihre Eltern demnach nicht von Attrappen unterscheiden. Mit solchen **Attrappenversuchen** läßt sich herausfinden, was Tieren angeboren ist und was sie erst lernen müssen.

1. Wie kann man Reviergrenzen einer Amsel – wie in Abbildung 138.2. festgehalten – feststellen?

2. Wie erklärst du das Verhalten der Amseljungen in Abbildung 139.2.?

3. Der Fütterungstrieb der Amseln ist angeboren. Wie hat man das wohl herausgefunden?

140.1. Eiablage beim Kuckuck

1. Die Abbildungsreihe auf den Seiten 140 und 141 zeigt verschiedene Verhaltensweisen des Kuckucks. Nenne und beschreibe diese!

3. Das untergeschobene Ei

Was ist nur am Nest des Sumpfrohrsängers geschehen? Aufgeregt fliegen die beiden Altvögel umher und stoßen laute Warnrufe aus. Wir werden zufällig Zeuge, wie sich ein Kuckucksweibchen dem Nest des Sumpfrohrsängers nähert. Was mag es hier suchen?

Zielsicher fliegt der Kuckuck zum Nest des Sumpfrohrsängers, holt ein Ei heraus und verschluckt es. Anschließend setzt sich der etwa taubengroße Vogel auf das für ihn viel zu kleine Nest. Schon nach wenigen Sekunden verschwindet er wieder. – Ein Blick in das Nest verrät uns, was passiert ist. Anstelle des „gestohlenen" Eies liegt nun ein etwa gleich großes und ähnlich wie die anderen Eier gefärbtes Kuckucksei im Nest. Noch etwas beunruhigt kehrt das Weibchen des Sumpfrohrsängers zum Nest zurück, setzt sich schließlich auf das Gelege und brütet weiter. Nun wissen wir, was das Kuckucksweibchen im Brutrevier des Sumpfrohrsängers suchte: die Gelegenheit, das eigene Ei in das fremde Nest zu legen.
Der Kuckuck baut kein eigenes Nest. Ihm fehlt der **Nestbautrieb.** Auch ist bei ihm der **Brutpflegetrieb** nicht ausgebildet. Daher braucht er für seine Nachkommen geeignete Pflegeeltern. Auf ausgedehnten *Spähflügen* kundschaftet er während der Brutzeit die Nester bestimmter insektenfressender Singvogelarten aus, um im passenden Augenblick dem fremden Gelege das eigene Ei unterzuschieben. Auf diese Weise bringt er in jedem Jahr 20 Eier und mehr unter. Die Aufzucht des Nachwuchses überläßt er den dafür ausersehenen Pflegeeltern. Da sich jeder Kuckuck und dessen Nachkommen auf eine bestimmte Vogelart spezialisieren, haben sich regelrechte *Kuckucksstämme* herausgebildet: zum Beispiel Sumpfrohrsänger-Kuckucke oder Bachstelzen-Kuckucke.

Die Sumpfrohrsänger brüten zusammen mit den eigenen Eiern auch das Kuckucksei aus. Der junge Kuckuck schlüpft bereits vor den Stiefgeschwistern. Diesen Vorsprung nutzt er aus, um in den ersten 5 Tagen seines Lebens die noch vorhandenen Eier oder die bereits geschlüpften Stiefgeschwister aus dem Nest zu werfen. Er versucht, seinen Körper unter ein Ei oder ein Nestgeschwister zu schieben. Die

141.1. Entwicklung eines Kuckucks

2. Stelle in einer Tabelle angeborene Verhaltensweisen des Kuckucks und seiner Pflegeeltern zusammen! Benutze den Text und die Abbildungen der Seiten 140/141!

empfindliche Rückenhaut löst bei ihm den **Hinauswerfetrieb** aus. Er nimmt die Last auf den leicht eingedellten Rücken, und die hochgestellten Flügelstummel halten das Ei oder den Nestling fest. Unter Aufbietung aller seiner Kräfte stemmt sich nun der Kuckuck rücklings an der Nestwand empor und befördert seine Last so über den Nestrand. Nach 5 Tagen erlischt der Hinauswerfetrieb. Dieses Verhalten geschieht unbewußt; es ist angeboren. Solches angeborene Verhalten bezeichnet man auch als **Instinktverhalten.**

Jetzt wollen wir auch wissen, wie es am Nest des Sumpfrohrsängers weitergeht. Vom ersten Tage an sperrt der Jungkuckuck nach Singvogelart seinen Schnabel weit auf, wenn die Pflegeeltern sich dem Nest nähern. Dabei leuchtet ihnen der auffällig orangerot gefärbte **Sperrrachen** des Kuckucks entgegen. Dieser Reiz ist so stark, daß die Pflegeeltern unermüdlich Futter herbeischaffen. Beim Füttern müssen die Sumpfrohrsänger ihren Kopf weit in den Sperrrachen des Kuckucks stecken. Der Schnabel bleibt weit geöffnet, bis der Altvogel seinen Kopf wieder aus dem Sperrachen genommen hat. Sein Überleben verdankt der junge Kuckuck also dem ausgeprägten **Fütterungstrieb** der Pflegeeltern.

Der Kuckuck wird zusehends größer. Wenn er nach 22 bis 23 Tagen das Nest verläßt, hat er bereits ein Gewicht von 70 bis 80 Gramm. Er wird dann noch weitere 3 Wochen von seinen Pflegeeltern gefüttert. Weil der Kuckuck sich auf Kosten anderer großziehen läßt, nennt man ihn **Brutschmarotzer** oder *Brutparasit.* – Selbständig geworden, verläßt er im Spätsommer seine Brutheimat und sucht sein Überwinterungsgebiet in Zentral- oder Südafrika auf.

3. Welche Voraussetzungen müssen erfüllt sein, wenn die Aufzucht eines Kuckucks durch ein Sumpfrohrsängerpaar gelingen soll?

4. Der Kuckuck überwintert in Afrika. Er verläßt seine Brutheimat allein und fliegt dabei nur nachts. Stelle Vermutungen an, wie der Kuckuck das erste Mal allein sein Überwinterungsgebiet findet!

142.1. Kämpfende Damhirsche *(Schaufler)*

142.2. Hasenduell

1. Berichte über das Kampfverhalten eines von dir gewählten Tieres!

4. Warum kämpfen Tiere miteinander?

Am Eingang zum Tierpark steht seit Anfang Oktober ein Schild: „Brunftzeit des Damwildes! Vorsicht! Wege nicht verlassen, und von den Tieren ausreichend Abstand halten! Betreten des Parkes auf eigene Gefahr!" Weshalb soll man sich gerade zu dieser Jahreszeit vor dem Damwild in acht nehmen?

Im Spätherbst liegt die *Brunftzeit* des **Damwildes.** So heißt der Zeitabschnitt, in dem sich die Tiere fortpflanzen. Jetzt verändert sich das bisher so zutrauliche Verhalten der im Park gehaltenen Tiere. Sie werden angriffslustig. Jeder ältere Hirsch gründet ein *Brunftrevier,* in dem er mehrere weibliche Tiere in einem *Rudel* zusammenhält. Kurze, heisere, unter Kopfnicken ausgestoßene *Brunftlaute* deuten auf die Fortpflanzungsstimmung der männlichen Tiere, der Schaufler, hin. Nähert sich zu dieser Zeit ein Rivale dem Rudel, verteidigt der *Platzhirsch* sein Brunftrevier. Mit gesenkten Köpfen gehen die Gegner aufeinander los. Mit voller Wucht prallen die breiten Schaufelgeweihe aufeinander. Stoßend und schiebend messen sie ihre Kräfte. Der Unterlegene gibt schließlich nach. Der Kampf wiederholt sich viele Male, bis nach Tagen oder Wochen feststeht, wer als stärkster Schaufler zurückbleibt.

Bei solchen *Rivalenkämpfen* verletzen sich die Schaufler gewöhnlich nicht. Die schwächeren Tiere werden vom Brunftrudel abgedrängt und können sich daher mit den weiblichen Tieren nicht paaren.

Wußtest du, daß **Feldhasen** im zeitigen Frühjahr ‚Ohrfeigen' verteilen? In dieser Zeit kann man auf Feldern und Wiesen Hasenansammlungen beobachten. Es sind *Hochzeitsgesellschaften.* Meist werben mehrere männliche Hasen, die Rammler, um eine Häsin. Dabei kommt es zwischen einzelnen Rammlern zu Kämpfen. Diese entscheiden darüber, wer sich mit einer bestimmten Häsin paart. Die Rivalen stellen sich dabei auf die Hinterläufe und trommeln mit den scharfbekrallten Vorderpfoten so heftig gegeneinander, daß nur so die Haare fliegen. Schließlich bleibt bei solchen Rivalenkämpfen ein Sieger übrig. – Nach der Paarungszeit zerstreuen sich die Hasenansammlungen, und die Hasen leben wieder als Einzelgänger.

143.1. Rangordnungskampf zwischen zwei Wölfen

Im Gegensatz zu Hasen schließen sich mehrere **Wölfe** zeitlebens zu einem *Wolfsrudel* zusammen. In einem solchen Rudel müssen sich die einzelnen Rudelmitglieder untereinander verständigen können. Woher aber weiß zum Beispiel ein Wolf, wer zuerst von der Beute fressen darf? Darüber entscheidet die **Rangordnung,** in der jeder Wolf des Rudels einen bestimmten Platz einnimmt. Die Ranghöheren verschaffen sich vor den Rangniederen Zugang zur Nahrung. Die Rangordnung erkennt man an bestimmten Ausdrucksformen. Begegnen sich zum Beispiel zwei Wölfe, hebt der Ranghöhere den Kopf, spitzt die Ohren und stellt den Schwanz auf. Dieses Verhalten bezeichnet man auch als *Imponierverhalten.* Der rangniedere Wolf dagegen hält den Schwanz gesenkt.

Gelegentlich finden zwischen einzelnen Wölfen Kämpfe statt. Dabei wird die Rangordnung neu festgelegt. Wirft sich bei einem solchen Kampf ein Wolf zum Beispiel auf den Rücken und bietet dem Gegner seine Kehle dar, gibt er sich als Unterlegener zu erkennen. Dieses *Demutsverhalten* hemmt den Angreifer, kräftig zuzubeißen.

2. Beschreibe einen Rangordnungskampf zwischen zwei Wölfen anhand der Abbildung 143.1.!

3. Gib die Rangordnung der Wölfe in Abbildung 143.2. an! Begründe deine Entscheidung!

143.2. Rangordnung in einem Wolfsrudel

144.1. Eichhörnchen-Fütterung

144.2. Eichhörnchen lernt Nüsse öffnen

1. Wie erklärst du dir das Verhalten der halbzahmen Eichhörnchen?

2. Eichhörnchen lernen durch Versuch und Irrtum. Beschreibe die Abbildung 144.2.!

5. Tiere können lernen

Heike ist in ihrer Klasse als Tierfreundin bekannt. Jede freie Minute nutzt sie, um Tiere zu beobachten und ihr Verhalten kennenzulernen. So sucht sie hin und wieder auch den nahegelegenen Stadtpark auf. Kaum hat sie sich auf eine Bank gesetzt und aus ihrer Tasche eine Tüte mit Erdnüssen hervorgeholt, nähern sich ihr zwei *Eichhörnchen.* Sie sind auffallend zutraulich. Eines der Tiere frißt Heike sogar aus der Hand. Das zweite Eichhörnchen wagt sich jedoch nur auf etwa zwei Meter heran. Ihm wirft Heike einige Erdnüsse auf den Boden. – Im Wald dagegen flüchten Eichhörnchen, sobald sie einem Menschen begegnen. Wie läßt sich das unterschiedliche Verhalten der gleichen Tiere erklären?

Die ‚Park-Eichhörnchen' haben sich an die Menschen gewöhnt. Sie haben gelernt, daß sie sich vor den Menschen nicht in Sicherheit zu bringen brauchen. Diese Art zu lernen bezeichnet man daher als **Gewöhnung.**

Das Öffnen von Erdnüssen bereitet den Eichhörnchen keine Schwierigkeiten. Bei uns wachsen jedoch keine Erdnüsse. Unsere Eichhörnchen suchen im Spätsommer und im Herbst vor allem nach Haselnüssen. Selbst diese hartschaligen Nüsse öffnen die Tiere in kürzester Zeit mit ihren Nagezähnen, um an die nahrhaften Kerne zu gelangen. – Durch Versuche haben Wissenschaftler herausgefunden, daß Eichhörnchen von Geburt an Nüsse benagen und auch öffnen können. Eichhörnchen, die das erste Mal Haselnüsse öffnen, wirken dabei jedoch noch recht unbeholfen. Die in die Schale genagten Kerben sind so unregelmäßig, daß das noch unerfahrene Eichhörnchen nur durch ein freigenagtes Loch in der Schale an einen Teil des Samens gelangt. Erst durch viele Versuche lernt das Eichhörnchen, wie es die Haselnuß am zweckmäßigsten aufzunagen und zu sprengen hat. Diese Form des Lernens erfolgt also durch **Versuch und Irrtum.** Das Eichhörnchen sammelt bei der Bearbeitung der Nüsse zunehmend Erfahrungen. Der angeborene Trieb, eine Nuß festzuhalten, sie zu benagen und sie schließlich zu öffnen, wird durch *erlernte Fähigkeiten* ergänzt. – Ähnlich lernen Eichhörnchen auch, Fichtenzapfen zu bearbeiten und an die unter den Schuppen verborgenen Samen zu gelangen.

145.1. Dressur bei Delphinen

Auch bei „Zirkustieren" staunen wir immer wieder, was Tiere alles lernen können. Tiger springen durch brennende Reifen, Löwen nehmen auf Kommando bestimmte Plätze ein, Pferde laufen nach Musik einstudierte Figuren. – Besondere Leistungen vollbringen *Delphine*. Delphine sind Meeressäugetiere, die in Gefangenschaft in sogenannten *Delphinarien* gehalten werden. Beim Besuch eines solchen Delphinariums erlebt man zum Beispiel, wie Delphine gleichzeitig in hohem Bogen durch Reifen springen, die über dem Wasser hängen. Wie haben die Tiere diese „Kunststücke" gelernt?

Delphine können von Natur aus geschickt und ausdauernd schwimmen. Von Zeit zu Zeit schnellen sie sogar meterhoch aus dem Wasser, holen Luft und tauchen anschließend wieder weg. Sie leben gesellig in Rudeln. Gemeinsam jagen sie nach Fischen, indem sie sich dabei Fischschwärme zutreiben. Solche Leistungen sind nur möglich, wenn Tiere sich untereinander verständigen. Wissenschaftler haben herausgefunden, daß die Verständigung der Delphine durch verschiedenartige Laute wie Blöken, Grunzen, Quieken, Trillern, Bellen, Klicken und Stöhnen erfolgt. Sie alle haben jeweils eine bestimmte Bedeutung.

Das Springen ist für Delphine nicht außergewöhnlich. Werden sie nach gemeinsamem Springen durch Reifen mit Fischen belohnt, springen sie auf ein bestimmtes Zeichen hin immer wieder durch Reifen. Dadurch haben sie gelernt, auf andere Weise an Nahrung zu gelangen.

Bei einer solchen **Dressur** werden also die angeborenen Fähigkeiten für bestimmte Bewegungsweisen ausgenutzt. Diese werden so lange geübt, bis sie in einer bestimmten Situation in der gewünschten Weise ausgeführt werden.

3. Nenne Beispiele für Lernen durch Gewöhnung!

4. Nenne Beispiele, wie der Mensch angeborene Fähigkeiten eines Tieres für eine Dressur genutzt hat! Denke dabei unter anderem an Hund, Pferd, Tiger, Löwe, Elefant!

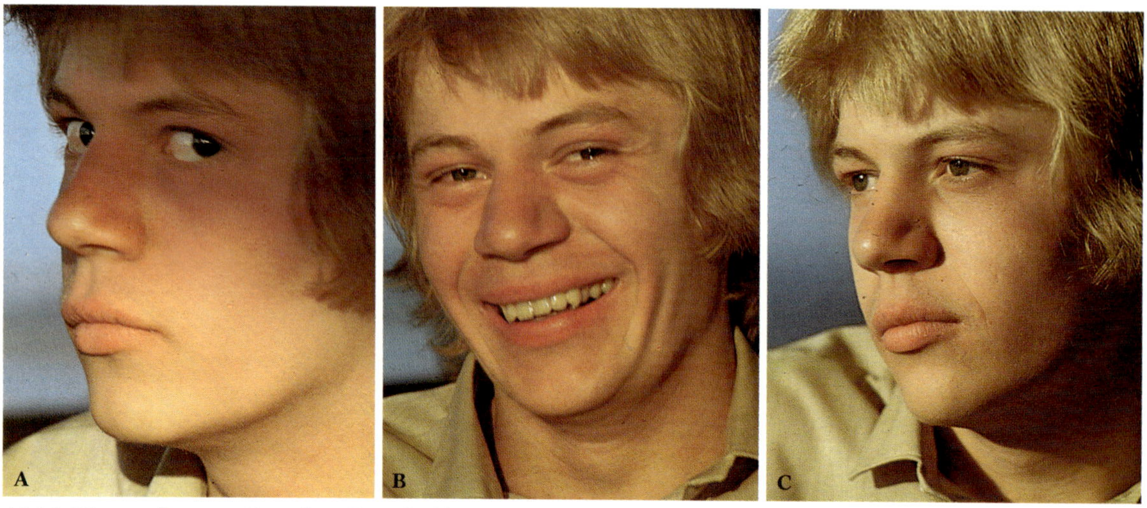

146.1. Die angeborene „Sprache" der Mimik

1. Auf welche Stimmung läßt die Mimik in den drei dargestellten Beispielen schließen? Erläutere! – Suche aus Zeitungen, Zeitschriften, Fotoalben weitere Beispiele und erläutere!

6. Der Mensch zeigt angeborene Verhaltensweisen

„Du freust dich ja heute so!" – „Warum bist du denn so traurig?" – „Hat dich einer geärgert?" – So oder ähnlich bist du vermutlich schon einmal von deiner Mutter oder von deinem Vater empfangen worden. Woher können deine Eltern wissen, wie dir zumute ist, obwohl du noch kein Wort gesagt hast?

Der Gesichtsausdruck und die Haltung deines Kopfes verraten deine gegenwärtige *Stimmung.* Aus bestimmten Bewegungen deines Gesichtes, der **Mimik,** und des Kopfes können sie darauf schließen, ob du traurig, zornig, enttäuscht, glücklich oder zufrieden bist. Auch ohne Worte, allein durch die ‚Sprache' deines Gesichtsausdruckes, können dich deine Eltern zum Teil verstehen. Die Mimik ist den Menschen angeboren. Wir haben sie nicht gelernt. Diese angeborenen Verhaltensweisen zeigen daher auch blind oder sogar taubblind geborene Menschen, die keine Gelegenheit haben, dieses Verhalten nachzuahmen.
Besonders an Neugeborenen können wir beobachten, welche Verhaltensweisen des Menschen angeboren sind und welche wir erst im Laufe unserer Entwicklung erwerben. Hat der neugeborene Säugling Hunger, bewegt er seinen Kopf hin und her. Auch wenn wir mit einem Finger den Mund des Säuglings berühren, werden diese Bewegungen ausgelöst. Er sucht dabei unbewußt die Mutterbrust, um Nahrung zu sich zu nehmen. Legt die Mutter ihn nun an ihre Brust, führt er mit dem Kopf solange seitliche Pendelbewegungen aus, bis er mit dem Mund die Brustwarze gefunden hat. Hat er diese fest zwischen seine Lippen genommen, hört das *Suchverhalten* auf. Jetzt beginnt der Säugling zu saugen, um seinen Hunger zu stillen. Das Suchverhalten und das Saugverhalten sind angeborene Verhaltensweisen.
Bald nach der Geburt ihres Kindes probiert die Mutter oft aus, ob der Säugling auch ‚normal' reagiert. Berührt sie mit ihrem Finger die Handfläche des Neugeborenen, so wird bei ihm der *Greifreflex* ausgelöst. Die Finger umschließen in einer bestimmten Reihenfolge fest den Finger der Mutter. Auch beim Saugen kann man eine solche Greifbewegung beobachten. Diese Verhaltensweise wird so gedeutet, daß sich der

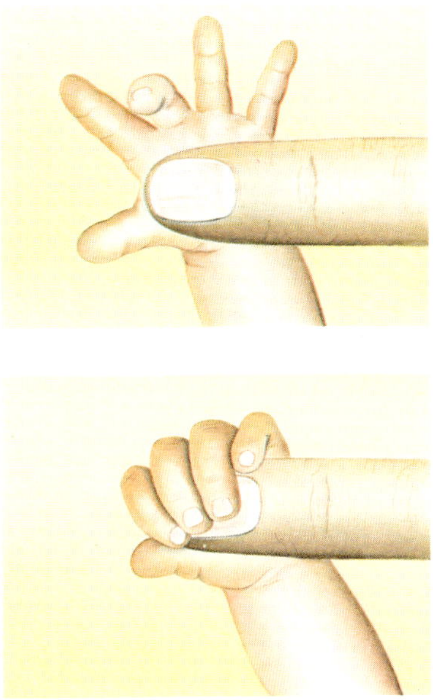

147.1. Greifreflex beim Säugling

147.2. „Körpersprache" auf dem Fußballfeld

Säugling am ‚Fell' seiner Mutter anklammern möchte. Wenn Säuglinge am Körper ihrer Mutter schlafen, halten sie sich auch auf diese Weise am Kleid oder an der Bluse fest. Der Greifreflex erfolgt ebenfalls *instinktiv.*

Wenn ein Kleinkind erschrickt oder sich ängstigt, läuft es schnell zu seiner Mutter und klammert sich bei ihr fest. Es sucht bei ihr Schutz. Auch Erwachsene flüchten in bestimmten Situationen der Not in die Arme eines anderen Menschen und fühlen sich auf diese Weise geborgen. – Bei einem plötzlich auftretenden lauten Geräusch, zum Beispiel einem tieffliegenden Düsenflugzeug, heben wir die Schultern hoch und halten den Kopf schützend zwischen unsere Hände. Kinder und Erwachsene verhalten sich dabei instinktiv in gleicher Weise.

Zu Hause und in der Schule haben zum Beispiel Kinder ihr eigenes *Revier.* Das ist der Sitzplatz in der Schule, das eigene Zimmer, der Arbeitsplatz oder die Spielecke zu Hause. Dort fühlen sie sich besonders geborgen. Aus diesem Revier lassen sie sich ungern verdrängen. – In der Schule, auf dem Schulweg oder auch zu Hause kommt es hin und wieder zu Streitigkeiten, die in eine Balgerei ausarten können. Dabei wollen die Streitenden herausfinden, wer der Stärkere ist. Nach dem ‚Kampf' wird der Sieger von dem Unterlegenen respektiert. In einer Gruppe bildet sich auf diese Weise eine *Rangordnung,* in der jedes Gruppenmitglied seinen bestimmten Platz hat. Er wird von den Gruppenmitgliedern beachtet. Man nimmt an, daß dieses Rangordnungsverhalten dem Menschen angeboren ist.

2. Beschreibe das Instinktverhalten des Säuglings anhand der Abbildung 147.1.! Suche weitere Beispiele zum Instinktverhalten!

3. Nenne Beispiele für Revierverhalten beim Menschen!

4. Beschreibe das Verhalten der Fußballer und des Schiedsrichters auf Abbildung 147.2.! – Wie äußern sich ‚Drohverhalten' und ‚Demutsverhalten'?

Bau und Leistungen der Blütenpflanzen

148.1. Blütenpflanzen als Balkonpflanzen

1. Beschreibe den Bau der abgebildeten Geranie!

1. Blütenpflanzen zeigen einen gemeinsamen Bauplan

Sicherlich ist dir schon einmal die Blütenpracht von Geranien, Petunien oder Begonien in Balkonkästen aufgefallen. Mit ihren leuchtenden Blüten verschönern sie unsere Umgebung. Blüten findest du auch bei sehr vielen Pflanzen, die auf Wiesen, Feldern und in Wäldern wachsen. Solche Pflanzen bezeichnet man als *Blütenpflanzen.* Zeigen Blütenpflanzen außer Blüten noch weitere gemeinsame Baumerkmale?
Untersuchen wir daraufhin verschiedene Balkonpflanzen! Beim Umsetzen von Geranien aus Blumentöpfen in Balkonkästen fällt dir ein weiteres gemeinsames Baumerkmal auf: die **Wurzel.** Du findest dickere *Hauptwurzeln,* von denen zahlreiche dünnere *Seitenwurzeln* abzweigen. Wurzeln verankern die Pflanze im Boden. Sie nehmen Wasser und darin gelöste Nährsalze auf und leiten sie in die oberirdischen Pflanzenteile. Dies geschieht in dünnen Röhrchen, die man *Gefäße* nennt.
Die oberirdischen Pflanzenteile bilden den **Sproß.** Das ist die Sproßachse mit den Blättern. Die *Sproßachse* wird bei *krautigen Pflanzen* wie bei der Geranie auch *Stengel* genannt. Die Sproßachse eines Baumes heißt *Stamm.* Er ist im Gegensatz zum Stengel *verholzt. Bäume* gehören daher zu den *Holzgewächsen.* Viele Holzgewächse haben einen sehr kurzen Stamm, aus dem viele Zweige entspringen. Solche Blütenpflanzen heißen *Sträucher.* – Die Sproßachse gibt der Pflanze Festigkeit und leitet in den Gefäßen das Wasser von den Wurzeln in die Blätter.
Für den Transport von Wasser besitzen auch die *Blätter* Gefäße. Sie liegen in den deutlich erkennbaren *Blattadern.* Blattadern sind entweder netzförmig oder parallel angeordnet. Von den Gefäßen gelangt das Wasser in das Blattinnere. Hier wird es zur Bildung von Aufbaustoffen für das Wachstum der Pflanze verwendet.
In den Blattachseln findest du *Knospen.* Sie können zu *Seitensprossen* auswachsen. Auch Seitensprosse und Sprosse haben an ihren Enden Knospen. Diese Knospen können *Blüten* ausbilden.
Sproßachse, Blatt und Wurzel sind die Grundorgane einer Pflanze. Alle Blütenpflanzen haben diese Grundorgane. Man sagt, sie zeigen einen gemeinsamen Bauplan.

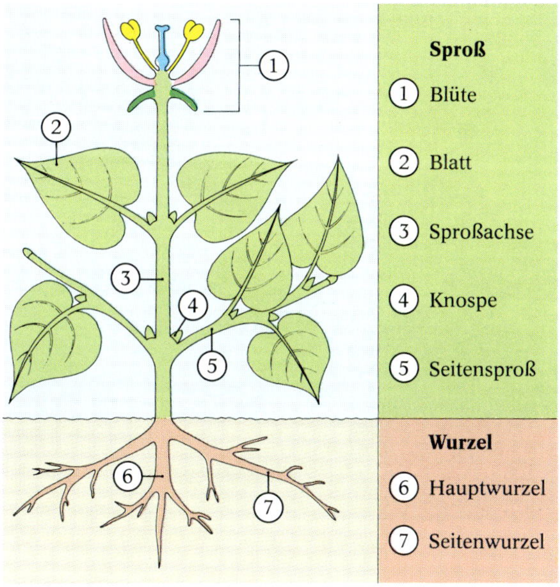

149.1. Bauplan einer Blütenpflanze (Schema)

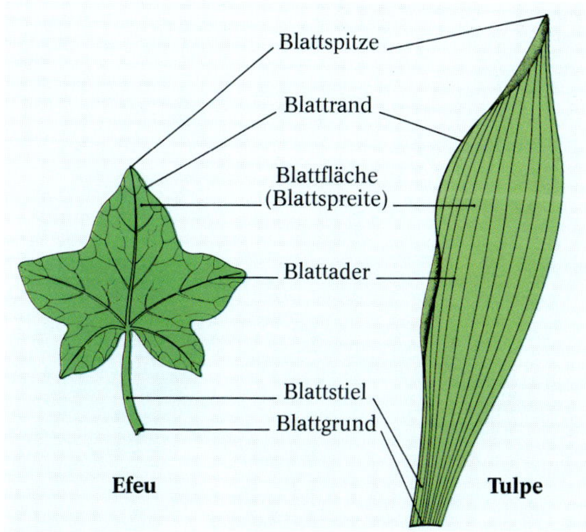

149.3. Verschiedene Blätter – gleicher Bauplan

2. Vergleiche ein Blatt einer Graspflanze mit dem Blatt einer Taubnessel! Zeichne!

Flach- und Tiefwurzler

Versuchst du, Klatschmohn und Taubnessel mit ihren Wurzeln aus dem Boden zu ziehen, so gelingt es dir leichter beim Klatschmohn. – Die Taubnessel hat Wurzelbüschel: Dünnere Hauptwurzeln mit vielen Seitenwurzeln sind flach unter der Erde ausgebreitet. Solche Pflanzen heißen Flachwurzler. Dagegen besitzt der Mohn eine dickere, pfahlartige Wurzel. Mit dieser langen Pfahlwurzel ist die Pflanze auch in sandigen Böden fest verankert. Der Mohn kann damit Wasser aus tieferen Bodenschichten aufnehmen. Er ist ein Tiefwurzler.

Auch bei Bäumen und Sträuchern finden wir Flach- und Tiefwurzler. So sind Fichten und Buchen Flachwurzler, Kiefern dagegen Tiefwurzler.

149.2. Wurzelformen

3. Aus einer Zeitungsmeldung: „. . . Mit Geschwindigkeiten von über 90 Kilometern in der Stunde raste ein Sturm über Norddeutschland. Zahlreiche Straßen waren durch entwurzelte Bäume nicht mehr passierbar. Augenzeugen berichteten, daß Stämme hoher Kiefern wie Streichhölzer umknickten. Der Sturm richtete . . .“
Welche Erklärung hast du für das Entwurzeln und das Abknicken von Bäumen bei einem Sturm?

4. Spüle die Wurzeln einer Löwenzahnpflanze und einer Getreidepflanze mit Wasser ab! Vergleiche die Form der Wurzeln! Welche der beiden Pflanzen ist ein Tiefwurzler?

150.1. Kirschblüten. *A Kirschbaum; B Kirschzweig*

1. Beschreibe den Bau einer Blütenknospe und einer Blüte vom Kirschbaum! Zeichne!

2. Blüten dienen der Fortpflanzung

2.1. Blüten bestehen aus umgebildeten Blättern

Im Frühjahr blühen die Obstbäume. Schon von weitem leuchtet der Kirschbaum mit Tausenden seiner weißen Blüten. Betrachten wir eine Kirschblüte aus der Nähe!
Sofort fallen uns die fünf großen, weiß leuchtenden **Blütenblätter** auf. Man bezeichnet sie auch als *Kronblätter.* Sie locken Insekten an, zum Beispiel Bienen. Eine benachbarte Knospe gibt uns einen Hinweis auf eine weitere Aufgabe der Blütenblätter: Bei geschlossener Blüte schützen sie die inneren Blütenteile. Dabei werden die Blütenblätter von fünf grünen Blättern umhüllt. Es sind die **Kelchblätter.** Sie sitzen am Rande des kelchförmigen *Blütenbodens* und schützen ebenfalls die Blüte.

Auf die Blütenblätter folgt nach innen ein Büschel von über 30 **Staubblättern.** Jedes Staubblatt setzt sich aus dem *Staubfaden* und dem verdickten *Staubbeutel* zusammen. Berührst du einen reifen Staubbbeutel mit den Fingern, so bleibt gelber Blütenstaub daran hängen. Dieser wird in den vier *Pollensäcken* des Staubbeutels gebildet. Blütenstaub bezeichnet man auch als *Pollen.* Er besteht aus mikroskopisch kleinen *Pollenkörnern.* Aus ihnen entwickeln sich die männlichen Geschlechtszellen. Staubblätter sind daher die *männlichen Blütenorgane.* Sie sind umgewandelte Blätter.

Auch das **Fruchtblatt** der Kirschblüte ist ein umgewandeltes Blatt. Es ist zum *Stempel* zusammengewachsen. Der Stempel ragt aus der Mitte der Staubblätter heraus. Wir sehen den *Griffel* mit der klebrigen *Narbe.* An einem Blütenlängsschnitt erkennen wir, daß sich der Griffel zum Blütenboden hin verdickt. Dieser Teil heißt *Fruchtknoten.* Er enthält die *Samenanlage* mit der *Eizelle.* Das Fruchtblatt ist also das *weibliche Blütenorgan.* Blüten wie die Kirschblüten, die sowohl männliche als auch weibliche Blütenorgane enthalten, nennt der Biologe *Zwitterblüten.*
Die Blüte setzt sich also aus verschiedenen umgebildeten Blättern zusammen. Dies wird bereits an den Namen deutlich: Kelch*blätter,* Blüten*blätter,* Staub*blätter* und Frucht*blätter.*

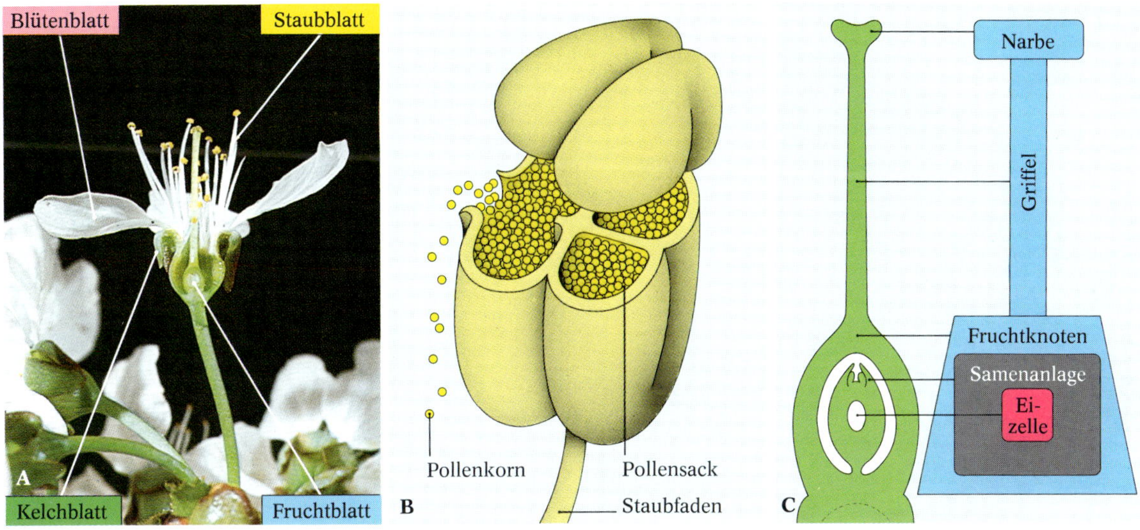

151.1. Aufbau einer Kirschblüte. *A Längsschnitt; B Staubblatt; C Fruchtblatt*

2. Schneide eine Kirschblüte längs durch! Zeichne den Längsschnitt! Beschrifte!

3. Woran erkennst du, daß Blütenblätter und Kelchblätter umgewandelte Blätter sind?

4. Zierkirschen haben gefüllte Blüten. Bei ihnen sind Staubblätter zu Blütenblättern umgewandelt. Untersuche die Blüte einer Zierkirsche! Zähle Staubblätter und Blütenblätter! Vergleiche mit einer Kirschblüte!

Wir zergliedern eine Kirschblüte

Zur Zergliederung einer Kirschblüte benötigst du außer der Blüte eine Pinzette, ein Stück durchsichtige Klebefolie (60 mm × 60 mm) und schwarzen Zeichenkarton. Lege die Klebefolie mit der Klebeseite nach oben auf den Tisch! Zupfe von der Blüte vorsichtig mit der Pinzette erst die Blütenblätter, dann die Kelchblätter, die Staubblätter und schließlich den Stempel ab! Lege die Blütenteile so auf die Klebefolie, wie du es auf der Abbildung siehst, und drücke leicht an! Drehe die Klebefolie mit den anhaftenden Blütenteilen um und klebe sie auf den Zeichenkarton! Du hast nun ein Legebild einer Kirschblüte. Hieraus kannst du die Anordnung und die Anzahl der Blütenteile erkennen.
Stellt man die Anordnung der Blütenteile zeichnerisch vereinfacht dar, erhält man einen **Blütengrundriß.** Er entsteht, wenn eine geschlossene Blüte etwa in der Mitte quer durchgeschnitten wird. In der Zeichnung sind die einzelnen Blütenteile durch bestimmte Farben gekennzeichnet: grün = Kelchblätter; rot = Blütenblätter; gelb = Staubblätter; blau = Fruchtblätter (Stempel).

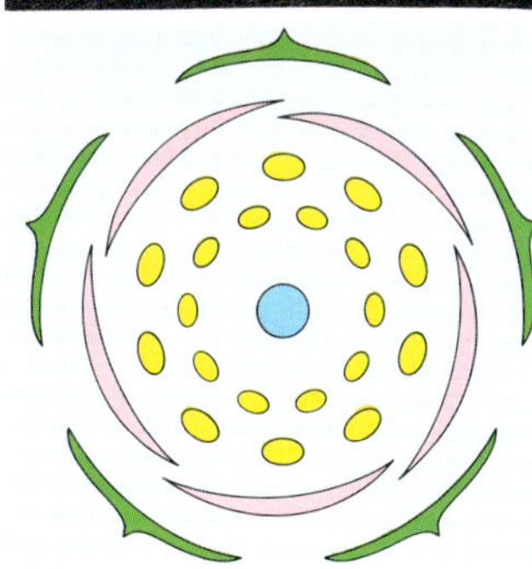

5. Schneide mit einem Messer eine geschlossene Tulpenblüte etwa in der Mitte quer durch! Schaue von oben auf den Querschnitt! Zeichne den Blütengrundriß! Beachte, daß Tulpenblüten keine Kelchblätter besitzen!

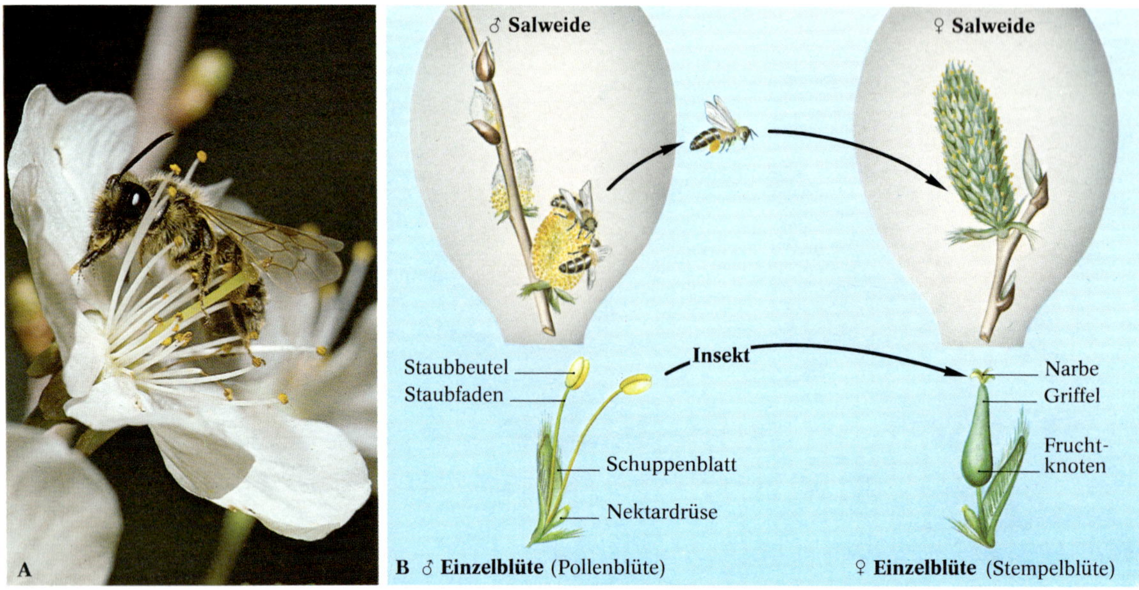

152.1. Insektenbestäubung. *A Kirsche; B Salweide*

2.2 Pollenkörner „reisen"

Blühende Kirschbäume werden von Bienen angeflogen. Kirschblüten enthalten Pollen und Nektar, die den Bienen als Nahrung dienen. *Nektar* ist ein zuckerhaltiger Saft, der von Nektardrüsen am Blütenboden ausgeschieden wird. Bienen saugen ihn mit ihrem Rüssel auf und bilden daraus *Honig*. Verfolgen wir die Nahrungssuche einer Biene!

Ältere Kirschblüten enthalten reife Staubbeutel, die Blütenstaub abgeben. Um an den Nektar zu gelangen, drückt die Biene die Staubblätter beiseite. Viele klebrige Pollenkörner bleiben in ihrem Haarpelz hängen. Mit diesem Pollen fliegt sie zur nächsten Blüte. – Diesmal ist es eine junge Blüte: Die Staubbeutel sind noch geschlossen, der Stempel dagegen ist schon reif und hat eine glänzende und klebrige Narbe. Bei der Suche nach dem Nektar streift die Biene einige im Haarpelz verbliebene Pollenkörner an der Narbe ab. Sie bleiben dort haften. Für diese Pollenkörner ist die „Reise" zu Ende. Man sagt, die Blüte ist **bestäubt.**

Bei einer Kirschblüte sind die Staubblätter und der Stempel selten gleichzeitig reif. Auf diese Weise werden die Narben von jungen Kirschblüten immer mit den Pollenkörnern von fremden, älteren Kirschblüten bestäubt. Diese Bestäubungsart heißt **Fremdbestäubung.**

Ganz anders erfolgt die Fremdbestäubung bei der *Salweide.* Bestimmt sind dir im zeitigen Frühjahr schon einmal ihre goldgelben „Kätzchen" aufgefallen. Untersuchst du sie genauer, findest du nur Staubblätter. Immer zwei Staubblätter bilden zusammen mit einem kleinen, seidenhaarigen Tragblatt und einer Nektardrüse die männliche Blüte. Man nennt sie *Pollenblüte.* Ein Kätzchen besteht also aus vielen Pollenblüten. Es bildet einen *Blütenstand.* Bienen besuchen diese leuchtenden Blütenstände. Bei der Nektarsuche werden sie mit Pollen „eingepudert".
An einer gelbblühenden Weide entdeckst du nie weibliche Blüten. Du findest sie dagegen an Weiden mit graugrünen Kätzchen. Weibliche und männliche Blüten „wohnen" sozusagen in „zwei Häusern". Solche Pflanzen nennt der

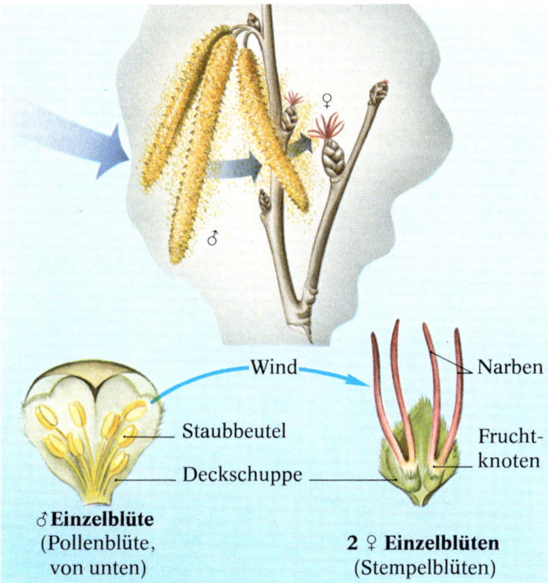

153.1. Windbestäubung bei der Hasel

Biologe *zweihäusig*. Obwohl die graugrünen Kätzchen unauffällig aussehen, werden sie von Bienen besucht. Was mag der Grund sein?

Ein weiblicher Blütenstand setzt sich aus vielen Einzelblüten, den *Stempelblüten*, zusammen. Ihre Nektardrüsen sondern reichlich Nektar ab. Dadurch wird ein feiner Duft verbreitet, der die Bienen anlockt. Bei der Nektarsuche bestäuben sie die klebrige Narbe mit Pollenkörnern. – Weiden und Kirschen, deren Blüten von Insekten wie den Bienen bestäubt werden, gehören zu den **Insektenblütlern.**
Im Gegensatz zu den Zwitterblüten der Kirsche enthalten die Weidenblüten nur männliche oder nur weibliche Blütenorgane. Sie sind *getrenntgeschlechtlich*.

Auch die *Hasel* hat getrenntgeschlechtliche Blüten. Männliche und weibliche Blüten wachsen jedoch in „einem Haus". Die Hasel ist eine *einhäusige* Pflanze. Die gelben Haselkätzchen, also die männlichen Blütenstände, erkennst du leicht. Die weiblichen Blüten kann man dagegen mit Blattknospen verwechseln.

Blüte – Biene: Wer nützt wem?

Hast du schon einmal an einem Rapsfeld ähnliche Holzkästen wie in der Abbildung 153.2. entdeckt? Es sind Bienenstöcke, die ein Imker aufgestellt hat. Unermüdlich fliegen Bienen durch die schlitzförmigen Öffnungen ein und aus. Die einfliegenden Bienen tragen Pollen und Nektar in den Bienenstock. Nektar wird von den Bienen zu Honig umgewandelt. Honig und Pollen dienen ihnen und der Brut im Stock als Nahrung. Einen Teil des Honigs entnimmt der Imker. Er erhält Rapshonig, wenn der Bienenstock an einem Rapsfeld steht. Zur Zeit der Heideblüte wandert der Imker mit den Bienenstöcken in ein Heidegebiet. Die Bienen liefern nun Heidehonig. Bienen sammeln immer nur Nektar einer bestimmten Blütensorte. Man sagt, sie sind blütenstetet. – **Blütenstetigkeit** ist für die Pflanzen von Nutzen: Bei der Nektarsuche werden die Blüten bestäubt. Aus ihnen entwickeln sich dann Früchte. Durch die Blütenstetigkeit wird erreicht, daß Kirschblüten immer nur von Kirschpollen, Rapsblüten immer nur von Rapspollen bestäubt werden. Bestäubt man Kirschblüten mit Pollen von Apfelblüten, entstehen keine Früchte. – Blüten und Bienen nützen sich also gegenseitig. Bienen müssen daher geschützt werden.

153.2. Bienenstöcke an einem Rapsfeld

1. Beschreibe die Bedeutung von Bienenbesuchen:

	Birne	*Kirsche*	*Apfel*
Ertrag eines Baumes ohne Bienenflug	*45 kg*	*11 kg*	*10 kg*
Ertrag eines Baumes mit Bienenflug	*156 kg*	*20 kg*	*100 kg*

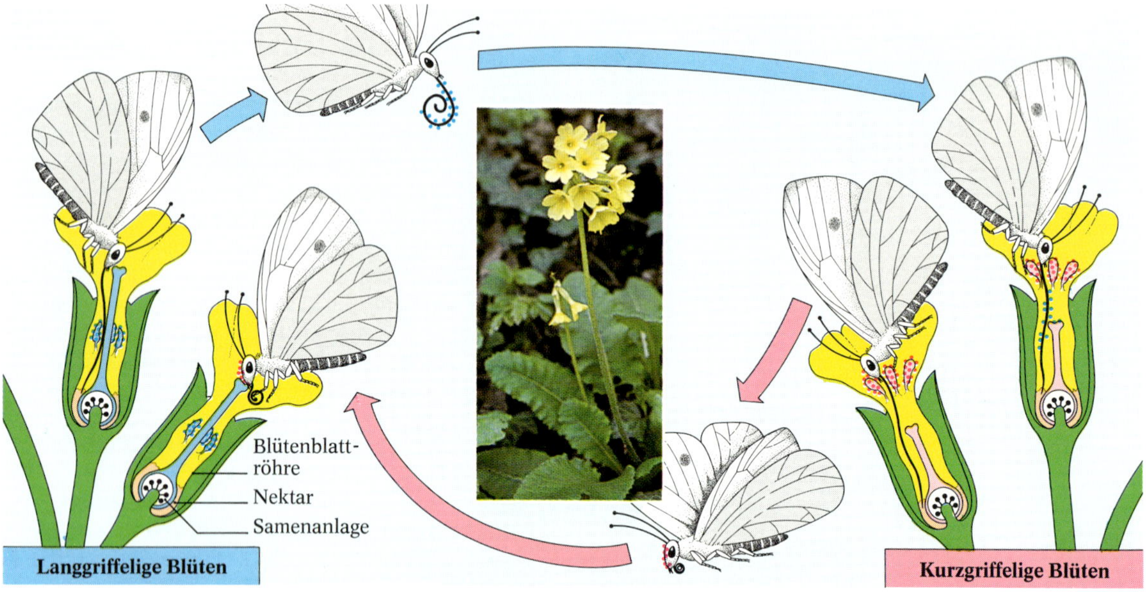

154.1. Fremdbestäubung bei der Schlüsselblume

Rote, pinselartige Narben an der Knospenspitze „verraten" den weiblichen Blütenstand. Er ist unscheinbar und wird von Bienen nicht besucht. Und doch kommt es auch hier zu einer Bestäubung: Aus reifen Staubbeuteln fallen bei warmem Wetter die trockenen, leichten Pollenkörner auf die Deckschuppe der darunterliegenden männlichen Blüte. Nun können sie mit dem Wind fortgeweht werden. Dabei bilden sie oft durch ihr massenhaftes Auftreten gelbe Blütenstaubwolken. Einige Pollenkörner „reisen" auf diese Weise zu den weiblichen Blütenständen. Hier bleiben sie an den klebrigen Narben hängen. Die Hasel ist also ein **Windblütler.**

Auf ganz andere Weise wird bei der *Schlüsselblume* die Fremdbestäubung gesichert. Hier finden wir raffinierte *Blüteneinrichtungen:* Die fünf Blütenblätter sind jeweils zu einer Röhre mit fünf Zipfeln verwachsen. Diese *Blütenblattröhre* ist für Bienen mit ihren kurzen Rüsseln zu lang und zu eng. Hummeln und Schmetterlinge dagegen können mit ihren langen Rüsseln den Nektar vom Blütenboden aufsaugen. Bei einem Teil der Schlüsselblumen entdecken wir Blüten mit einem *kurzen Griffel* und oben in der Blütenblattröhre sitzenden Staubblättern. Andere Schlüsselblumen besitzen Blüten mit *langen Griffeln* und tiefsitzenden Staubblättern. Fliegt ein Schmetterling zu einer langgriffeligen Blüte, bleiben Pollenkörner an seinem Rüssel kleben. Sie „reisen" auf diese Weise zu anderen Blüten. Trifft der Schmetterling bei der Nektarsuche auf eine kurzgriffelige Blüte, streift der Rüssel mit den Pollenkörnern die Narbe und bestäubt die Blüte. Dabei wird der Kopf des Schmetterlings durch die oben sitzenden Staubblätter mit Blütenstaub „eingepudert". Beim erneuten Besuch von langgriffeligen Blüten bleiben Pollenkörner an deren Narben haften.

2. Untersuche und beschreibe den Blütenbau von Hasel und Weide! Erläutere, inwiefern der Blütenbau der Bestäubung angepaßt ist!

3. Der Raps kann als „Bienenblume", die Taubnessel als „Hummelblume" bezeichnet werden. Erläutere! Nimm auch die Seiten 190 und 193 zu Hilfe!

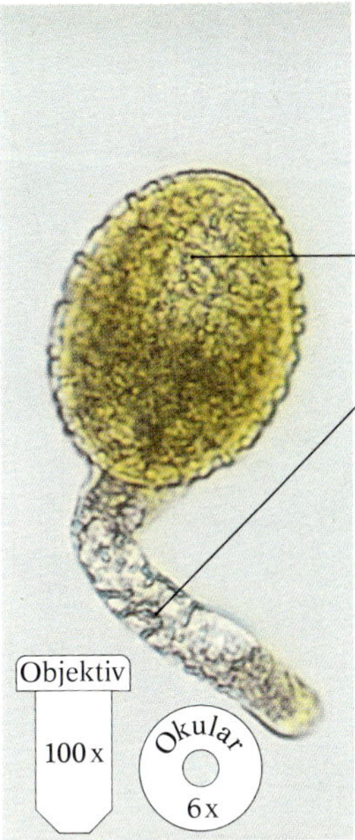

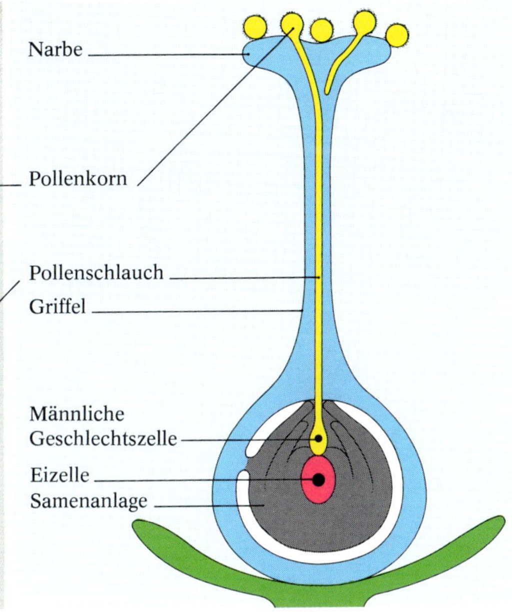

155.1. Pollenkornkeimung und Pollenschlauchwachstum

1. Gib zu 90 ml Wasser einen gehäuften Teelöffel Zucker! Lege in eine Petrischale feuchtes Filtrierpapier! Gib einen Tropfen der Zuckerlösung auf einen Objektträger! Tupfe reife Staubblätter der Kirsche oder des Fleißigen Lieschens in den Tropfen! Lege dann den Objektträger auf das Filtrierpapier und decke die Petrischale zu! – Lege nach etwa 1/2 Stunde ein Deckglas auf den Tropfen! Du hast nun ein Präparat von keimenden Pollenkörnern in Zuckerlösung. – Mikroskopiere und zeichne!

2.3. Wie kommt es zur Befruchtung?

Ein interessanter Versuch: Bei Kirschblüten schnitt man gleich nach dem Öffnen der Blüten die Narben ab. Pollenkörner konnten nun nicht mehr kleben bleiben. Später stellte sich heraus, daß sich aus diesen Blüten keine Früchte entwickelten.

Bestäubung führt also zur Fruchtbildung. Dies geschieht so: Zunächst bleiben Pollenkörner auf der zuckerhaltigen, klebrigen Narbe einer Blüte haften. Bei der Kirschblüte findet man hier durchschnittlich 50 Pollenkörner. Sie beginnen zu **keimen:** Aus jedem Pollenkorn wächst ein mikroskopisch kleines, schlauchartiges Gebilde. Man nennt es **Pollenschlauch.** Diese Pollenschläuche wachsen in die Narbe und dann in den Griffel. Ein „Wettwachsen" beginnt! Das Ziel ist die Eizelle in der Samenanlage. Der Pollenschlauch, der am schnellsten wächst, dringt in die Samenanlage ein. – Inzwischen hat sich im Pollenschlauch auch die *männliche Geschlechtszelle* gebildet. Hat der Pollenschlauch die *Eizelle* erreicht, erfolgt die **Befruchtung:** Der Pollenschlauch öffnet sich, und die männliche Geschlechtszelle dringt in die Eizelle ein. Beide Zellkerne vereinigen sich zu einem Zellkern. Dies ist der Zellkern der *befruchteten Eizelle.* – Die Befruchtung ist abgeschlossen. Keine weitere männliche Geschlechtszelle kann in die Eizelle eindringen. Jetzt beginnt die Entwicklung der Kirschfrucht.

2. Welche Aufgaben erfüllen Kelchblätter, Blütenblätter, Staubblätter, Stempel und Blütenboden bei der Bestäubung? Welche Aufgaben erfüllen diese Blütenteile bei der Befruchtung?

3. Von sämtlichen Blüten eines blühenden Zweiges an einem Kirschbaum entferne man sofort nach dem Öffnen der Blüten die Blütenblätter. In der Folgezeit reiften an allen Zweigen des Kirschbaumes zahlreiche Kirschen heran. Nur an dem behandelten Zweig bildeten sich wenige Früchte. Was war geschehen? Erläutere!

4. Überlege dir Versuche, mit denen du die Aufgaben von Blütenblättern, Staubblättern und Fruchtblättern bei der Bestäubung überprüfen kannst! – Führe diese Versuche gegebenenfalls an Tulpen in einem Garten durch!

156.1. Eine Kirsche reift heran

2.4. Nach der Befruchtung entwickeln sich Früchte mit Samen

Nach der Befruchtung verändern sich die Blüten. Bei der Kirsche werden die Blütenblätter braun. Sie welken und fallen ab. Auch der Griffel und die Narbe des Stempels vertrocknen. Der Fruchtknoten dagegen schwillt an. Bald wird der krugförmige Teil des Blütenbodens zu eng. Er wird gesprengt. An der wachsenden **Frucht** bleiben Kelchblätter und Staubblätter mit dem Blütenbodenrest zunächst wie ein Gürtel haften. Später vertrocknen diese Blütenteile und fallen ab.

Allmählich wächst die Frucht zur reifen Kirsche heran. Aus der Wand des Fruchtknotens entwickelt sich die *Fruchtwand*. Sie besteht aus drei Schichten: Das rote, saftige *Fruchtfleisch* der reifen Kirschfrucht wird außen von einer glatten *Haut* und innen von einer harten *Schale* begrenzt. Diese Schale ist steinhart. Daher bezeichnet man solche Fruchtformen als *Steinfrüchte*. Im Inneren des Kirschsteins liegt geschützt der **Samen.** Er hat sich aus der Samenanlage mit der befruchteten Eizelle gebildet.

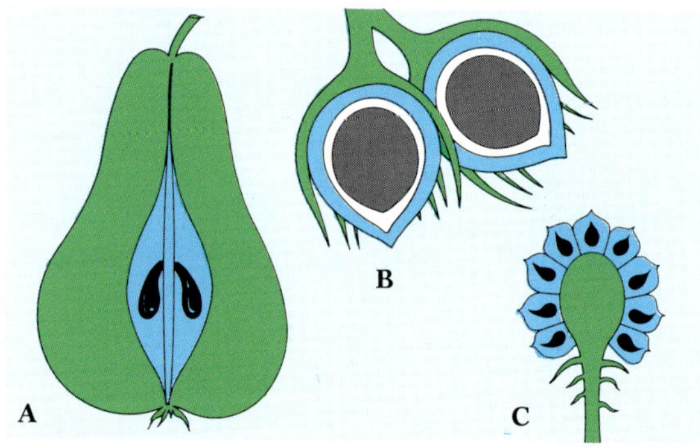

156.2. Fruchtformen. *A Birne; B Haselnuß; C Brombeere*

1. Finde heraus, welche Fruchtformen Birne, Haselnuß und Brombeere haben! Nimm die Abbildung 157.1. zu Hilfe! Begründe!

2. Zeichne die Entwicklung der Kapselfrucht bei der Tulpe! Nimm die Abbildung 156.1. zu Hilfe!

3. Die Einzelfrucht der Erdbeere ist eine Nuß. Begründe! – Die Walnuß dagegen ist keine Nuß. Untersuche eine frische Frucht vom Walnußbaum oder informiere dich in Pflanzenbüchern! Welche Fruchtform zeigt die Walnuß? Erläutere!

Hülsenfrucht (Erbse). Der Stempel der Erbsenblüte besteht aus einem verwachsenen Fruchtblatt. Du mußt dir vorstellen, daß das Fruchtblatt längs der Mittelrippe zusammengeklappt ist und die Blattränder miteinander verwachsen sind. An dieser „Naht" sitzen mehrere Samenanlagen in einer Reihe. Aus einem solchen Fruchtblatt entwickelt sich die *Hülsenfrucht.* Die reife Frucht springt an der Mittelrippe und an der Verwachsungsnaht auf.

Kapselfrucht (Mohn). Bei der Mohnblüte ist der Stempel aus mehreren Fruchtblättern verwachsen. Im Querschnitt erkennst du Scheidewände, die in der Mitte nicht zusammenstoßen. An diesen Scheidewänden sitzen die Samenanlagen. In der reifen Frucht, der *Kapsel,* sind die Samen von den Scheidewänden gelöst. In einer Kapsel liegen bis zu 3000 Samen. Sie werden beim Mohn durch Poren ausgestreut.

Beerenfrucht (Stachelbeere). Die Blüten der Stachelbeere sehen unscheinbar aus. Die weißlichen Blütenblätter sind sehr klein. Im Gegensatz zur Kirsche, zur Erbse und zum Mohn ist der Fruchtknoten im Blütenboden eingesenkt und mit ihm verwachsen. Man sagt, er ist *unterständig.* – Die gesamte Fruchtwand der Stachelbeere ist fleischig. *Beeren* sind also Früchte, bei denen das saftige Fruchtfleisch zahlreiche Samen umschließt.

Scheinfrucht (Apfel). Die Apfelblüte besitzt einen unterständigen Fruchtknoten. Aus diesem entwickelt sich die eigentliche Frucht: das *Kerngehäuse* mit den fünf pergamentartigen Fächern. In jedem Fach liegen bis zu zwei Samen, die Apfelkerne. Der Apfel ist eine *Kernfrucht.* – Das Fruchtfleisch des Apfels dagegen ist aus dem fleischigen Blütenboden entstanden. Der ganze Apfel ist also nur scheinbar eine Frucht. Solche Früchte nennt man daher *Scheinfrüchte.*

Sammelfrucht (Erdbeere). Bei der Erdbeere sitzen auf dem kolbenförmigen Blütenboden viele kleine Stempel. Aus jedem Stempel entwickelt sich nach der Befruchtung eine Frucht. Die gesamte Fruchtwand dieser *Einzelfrucht* ist hart. Solche Früchte heißen *Nüsse.* Sehr kleine Nüsse sind *Nüßchen.* Sie bilden zusammen eine *Sammelfrucht.* Die Nüßchen sitzen als kleine Körner auf der Oberfläche des fleischigen, stark verdickten Blütenbodens. Die Erdbeerfrucht ist also auch eine *Scheinfrucht.*

157.1. Entstehung verschiedener Fruchtformen. *Blüten und Früchte im Längsschnitt*

*158.1. **Löwenzahn.** A Pflanze; B Blütenboden mit Früchten*

158.2. Flugfrüchte von Bäumen

1. Eine „Pusteblume" enthält etwa 150 Früchte. Wieviele Samen könnten von den in der Abbildung 158.1. A dargestellten Fruchtständen verbreitet werden? Finde eine Erklärung für die Vielzahl an Samen!

2.5. Wie werden Früchte und Samen verbreitet?

Löwenzahnpflanzen findest du fast überall. Selbst in Mauerritzen wachsen sie. Wie kann der Löwenzahn solche Standorte erobern? – Vermutlich hast du schon einmal die kleinen „Fallschirme" der „Pusteblume" fortgeblasen. Die „Pusteblume" bildet den Fruchtstand des Löwenzahns. An jedem „Fallschirm" hängt eine Nußfrucht mit einem Samen. Mit dem **Wind** kann sie auf diese Weise über 10 km weit fortfliegen. Solche Früchte nennt man **Flugfrüchte.** Landet der *Schirmflieger* auf dem Boden, wird die Frucht dort mit ihren Widerhäkchen verankert. So kann aus dem Samen sogar in einer Mauerritze eine neue Pflanze wachsen.
Auch viele Bäume nutzen den Wind zur Verbreitung ihrer Früchte. Diese besitzen dünne Flughäute. Bei den Früchten von Ulme und Birke wirken sie wie *Gleitflügel.* Die Samen sitzen in der Mitte dieser Flügel. Bei der Ahornfrucht dagegen sitzt der Samen am Ende des Flügels. Fällt die Frucht vom Baum, dreht sie sich schraubenförmig wie ein Propeller. Hierdurch wird das Absinken verlangsamt, und die Frucht kann vom Winde fortgeweht werden. Auch die Früchte der Weißbuche und der Linde sind *Schraubenflieger.*
Ganz anders sind die Kapselfrüchte des Mohns an die Verbreitung durch den Wind angepaßt. Am Ende eines langen Stiels schwankt die Mohnkapsel im Winde hin und her. Dabei wirkt sie wie eine Streudose: Aus den Poren werden die leichten Samen herausgestreut und verweht. Solche Früchte heißen **Streufrüchte.**
Auch von **Tieren** werden viele Früchte und Samen verbreitet. Die Früchte der Klette haben Hüllblätter, deren Spitzen hakenförmig umgebogen sind. Mit den Widerhaken bleiben solche **Klettfrüchte** im Fell vorbeistreichender Säugetiere hängen. So werden sie als „Blinde Passagiere" mitgeschleppt, bis sie irgendwo wieder abgestreift werden. – Schöllkraut, Veilchen und Taubnessel scheinen die „Transporteure" ihrer Früchte sogar zu belohnen: Sie besitzen süße *Anhängsel.* Ameisen fressen die Anhängsel und verschleppen dabei diese **Ameisenfrüchte.**
Die Früchte von Vogelbeere, Holunder und Tollkirsche sind als **Lockfrüchte** bekannt. Vögel

159.1. Lockfrüchte. *A Eberesche (Vogelbeere); B Holunder; C Tollkirsche (Vorsicht! Blüten, Blätter und Früchte sind für den Menschen sehr giftig!)*

2. Beschreibe die Art der Verbreitung von Lockfrüchten!

werden durch sie angelockt, verzehren die Früchte und scheiden die unverdaulichen Samen mit dem Kot wieder aus.
Manche Pflanzen verbreiten sich auch von selbst. Berührst du die reife Frucht des Springkrautes, so rollen sich die fünf Fruchtblätter plötzlich ein. Dabei werden die Samen fortgeschleudert. Auch Hülsenfrüchte wie beim Ginster sind solche **Schleuderfrüchte.**

3. Lasse in einem Raum aus etwa 2,50 m Höhe eine Löwenzahnfrucht zu Boden fallen! Stoppe die Fallzeit! Entferne den „Fallschirm"! Führe den Versuch erneut durch! Vergleiche die Fallzeiten! – Führe eine ähnliche Versuchsreihe mit den Flugfrüchten durch, die in der Abbildung 158.2. dargestellt sind!

4. Stelle etwa 1 m von einem Tisch entfernt einen Ventilator an! Führe die Versuchsreihe wie in Aufgabe 3 durch! Miß zusätzlich die Flugstrecke! – Was bedeuten diese Versuche für die Verbreitung?

5. Früchte und Samen werden auch durch den Menschen verbreitet. Nenne Beispiele!

6. Das Springkraut heißt auch „Rühr-mich-nicht-an". Erläutere!

159.2. Schleuderfrucht beim Springkraut

7. Die Frucht vom Raps ist eine Schote. Sie entwickelt sich aus zwei Fruchtblättern. Im Gegensatz zur Hülsenfrucht hat sie eine Scheidewand. Beschreibe die Verbreitungsart von Hülse und Schote!

8. Sammle Früchte und Samen von Ahorn, Buche, Hasel, Eberesche, Klatschmohn, Kastanie und Klette! Ordne sie nach der Art ihrer Verbreitung!

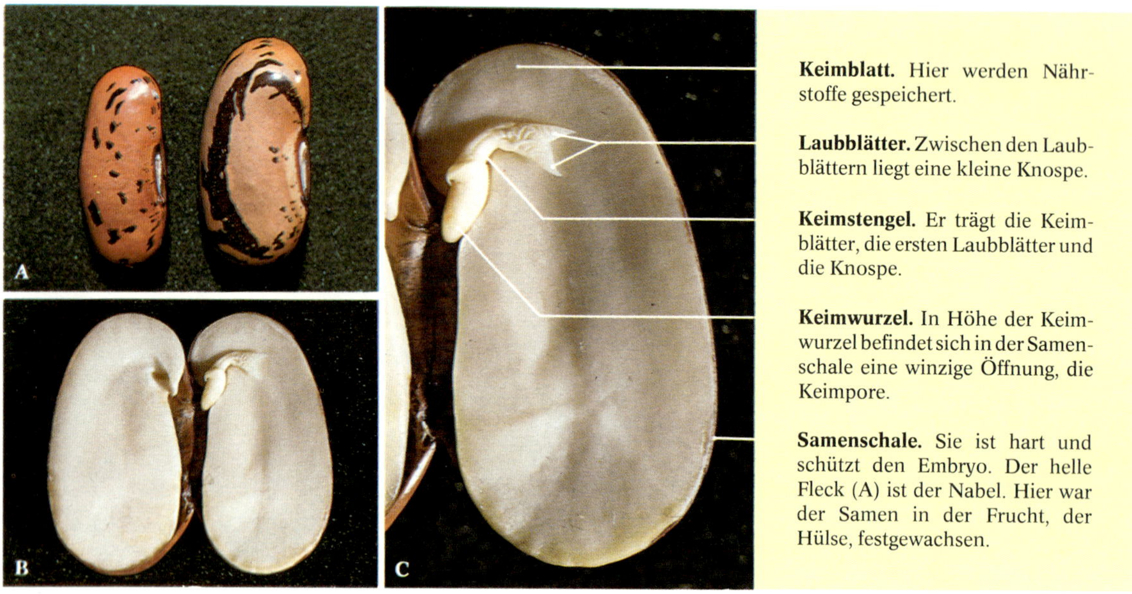

160.1. Feuerbohne. *A Samen (trocken und gequollen); B und C Samen mit aufgeklappten Keimblättern*

3. Aus Samen entwickeln sich Pflanzen

3.1. Im Samen ruht ein Embryo

Vermutest du in dem harten, trockenen Samen einer Feuerbohne ein Lebewesen? Untersuchen wir eine Bohne! Um die braunrote **Samenschale** leichter entfernen zu können, legst du sie für einige Stunden in Wasser. Jetzt „kommt Leben“ in den Samen! Zunächst faltet sich die Samenschale an mehreren Stellen: Wasser dringt in die Bohne ein. Sie wird größer und schwerer. Einen solchen Vorgang bezeichnet man als *Quellung*.
Schälst du die Samenschale ab, siehst du einen **Embryo:** Die beiden Bohnenhälften sind die *Keimblätter*. Klappst du sie auseinander, entdeckst du die *Keimwurzel* und Teile des *Keimsprosses*. An der Spitze des *Keimstengels* kannst du sogar die ersten *Laubblätter* als winzige, weiße Blättchen erkennen.
Ein Samen enthält also ein vollständiges, kleines Pflänzchen, den Embryo, der von einer Samenschale umgeben ist. Trocken können Samen für längere Zeit aufbewahrt werden. Während dieser Zeit zeigt der Embryo keine sichtbaren Veränderungen: Er ruht.

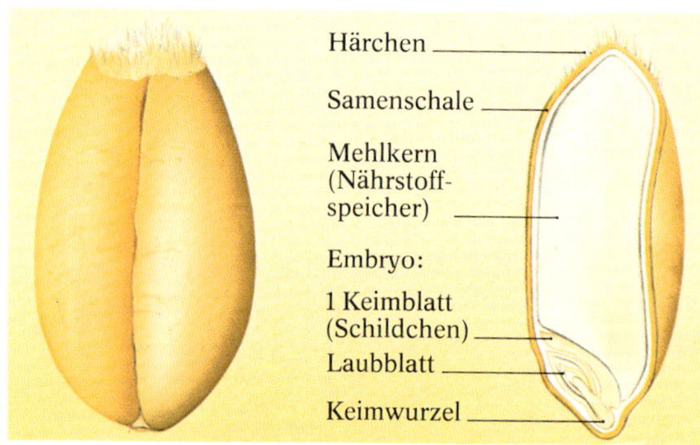

160.2. Weizenkorn

1. Untersuche gequollene Weizenkörner und Samen der Feuerbohne! Beschreibe ihre Baupläne! Vergleiche!

2. Miß die Länge und wiege das Gewicht einer trockenen Feuerbohne! Lege sie dann einen Tag lang in Wasser! Miß und wiege erneut! Erläutere!

3. Fülle ein kleines Gefäß mit Bohnensamen! Bedecke sie mit Wasser! Spanne über die Öffnung eine Einmachfolie und halte sie mit einem Gummiring fest! Stelle das Gefäß in eine größere Schale! Erläutere das Ergebnis nach einem Tag!

161.1. Keimung der Feuerbohne

3.2. Der Embryo wächst zur Keimpflanze

„. . . In jedes Loch werden 3 bis 4 Bohnen etwa 4 cm tief gelegt und mit Erde angedrückt . . .“. So heißt es in einer Anweisung zur Aussaat von Feuerbohnen. Anschließend soll kräftig gegossen werden. Verfolgen wir, was sich dann im Boden abspielt! – Zunächst quillt die Bohne auf und vergrößert sich. Nach einigen Tagen platzt die Samenschale, und die Keimwurzel wächst durch die Keimpore. Sie dringt senkrecht in die Erde ein. Dabei streckt sie sich in die Länge. Dieses *Streckungswachstum* findet an der Wurzelspitze statt. Man nennt diesen Bereich daher auch *Streckungszone.* Bald wachsen Seitenwurzeln schräg nach unten. – Auch der hakig gebogene Keimstengel verlängert sich. Er durchbricht mit den Laubblättern die Erde. Über der Erde richtet er sich auf. Im Licht werden Stengel und Laubblätter grün.
Die Entwicklung von der Quellung der Samen bis zur Entfaltung der ersten Laubblätter nennt man **Keimung.** Die Pflanzen heißen jetzt *Keimpflanzen.* Bei der Feuerbohne bleiben die Keimblätter bis zum Vertrocknen im Boden.

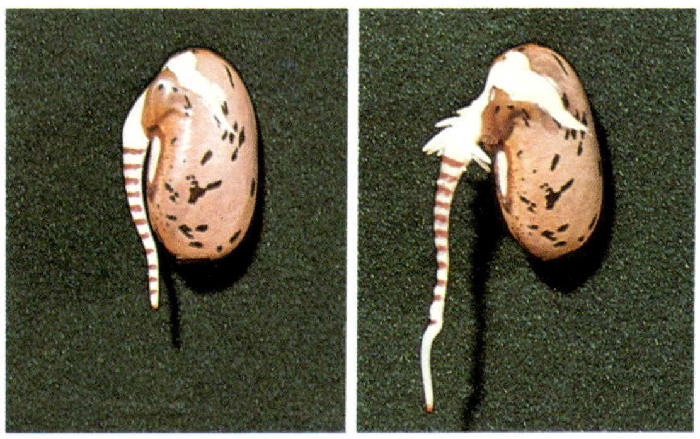

161.2. Wachstumszone der Keimwurzel

1. Beschreibe die Wachstumszone der Keimwurzel anhand der Abbildung 161.2.! Überlege dir einen ähnlichen Versuch zur Darstellung der Wachstumszone des Keimstengels! Führe ihn durch! Vergleiche!

2. Fülle ein Glasgefäß mit Blumenerde! Drücke drei gequollene Samen der Feuerbohne am Rand des Glases etwa 4 cm tief in die Erde, so daß du sie von außen sehen kannst! Stelle das Gefäß hell und warm auf! Halte die Erde feucht! Miß etwa 14 Tage lang täglich die Länge von Keimwurzel und Keimstengel! Fertige Säulendiagramme an!

162.1. Keimungsversuche mit Gemüsebohnen

Versuche helfen dir, Fragen zu beantworten

In der Biologie führt man oft Versuche durch, um Beobachtungen zu erklären. Du machst zum Beispiel die **Beobachtung,** daß ausgesäte Bohnen nach einigen Tagen keimen. Daraus kann sich die **Frage** ergeben, was diese Bohnen zum Keimen bringt. Du stellst verschiedene **Vermutungen** an: Es kann 1. die Erde, 2. das Wasser, 3. das Licht, 4. die Wärme oder 5. die Luft sein. Deine Vermutungen lassen sich nur durch **Versuche** überprüfen. Du überlegst dir den jeweiligen *Versuchsaufbau* und die *Versuchsdurchführung.* – Zur *Kontrolle* dient ein Versuch, der alle zu überprüfenden Bedingungen enthält: Erde, Wasser, Licht, Wärme und Luft. Zur Überprüfung der 1. Vermutung versuchst du, Samen in Watte zum Keimen zu bringen. Die anderen Bedingungen werden jedoch erfüllt. Ähnlich gehst du bei der Überprüfung der 2. bis 5. Vermutung vor.

Über jeden Versuch führst du ein *Versuchsprotokoll.* Dabei kannst du eine Tabelle anlegen. Sie soll das *Datum* der Beobachtung, verschiedene *Untersuchungen* (zum Beispiel Messung der Länge von Keimwurzel und Keimstengel), *Beobachtungen* (zum Beispiel über Erscheinen von Keimwurzel, Keimstengel oder Laubblätter; Anzahl der gekeimten Samen; Veränderung der Keimblätter) sowie *Zeichnungen* enthalten. Nach Beendigung der Versuchsreihe erhältst du nun ein **Versuchsergebnis:** Samen brauchen zur Keimung nur Wasser, Wärme und Luft.

163.1. Bedeutung der Keimblätter für das Wachstum der Keimpflanze. *Zum gleichen Zeitpunkt wurden den Embryonen beide Keimblätter (A), jeweils ein Keimblatt (B) und kein Keimblatt (C) entfernt.*

1. Beschreibe den Einfluß der Keimblätter auf das Wachstum keimender Bohnenpflanzen! Erkläre!

3.3. Was braucht ein Samen, um keimen zu können?

Erde, Wasser, Licht, Wärme und Luft! So könnte vielleicht deine Antwort lauten. Betrachtest du die Versuche in der Abbildung 162.1., stellst du fest, daß Samen auch ohne Erde und ohne Licht keimen. Ohne Licht werden die Keimpflanzen allerdings nicht grün. Später sterben sie ab. Fehlt den Samen dagegen Wasser, keimen sie nicht, auch wenn ihnen Erde, Licht, Wärme und Luft zur Verfügung stehen. Sie keimen ebenfalls nicht, wenn ihnen Luft oder Wärme fehlen, obwohl die jeweiligen übrigen Bedingungen vorhanden sind.
Allerdings braucht ein Samen zur Keimung noch mehr als nur *Wasser, Luft* und *Wärme.* Hierdurch allein können sich die Zellen nicht vermehren. Der Embryo benötigt zum Wachstum *Nährstoffe.* Du weißt, daß Samen Nährstoffe enthalten. Bohnensamen speichern sie in den Keimblättern. Während der Samenruhe ernährt sich der Embryo von diesen Vorratsstoffen. Samen leben also auch vor der Keimung: Ihr Stoffwechsel ist jedoch sehr gering.

2. Setze folgende Versuche mit Kressesamen an:
a) Fülle eine Petrischale mit Blumenerde! Feuchte sie an! Streue Kressesamen darauf! Stelle die Petrischale an einen hellen und warmen Ort (Fensterbank)! Lüfte täglich! Halte die Erde feucht!
b) Fülle eine zweite Petrischale mit Watte! Verfahre dann weiter wie bei 2 a)!
c) Fülle eine dritte Petrischale mit Erde! Streue Kressesamen darauf! Verfahre dann weiter wie bei 2 a)! Laß die Erde jedoch trocken!
d) Verfahre mit einer vierten Petrischale wie bei 2 a)! Stülpe über die Petrischale einen Karton!
e) Verfahre mit einer fünften Petrischale wie bei 2 a)! Stelle die Schale dann in einen Kühlschrank! Sorge für eine Beleuchtung (zum Beispiel Arbeitsleuchte)!
f) Verfahre mit einer sechsten Petrischale wie bei 2 a)! Verschließe die Schale luftdicht mit einer Einmachfolie!
Beobachte täglich die Versuchsreihe! Halte deine Beobachtungen schriftlich fest! Zu welchem Versuchsergebnis kommst du?

3. Schabe ein Keimblatt einer Bohne etwas an! Gib mit einer Pipette einen Tropfen Iodlösung darauf! Beobachte! Welchen Hinweis erhältst du? Weise in dem zweiten Keimblatt Fett nach (siehe dazu Seite 27)!

164.1. Wasserverdunstung bei der Buntnessel

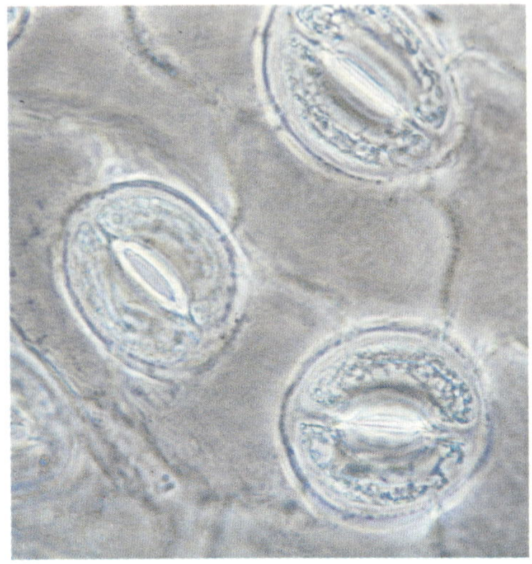

164.2. Spaltöffnungen der Blattunterseite

1. Stelle einen Stengel des Fleißigen Lieschens in ein Gefäß mit Wasser, das mit roter Tinte gefärbt ist! Beobachte einen Tag später! Erläutere! Nimm hierzu auch die Abbildung 164.1. zu Hilfe!

3.4. Pflanzen stellen bestimmte Lebensansprüche

Eine Buntnessel wird nicht gegossen: Sie welkt. Die Pflanze vertrocknet, wenn sie nicht rechtzeitig **Wasser** bekommt. Bald muß sie erneut gegossen werden. Wo bleibt das Wasser?
Der Versuch in der Abbildung 164.1. zeigt, daß Wasser von der Pflanze verdunstet. Dies geschieht durch viele spaltförmige Öffnungen auf der Unterseite der Blätter. Eine *Spaltöffnung* ist mikroskopisch klein. Auf diese Weise geben die Blätter große Mengen von Wasser an die Luft ab. Bei einer Birke hat man an einem Tag 70 Liter gemessen! Wozu „strömt" so viel Wasser durch die Pflanze?
Ziehen wir eine Pflanze in völlig reinem Wasser (destilliertes Wasser) und eine zweite, gleich große Pflanze in destilliertem Wasser auf, dem etwas Erde zugesetzt wurde! Die Pflanze im destillierten Wasser bleibt im Wachstum zurück, während die zweite prächtig gedeiht. In der Erde müssen also Stoffe sein, die das Wachstum fördern. Es sind Salze. Man nennt sie **Nährsalze,** da sie für die Ernährung der Pflanzen lebensnotwendig sind. – Nährsalze lösen sich in Wasser. In dieser Form werden sie aus der Erde von *Wurzelhaaren* an den Wurzelspitzen aufgesaugt. Um genügend Nährsalze zu bekommen, müssen die Pflanzen viel Wasser aufnehmen. In haarfeinen Röhrchen, den *Gefäßen,* wird das Wasser mit den gelösten Nährsalzen zu den Zellen geleitet.
Pflanzen wachsen in Wasser, in dem eine bestimmte Menge von Nährsalzen gelöst ist, ebensogut wie in Erde. Die Haltung von Pflanzen in solchen **Nährlösungen** nennt man Wasserkultur oder **Hydrokultur.**

Jede Pflanze entzieht dem Boden ganz bestimmte Nährsalze. Dadurch wird er ärmer an diesen Stoffen. Über abgestorbene Pflanzen und über tierische Ausscheidungen werden sie dem Boden wieder zugeführt. Dies ist auf Feldern, von denen Pflanzen geerntet werden, nicht möglich. Der Landwirt muß düngen. Die **Düngung** erfolgt entweder mit *Naturdüngern* wie Kompost und Stallmist oder mit *Kunstdüngern.* Kunstdünger enthalten Nährsalze in bestimmter Zusammensetzung.

165.1. Wurzeln mit Wurzelhaaren

165.2. Ernährungsversuch mit der Buntnessel

2. Ziehe drei Keimpflanzen von Gemüsebohnen auf Watte heran, bis sie etwa 6 cm lang sind! Untersuche die Wurzeln mit einer Lupe! Zeichne! – Gib jeweils eine Pflanze in Blumenerde, in eine Nährsalzlösung für Wasserkulturen (Blumengeschäft) und in destilliertes Wasser! Beobachte! Erkläre!

Zimmerpflanzen brauchen Pflege

Zimmerpflanzen stammen aus unterschiedlichen Lebensräumen. Die Pflanzen stellen in unserer Wohnung die gleichen Ansprüche wie in ihrer Heimat. Diese Lebensansprüche mußt du berücksichtigen, wenn deine Pflanzen gedeihen sollen. – Auch mußt du einige Regeln zur Pflege von Zimmerpflanzen beachten:

a) Gieße nur mit Regenwasser oder abgekochtem Wasser von Zimmertemperatur!
b) Gieße vom Rand her, nicht mitten in die Pflanze!
c) Laß kein Wasser im Topfuntersatz stehen!
d) Dünge nur nach Vorschrift!
e) Beachte Licht- und Wärmebedürfnis der Pflanzen je nach ihrer Herkunft!
f) Achte auf Ruhezeiten zur Blütenbildung!
g) Topfe vor der Wachstumszeit um, wenn der alte Topf zu klein geworden ist! Wähle poröse Tontöpfe! Lege eine Tonscherbe über das Abzugsloch! Schaue dir das richtige Umtopfen in einer Gärtnerei an!

3. Erkundige dich in Fachbüchern, in einer Gärtnerei oder in einem Blumengeschäft nach den Namen, der Heimat, der Wachstumszeit deiner Zimmerpflanzen sowie nach Pflegehinweisen! Fertige dann „Pflegesteckbriefe“ an! Betreue die Zimmerpflanzen entsprechend!

Kakteen

Heimat: Südamerika
Wachstumszeit: April–Aug.
Pflege: Von März bis August sonnig, warm und feucht halten! Wurzelhals vor Nässe schützen! Viel frische Luft! Bis Juli einmal in der Woche düngen! Ab September hell, aber nicht zu warm stellen (10°C), wenig gießen! Von November bis Februar nicht gießen! Im Frühjahr umtopfen!

Usambaraveilchen

Heimat: Tanganjika (Afrika)
Wachstumszeit: Fast ganzjährig
Pflege: Halbschattig stellen (Mindesttemperatur 18°C)! Gleichmäßig feucht halten! Alle 14 Tage düngen! Mit lauwarmem Regenwasser gießen! Blätter dürfen nicht naß werden! Februar/März umtopfen!

165.3. Zimmerpflanzen mit „Pflegesteckbriefen“

Ein Blatt wurde morgens an der Ober- und Unterseite mit einem Streifen Aluminiumfolie abgedeckt. Die Blätter standen den ganzen Tag im hellen Licht.

Beide Blätter wurden abgeschnitten, kurz in heißes Wasser getaucht und eine Stunde in Brennspiritus gelegt, der das Chlorophyll herauslöste.

Die entfärbten Blätter wurden mit Wasser abgespült und mit Iodlösung übergossen. Iod färbt Stärke blau.

166.1. Stärkenachweis in Blättern der Feuerbohne

1. Beschreibe den Stärkenachweis in der Abbildung 166.1.! Führe den Versuch mit Blättern von Topf- und Gartenpflanzen durch! Erläutere!

4. Pflanzen ernähren sich anders als Mensch und Tier

Menschen und Tiere ernähren sich von Tieren und Pflanzen. Woher bekommt aber die Pflanze ihre Nährstoffe? – Aus dem Erdboden können die Wurzeln nur Wasser mit den darin gelösten Nährsalzen, nicht aber die Nährstoffe Kohlenhydrate, Fette und Eiweiße aufnehmen. Und doch läßt sich in grünen Laubblättern das Kohlenhydrat *Stärke* nachweisen. Stärke muß also in den Blättern gebildet worden sein. Der Versuch in Abbildung 166.1. gibt dir auch den wichtigen Hinweis: Stärke wird nur aufgebaut, wenn *Licht* zum Blatt gelangt.

Wasser und die darin gelösten Nährsalze allein wandeln sich im Licht noch nicht zu Stärke um. Aus dem Boden nimmt die Pflanze jedoch keine anderen Stoffe auf. Also muß die Luft eine Rolle spielen. Der Versuch 167.1. zeigt, daß das *Kohlenstoffdioxid* der Luft zum Aufbau von Stärke notwendig ist.

Forscher haben herausgefunden, daß Stärke nur in den grünen *Chloroplasten* gebildet wird. Sie entdeckten, daß zunächst *Traubenzucker* entsteht, der dann zu Stärke umgewandelt wird. Pflanzen stellen also in ihren Chloroplasten aus Wasser mit den darin gelösten Nährsalzen und aus Kohlenstoffdioxid im Licht Traubenzucker und Stärke her. Diesen Vorgang nennt der Biologe **Fotosynthese.**

Traubenzucker wird in der Pflanze außer zu Stärke auch zu Fetten und Eiweißen umgewandelt. Diese Nährstoffe können in Wurzeln, Knollen und in Samen gespeichert werden. Pflanzen bauen sich ihre Nährstoffe also selbst auf. Sie ernähren sich nicht von anderen Lebewesen.

Bei der Fotosynthese entsteht auch *Sauerstoff.* Menschen, Tiere und Pflanzen brauchen Sauerstoff zum Atmen. Pflanzen verwenden aber nur einen geringen Teil des von ihnen abgegebenen Sauerstoffs zur Atmung. Dabei atmen sie wie Menschen und Tiere Kohlenstoffdioxid aus, das dann zur Fotosynthese benötigt wird.

2. Um das Jahr 1640 machte der holländische Arzt VAN HELMONT folgenden Versuch: Er pflanzte einen jungen Weidenbaum in einen Kübel mit Erde. Der Weidenbaum wog 2,5 kg, die Erde 90 kg. VAN HELMONT goß die Pflanze nur mit Regenwasser. An der Erde veränderte er nichts. Nach fünf Jahren wog der Baum 84,5 kg, die Erde 89,94 kg. Wie erklärst du dir die Gewichtsveränderungen?

167.1. Fotosynthese und Kohlenstoffdioxid. *A Versuchsaufbau: Das luftdicht abgeschlossene Gefäß enthält eine Flüssigkeit, die der Luft alles Kohlenstoffdioxid entzieht; B Iodprobe auf Stärke*

167.2. Fotosynthese und Sauerstoff. *Sauerstoff wird im Reagenzglas aufgefangen.*

3. Beschreibe den Versuch in der Abbildung 167.1. A! Erläutere das Ergebnis im Teilbild B!

4. Führe den abgebildeten Versuch 167.2. mit frisch abgeschnittenen Sprossen der Wasserpest durch! Belichte mit einer starken Glühlampe 2 Stunden lang! – Wiederhole den Versuch mit abgekochtem Wasser! Vergleiche die Mengen des gebildeten Sauerstoffs! Erläutere!

5. In Gewächshäusern mischt der Gärtner der Luft manchmal Kohlenstoffdioxid bei. Erläutere! Nimm auch die Abbildung 167.3. zu Hilfe!

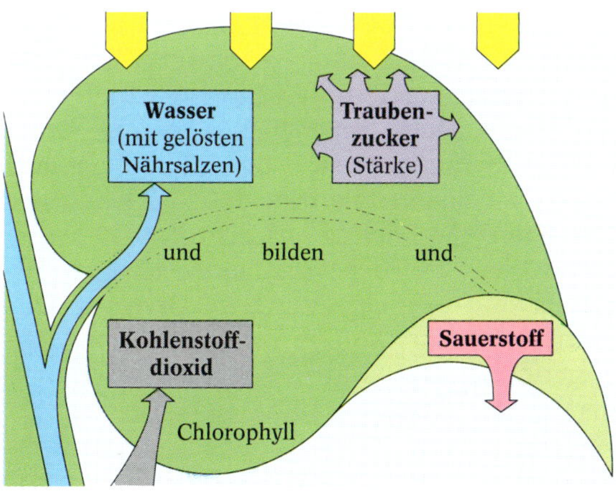

167.3. Fotosynthese *(Schema)*

Ein historischer Versuch

Im Jahre 1771 machte der Engländer PRIESTLEY eine Entdeckung: Unter eine luftdicht abschließende Glasglocke brachte er eine Maus. Nach einiger Zeit wurde die Maus ohnmächtig und drohte zu ersticken. Eine brennende Kerze erlosch sofort in dieser „verbrauchten" Luft. Nun stellte PRIESTLEY eine grüne Pflanze in dieselbe Luft. Sie wuchs weiter. Nach 10 Tagen brachte er erneut eine brennende Kerze in die Glasglocke: Sie brannte in der ursprünglich „verbrauchten" Luft. Daraufhin setzte er grüne Pflanzen und eine Maus zusammen unter die luftdichte Glasglocke. Die Maus und die Pflanzen lebten weiter.

6. Erläutere den Versuch von PRIESTLEY!

168.1. ***Vermehrung durch Ausläufer.*** *A Sumpfschraube (Vallisnerie); B Erdbeere; C Gänsefingerkraut*

5. Pflanzen vermehren sich auch ungeschlechtlich

Pflanzt man eine *Vallisnerie* in ein Aquarium, wachsen bald in der Nähe dieser Pflanze weitere Vallisnerien. Das Erstaunliche ist, daß die Pflanze dabei keine Blüten mit männlichen und weiblichen Geschlechtszellen ausbildet. Sie vermehrt sich also nicht auf geschlechtlichem Wege und entwickelt auch keine Samen und Früchte. Eine derartige Vermehrung bezeichnet man als samenlose oder **ungeschlechtliche Vermehrung.** – Von dem Wurzelbüschel einer Vallisnerie wachsen schnurartige „Fäden" heran. Man nennt sie **Ausläufer.** An ihnen sitzen Knospen, aus denen sich neue Vallisnerien mit eigenen Wurzeln und Blättern entwickeln. Auf diese Weise entstehen aus einer Pflanze, der Mutterpflanze, mehrere neue, selbständige Tochterpflanzen.

Auch *Erdbeerpflanzen* bilden im Sommer Ausläufer: Aus der Blattrosette der Mutterpflanze wachsen sie auf dem Erdboden entlang. Über die Ausläufer werden die Knospen und die heranwachsenden Tochterpflanzen mit Nährstoffen, Nährsalzen und Wasser versorgt. Haben die Tochterpflanzen Blätter und Wurzeln ausgebildet, können sie sich selbst versorgen. Die Verbindung zur Mutterpflanze ist nun nicht mehr nötig. Die Ausläufer vertrocknen: Um die Mutterpflanze sind mehrere selbständige Erdbeerpflanzen entstanden.

Ganz anders erfolgt die ungeschlechtliche Vermehrung beim *Brutblatt.* An den Blatträndern dieser Pflanze werden bereits winzige Pflänzchen gebildet. Sie heißen **Ableger.** Fallen diese auf den Boden, können sie hier zu großen Brutblattpflanzen heranwachsen.

Auf dreierlei Weise sichert das *Scharbockskraut* seine Vermehrung: Neben der geschlechtlichen Vermehrung durch Samen bildet es in den Blattachseln Knospen aus, die zu **Brutknollen** heranwachsen. Diese fallen ab und treiben zu neuen Pflanzen aus. – Ziehen wir eine Pflanze vorsichtig aus dem Boden, sehen wir auch inmitten der Wurzelfäden kleine Knollen. Es sind verdickte Wurzeln. Daher spricht man von **Wurzelknollen.** Trennst du eine Wurzelknolle ab und pflanzt sie ein, wächst auch aus ihr ein Scharbockskraut.

Manche deiner Zimmerpflanzen kannst du selbst ungeschlechtlich vermehren. Schneidest du zum Beispiel ein Sproßstück einer Geranie

169.1. ***Brutblatt*** *(Bryophyllum)*

169.2. Kaktus mit „Kindeln"

ab und steckst diesen **Steckling** in feuchte Erde, entwickelt sich daraus eine Geranienpflanze. In der Pflanzenzucht vermehrt man Pflanzen oft durch Stecklinge. Auf diese Weise erhält man Tochterpflanzen, die alle Eigenschaften der Mutterpflanzen haben.

1. Pflanzen vermehren sich auf verschiedene Weise ungeschlechtlich. Erläutere dies anhand der Abbildungen 168.1., 169.1. bis 169.4.! Fertige eine Tabelle an! Suche weitere Beispiele!

2. Finde mit Hilfe dieses Buches heraus, auf welchem Wege sich Tulpen, Schneeglöckchen und Kartoffeln ungeschlechtlich vermehren!

3. Schneide ein etwa 10 cm langes Stengelstück einer Geranie dicht unterhalb eines Blattansatzes ab! Entferne die Blätter an dieser Stelle! Setze den Steckling etwa 3 cm tief in Blumenerde! Stülpe dann wie in der Abbildung 169.4. ein Glasgefäß über den Steckling! Stelle den Topf an einen warmen, schattigen Ort! Halte die Erde feucht! Beobachte die Entwicklung des Stecklings zwei Wochen lang! Erläutere!

169.3. Zwiebel-Zahnwurz mit Brutknolle

169.4. Geranie. *Vermehrung durch Stecklinge*

170.1. Wochenmarkt

170.2. Kartoffelknolle. *A frisch geerntet; B treibend*

1. Der Mensch nutzt Pflanzen für seine Ernährung. Nenne Beispiele!

2. Kartoffelknollen „keimen" nicht. Erläutere! Nimm auch die Abbildung 170.2. zu Hilfe!

6. Nutzpflanzen für den Menschen

6.1. Der Mensch nutzt Kartoffeln

Gehst du im Juni über einen Wochenmarkt, kannst du bereits frisch gerodete Kartoffeln kaufen. Sie sehen anders aus als die im letzten Herbst geernteten und dann im Keller gelagerten Kartoffeln: An den gelagerten Kartoffeln entwickeln sich im Frühjahr weißliche *Triebe.* An diesen Sprossen kannst du Blättchen und Knospen und sogar feine Würzelchen entdekken. Die Triebe wachsen aus ruhenden Knospen, die in kleinen Vertiefungen der Kartoffelschale liegen. Diese Vertiefungen bezeichnet man auch als „Augen". Auf ähnliche Weise wie im Keller treiben die „Saatkartoffeln" in der Erde. Sie werden im Frühjahr in flache Pflanzenlöcher gelegt und mit Erde bedeckt. Nach einigen Wochen hat sich aus der „Saatkartoffel" eine blühende Kartoffelpflanze entwickelt. Graben wir eine solche Pflanze aus!

Überrascht stellen wir fest, daß sich in der Erde viele feste, gelbbraune Kartoffeln gebildet haben. Die „Saatkartoffel" dagegen ist schlaff und runzelig. Ihr werden die Nährstoffe zur Bildung der Triebe entzogen. Einige Triebe haben die Erdoberfläche durchbrochen und sind ergrünt. Sie haben sich zu Stengeln und Blättern entwickelt. Die unterirdischen Sprosse dagegen bleiben weiß. Sie bilden *Ausläufer.* An ihren Enden verdicken sie sich zu **Knollen,** den Kartoffeln. – Die Kartoffelknolle ist demnach ein verdickter Sproßabschnitt. Man spricht von einer Sproßknolle. Die Kartoffelknolle hat einen sehr hohen Gehalt an *Stärke.* Daher nutzt der Mensch diese Pflanze für seine Ernährung. Die Kartoffel ist eine sehr wichtige **Nutzpflanze.** Man hat viele *Kartoffelsorten* mit unterschiedlichen Eigenschaften *gezüchtet.* Neben Speisekartoffeln gibt es Futterkartoffeln für Haustiere und Industriekartoffeln zur Herstellung von Stärke und Alkohol.

Von der Kartoffelpflanze sind nur die Knollen eßbar. Alle anderen Teile der Pflanze sind *giftig.* Aus den Fruchtknoten der Blüten entwickeln sich grüne, tomatenähnliche Beeren. Als die Kartoffelpflanze vor etwa 400 Jahren aus Südamerika nach Europa eingeführt wurde, verzehrte man zunächst diese Beeren. Sie waren ungenießbar. Erst allmählich erkannte man den Wert der Knollen als Nahrungsmittel.

171.1. Kartoffelpflanze

3. Die unteren Teile einer Kartoffelpflanze häufelt man mit Erde an. Begründe!

4. Untersuche eine nicht getriebene Kartoffelknolle mit der Lupe! Zeichne! Beschrifte! Weise nach, daß die Kartoffelknolle ein Sproßabschnitt ist!

5. Der Mensch nutzt bei der Kartoffelpflanze die Knolle für seine Ernährung. Welche Pflanzenteile nutzt er bei Bohne, Roggen, Weißkohl, Kohlrabi, Zuckerrübe und Möhre? Nimm hierzu auch dieses Buch zu Hilfe!

6. Untersuche die Blüte einer Kartoffel und die einer Tomate! Beschreibe! Halbiere jeweils die Beere einer Kartoffel und einer Tomate. Zeichne! Vergleiche! Erläutere!

171.2. Kartoffel. *A Blüte; B Beeren*

Kartoffeln werden gezüchtet

Unsere Speisekartoffeln stammen von Wildkartoffeln ab, die lange Ausläufer mit kleinen Knollen bilden. Speisekartoffeln dagegen besitzen dicke Knollen, die dicht zusammenliegen. Solche Kartoffeln haben einen hohen Stärkegehalt und lassen sich durch die kurzen Ausläufer leichter ernten. Der Mensch hat also Kartoffeln mit gewünschten Eigenschaften *gezüchtet.* Wie geht ein Kartoffelzüchter vor, der beispielsweise Speisekartoffeln mit frostfesten Knollen wünscht? – In Gebirgsgegenden Südamerikas gibt es winterharte *Wildsorten.* Von diesen Pflanzen sammelt der Züchter Knollen, die er auf seinem Feld anpflanzt. Wenn die Kartoffeln blühen, überträgt er Pollenkörner der Wildform auf Blüten der Speisekartoffeln und umgekehrt. Man sagt, der Züchter *„kreuzt"* die Wildform mit der Kulturform. Die Samen der gekreuzten Pflanzen sät er aus. Von den Tochterpflanzen vermehrt er nur die, die nun winterfeste Knollen enthalten. Zeigen die Nachkommen auch die gewünschte Eigenschaft, ist eine neue Kartoffelsorte gezüchtet worden. Weitere *Zuchtziele* sind Geschmack, Stärkegehalt und Haltbarkeit.

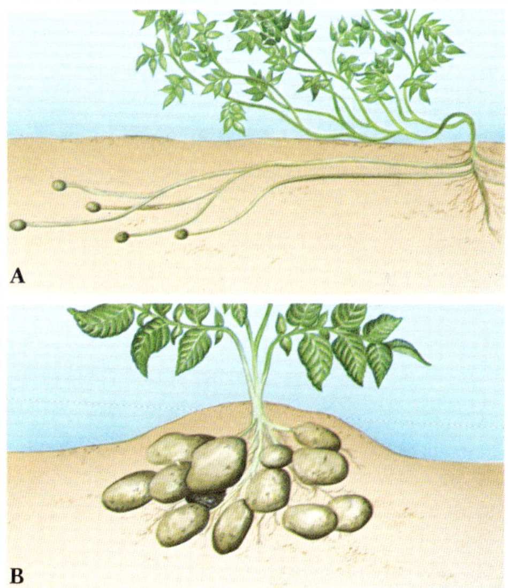

171.3 Kartoffel. *A Wildform; B Kulturform*

7. Wie könnte ein Züchter vorgegangen sein, um die in Abbildung 171.3. erkennbaren Zuchtziele zu erreichen?

172.1. Getreide. *A Ährengräser; B Rispengras; C Getreidekörner*

1. Finde heraus, welche Getreidekörner (Abbildung 172.1.C) zu welchen Getreidepflanzen (Abbildung 172.1.A,B) gehören! Erläutere!

6.2. Wir ernähren uns auch von Gräsern

Zum Backen von Brot, Brötchen und Kuchen verwendet man *Mehl.* Mehl ist der vermahlene Mehlkörper, der Nährstoffspeicher von Getreidekörnern. Er besteht hauptsächlich aus *Stärke.* Das Kohlenhydrat Stärke ist aber wichtig für die Ernährung. Daher baut der Mensch schon seit über 6000 Jahren Getreide an. Bei uns sind es vor allem *Weizen, Roggen, Gerste* und *Hafer.* Diese Getreidepflanzen gehören zu den Gräsern. Sie sind aus Wildpflanzen gezüchtet worden. Zuchtziele waren vor allem viele, große und stärkereiche Körner in einer *Ähre.* Ähren sind die unverzweigten Blütenstände der Gräser.
An der Ährenachse beim Roggen sitzen einzelne *Ährchen.* Jedes Ährchen besteht aus zwei Einzelblüten. Die Blätter, aus denen ein Ährchen zusammengesetzt ist, heißen *Spelzen.* Dünne Fortsätze an den Spelzen sind die *Grannen.* Besonders lange Grannen tragen die Ährchen der Gerste. Kurze Grannen dagegen findest du beim Hafer. Hafer kannst du leicht an dem verzweigten Blütenstand, der *Rispe,* erkennen.

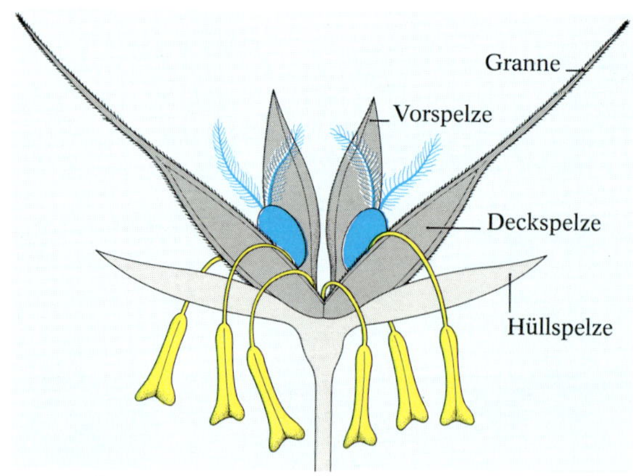

172.2. Ährchen des Roggens

2. Vergleiche den Bau einer Kirschblüte mit dem Bau der Einzelblüte vom Roggen! Welche Teile in der Abbildung 172.2. kannst du als Staubblätter und welche als Stempel bezeichnen? Erläutere!

3. Untersuche eine Weizen-, Roggen-, Gerste- und Haferpflanze kurz vor der Ernte! Stelle in einer Tabelle folgende Merkmale zusammen:

Getreide	*Halm*	*Grannen*	*Körner*
Weizen	*kurz, stark*	*keine*	*rund, dick*

173.1. ***Apfelbaum.*** *A Hochstämmiger Baum; B Buschbaum; C Veredelungsstelle*

1. Finde heraus, welche Vorteile kleinere Obstbäume gegenüber großen Obstbäumen haben! Denke dabei auch an Anbaufläche, Ertrag und Ernte!

6.3. Kleinere Obstbäume – größere Erträge

Manche Apfelbäume tragen auf einem etwa 2 m hohen Stamm eine Krone von etwa 10 m Durchmesser. Es sind *Hochstämme.* Die Obstbäume in vielen Obstplantagen dagegen wirken wie Büsche. Die Fläche eines Hochstammes wird von mehreren solcher *Buschbäume* eingenommen. Ihre Früchteerträge zusammen sind höher als die eines Hochstammes. – Große und gut schmeckende Früchte werden ausgebildet, wenn sie während des Reifens viel Sonne erhalten. Bei den dicht belaubten Hochstämmen ist dies vorwiegend an den Baumkronen außen der Fall. Dagegen dringt bei den Buschbäumen viel Licht auch in die Baumkronen.

Untersuchen wir den niedrigen Stamm eines Buschbaumes, entdecken wir kurz oberhalb des Erdbodens eine „Narbe". Hier ist der Zweig einer gezüchteten Apfelsorte, das *Edelreis,* mit dem Stamm eines wilden Apfelbaumes, dem *Wildling,* verwachsen. Der Wildling bildet kräftige Wurzeln aus. Er ist die *Unterlage* für das Edelreis. Eine solche ungeschlechtliche Vermehrung durch Reiser nennt man **Veredelung.**

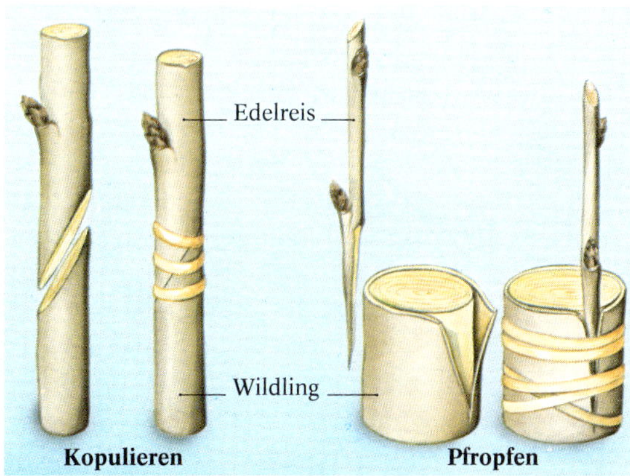

173.2. Veredelung von Obstbäumen

2. Beschreibe die in der Abbildung 173.2. dargestellten Arten der Veredelung von Obstbäumen! Welche Bedeutung hat diese Art der Vermehrung?

3. Wildwachsende Apfelbäume tragen kleine Früchte, die meist holzig und sauer sind. Die gezüchteten Apfelsorten dagegen haben große, saftige Früchte von besonderem Geschmack. Wie könnte ein Obstbaumzüchter bei der Züchtung von solchen edlen Apfelsorten vorgegangen sein? Nimm auch die Seite 171 zu Hilfe!

174.1. Bodenbearbeitung

1. Zur Pflege des Bodens gehören Pflügen, Eggen, Lockern, Walzen. Beschreibe und begründe!

174.2. Düngen mit Nährsalzen

2. Bestellte Felder müssen gedüngt werden. Erläutere! Nimm auch die Seite 164 zu Hilfe!

6.4. Nutzpflanzen brauchen besondere Pflege

Hast du dich schon einmal gefragt, warum Äcker im Herbst gepflügt werden, obwohl erst im Frühjahr gesät wird? Durch diese **Bodenbearbeitung** wird erreicht, daß Feuchtigkeit und Frost tief in den Boden eindringen können. Das Wasser in den umgepflügten Erdschollen gefriert. Dabei werden die Bodenteilchen gesprengt: Die Erde ist im Frühjahr krümelig. In diesen lockeren Boden können Luft und Regenwasser gut eindringen.

Die Fruchtbarkeit eines Bodens hängt außer von dieser Beschaffenheit auch von seiner Zusammensetzung ab. Man unterscheidet *Sand-*, *Lehm-*, *Ton-*, *Kalk-* und *Humusböden*, je nachdem welcher Hauptbestandteil überwiegt. Der reine Sandboden ist ebenso unfruchtbar wie der reine Tonboden. *Humus* lockert den Boden auf und erhöht die Fruchtbarkeit. Humus besteht aus abgestorbenen, sich zersetzenden pflanzlichen und tierischen Bestandteilen.

Die Bodenzusammensetzung sowie die Bodenbearbeitung haben Einfluß auf Anbau und Ertrag von Nutzpflanzen. So erhöht der Landwirt den Humusanteil des Bodens zum Beispiel durch **Düngung** mit Stallmist. Dieser *Naturdünger* reicht heute für die großen Anbauflächen nicht mehr aus. Durch das jährliche Ernten verarmt der Boden an Nährsalzen. Jede Pflanzenart benötigt aber unterschiedliche Mengen an bestimmten Nährsalzen. Daher muß der Boden mit *Kunstdünger* versehen werden. So können die Erträge gesteigert werden.

Die vielen Menschen auf der Erde sind auf hohe Erträge von Nutzpflanzen angewiesen. Auf großen Feldern baut man entweder nur Getreidepflanzen, nur Kartoffeln oder nur Zuckerrüben an. Eine solche Anbauweise heißt **Monokultur.** Hier finden bestimmte Tiere Nahrung im Überfluß. So können sich zum Beispiel Blattläuse in Getreidefeldern sehr stark vermehren. Dadurch werden die Ernteerträge vermindert. Die Blattläuse sind in diesem Falle für den Menschen *Schädlinge.* Sie werden mit *Insektengiften* bekämpft. Bei dieser **Schädlingsbekämpfung** tötet man jedoch auch die *natürlichen Feinde,* wie zum Beispiel Marienkäfer. Man versucht daher, Pflanzensorten zu züchten, die gegen Schädlinge widerstandsfähig sind.

175.1. Schädlingsbekämpfung

175.2. Getreideernte

3. Überlege, welche Vorteile und welche Nachteile Schädlingsbekämpfung hat!
Wie könnten die Nachteile beseitigt werden?

4. Fülle ein Becherglas (50 ml) bis zum Rand mit Wasser! Verschließe das Gefäß mit einer Einmachfolie und einem Gummiring! Stelle es in ein Tiefkühlfach!
Beobachte nach einem Tag! Erkläre mit Hilfe dieses Versuches die Wirkung des Frostes auf den Erdboden!

5. Besorge dir Proben von Sand-, Lehm-, Ton-, Kalk- und Humusboden! Gib in fünf gleichgroße Glastrichter (Durchmesser etwa 10 cm) passende Filtrierpapiere! Stelle die Glastrichter dann in jeweils einen Meßzylinder (100 ml)! Fülle die Trichter bis zum Papierrand mit den trockenen, fein zerriebenen Bodenproben! Gieße vorsichtig in jeden Trichter 50 ml Wasser!
Wieviel Wasser ist in jedem Meßzylinder nach 1, 5, 10 und 20 Minuten durchgelaufen? Trage die Ergebnisse in eine Tabelle ein!
Vergleiche die Durchlaufgeschwindikeit des Wassers und das Wasserhaltevermögen bei den verschiedenen Bodenarten!
Was bedeutet die Bodenbeschaffenheit für das Gedeihen von Pflanzen?

6. Welche Erntearbeiten verrichtet ein Mähdrescher?
Informiere dich, wenn du Gelegenheit hast, auch bei Landwirten!

Ein Gartenbesitzer gibt „Bodentips“

1. Der Boden muß vor Eintritt des Winters umgegraben werden!
2. Mit jedem Spatenstich wird die abgestochene Erdscholle so umgekippt, daß das Unterste nach oben gelangt.
3. Im Herbst dürfen die groben Schollen nicht mit dem Spaten zerkleinert werden.
4. Während die Pflanzen wachsen, muß der Boden mit der Hacke gelockert werden. Auf sandigen Böden hackt man alle zwei Wochen, auf schweren Böden wie Lehmböden häufiger.

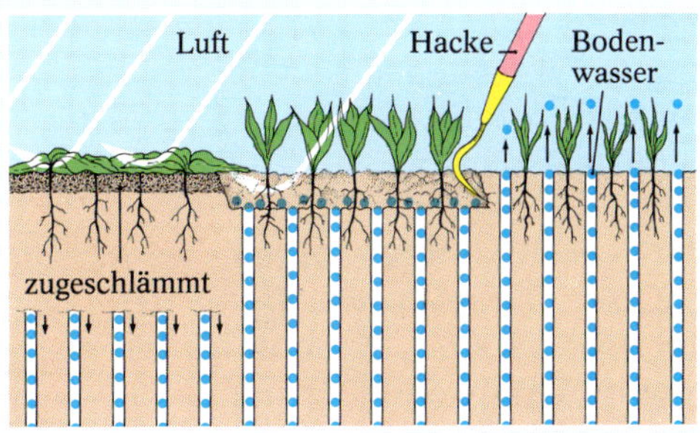

175.3. Bodenwasser und Bodenlüftung

7. Begründe die einzelnen „Tips“ des Gartenbesitzers! Verwende hierzu auch die Abbildung 175.3.!

176.1. ***Ausländische Nutzpflanzen.*** *A Banane; B Apfelsine (Orange); C Kakao*

1. Ausländische Nutzpflanzen werden unterschiedlich genutzt. Zeige dies am Beispiel der in den Abbildungen 176.1. und 176.2. dargestellten Pflanzen!

6.5. Nutzpflanzen aus anderen Ländern

Dort, wo du Obst und Gemüse kaufen kannst, werden meist auch **Südfrüchte** angeboten. Darunter versteht man Früchte, die aus Mittelmeerländern und tropischen Ländern eingeführt werden. – Nahrhafte Südfrüchte sind *Bananen.* Das Fruchtfleisch ist reich an Vitaminen, Traubenzucker und Eiweißstoffen. Auch der Saft von *Apfelsinen, Zitronen* und *Pampelmusen* ist reich an Vitaminen. Die Fruchtschalen und die Blüten enthalten angenehm riechende Öle. Sie werden bei der Herstellung von Duft- und Geschmackstoffen verwendet.

Wichtige **Nährstofflieferanten** sind *Reispflanzen, Olivenbäume* sowie *Kokospalmen.* Dagegen haben *Kaffee, Tee* und *Kakao* als Nahrungsmittel geringere Bedeutung.
Es sind **Genußmittelpflanzen,** da der Genuß von Stoffen dieser Pflanzen wohlschmeckend ist. Die Samen der Kakaofrucht, die Kakaobohnen, enthalten Fette und Eiweiße. Daher ist der Kakao nicht nur ein Genußmittel, sondern auch ein Nahrungsmittel.

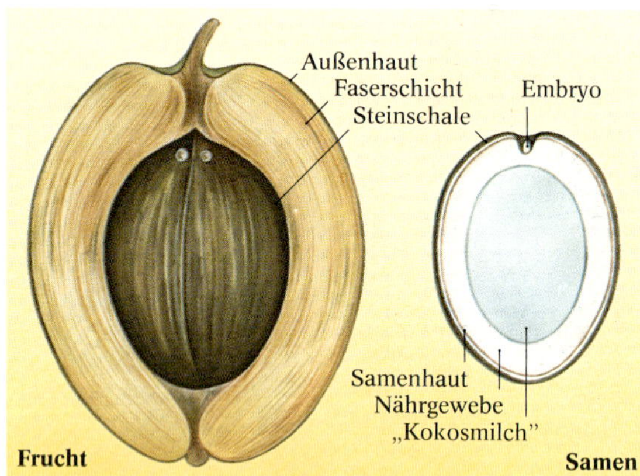

176.2. Kokosnuß. *Aus der Kokosnuß wird Kokosöl gewonnen. Es dient zur Herstellung von Margarine, Seife und kosmetischen Artikeln.*

2. Die Kokosnuß ist eine Steinfrucht. Erläutere dies anhand der Abbildung 176.2.!

3. Welche ausländischen Nutzpflanzen werden bei uns eingeführt? Erkundige dich in Obst- und Gemüseläden und informiere dich in Pflanzenbüchern! Fertige eine Tabelle an (Nutzpflanzen, Anbaugebiet, genutzter Pflanzenteil, Art der Nutzung)!

177.1 Heilpflanzen. *A Kamille; B Weißdorn; C Holunder (Blüten). Kamillentee wird aus den Blütenköpfen der Echten Kamille zubereitet. Sie haben im Gegensatz zur Geruchlosen Kamille einen hohlen, kegelförmigen Blütenboden. Von den gut getrockneten Blüten übergießt man etwa 2 Teelöffel mit einem Viertel Liter kochenden Wassers. Dann läßt man 10 Minuten ziehen und gießt durch ein Teesieb.*

6.6. Gesund durch Heilpflanzen

Vielleicht hat auch dir schon einmal ein *Kamillentee* bei Magenschmerzen geholfen. Er wird aus Kamillenblüten zubereitet. Sie enthalten Wirkstoffe, die krampflösend, entzündungshemmend, schmerzlindernd und beruhigend wirken. Solche Pflanzen, von denen Bestandteile heilend wirken, heißen **Heilpflanzen.**
Auch der *Schwarze Holunder* ist eine Heilpflanze. Die getrockneten Blüten liefern einen „Schwitztee", der zum Beispiel bei Grippe und Bronchitis angewendet wird. Man nennt diesen Tee vielfach auch „Fliedertee", da der Holunder früher als Flieder bezeichnet wurde. Den Saft der schwarzvioletten Holunderbeeren hast du vermutlich schon einmal getrunken.
Blätter, Blüten und Früchte vom *Weißdorn* enthalten Wirkstoffe gegen Herz- und Kreislaufbeschwerden. Besonders wirksame Herzmittel werden aus *Maiglöckchen* und *Rotem Fingerhut* gewonnen. In winzigen Mengen sind sie in Fertigpräparaten vorhanden. Diese werden nur vom Arzt verordnet. In größeren Mengen eingenommen sind die Wirkstoffe sehr schädlich.

177.2. Giftige Heilpflanzen. *A Maiglöckchen; B Roter Fingerhut. Nimm von diesen Pflanzen keine Teile in den Mund! Sie sind sehr giftig!*

1. Aus Heilpflanzen werden Tee, Pulver, Säfte und Fertigpräparate hergestellt. Erkundige dich in Lebensmittelgeschäften, Reformhäusern und in Apotheken! Fertige eine Tabelle an:

Heilpflanze	Verwendete Teile	Mittel	Anwendung
Fenchel	Früchte	Tee	Hustenmittel

Pflanzen in ihrem Lebensraum

178.1. Scharfer Mauerpfeffer. *Wir finden ihn in Felsspalten, an Mauern, auf Kieswegen und auf sandigem Boden.*

1. Blütenpflanzen sind dem Standort angepaßt

1.1. Unter den Pflanzen gibt es Wassersparer

Es ist Frühsommer. An der alten Mauer aus Feldsteinen blühen kleine Blumen; nicht etwa unten, wo der Boden den Wurzeln Halt böte, sondern in halber Höhe. Du erkennst gelbe Blüten, die wie kleine Sterne aussehen. Können diese Pflanzen denn an solch einem Standort überhaupt leben? Du mußt schon nahe herangehen, um Einzelheiten festzustellen. Es ist der **Mauerpfeffer.** Kleine Blättchen umgeben dicht den Stengel. Wie Dachziegel liegen sie übereinander. Wir pflücken ein solches Blättchen ab! Es ist dick und fleischig. Wenn du es zerdrückst, bleibt Wasser an den Fingern zurück. Aber wo sitzt die Pflanze eigentlich fest? Wenn du den Stengel zurückverfolgst, entdeckst du, daß er aus einer Mauerritze entspringt. Hier müssen also die Wurzeln sitzen.

Da es in den letzten Tagen wenig geregnet hat, ist die Erde in der Mauerritze recht trocken. Trotzdem sieht die Pflanze frisch und saftig aus. Offensichtlich befindet sich in den Blättern ein Wasservorrat, der die Pflanze vor dem Austrocknen schützt. Pflanzen, die auf diese Weise Wasser speichern, nennt man *Wassersparer.*
Auch an anderen trockenen Standorten finden wir Wassersparer. In den sandigen Flächen der Lüneburger Heide zum Beispiel versickert das Regenwasser schnell. Hier bedeckt die **Besenheide** den Boden an vielen Stellen in einem dichten Bestand. Auch sie schützt sich vor dem Austrocknen durch die besondere Anordnung der Blätter, die sich bei Trockenheit wie Dachziegel dicht dem Stengel anlegen. Allerdings sind ihre kleinen Blätter nicht fleischig wie beim Mauerpfeffer, dafür aber nach unten eingerollt. Eine derbe Haut schließt jedes einzelne Blatt nach außen gegen die Luft ab. Mit diesen Blättern verdunstet die Besenheide daher nur wenig Wasser; denn nur an der eingerollten Unterseite kann etwas Wasser aus den Blättern entweichen. Sie ist also ein Wassersparer ohne Wasservorrat und damit an trockene Standorte ebenfalls gut angepaßt.

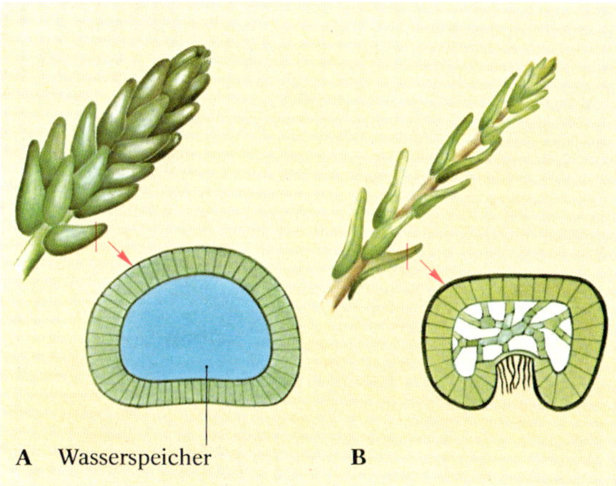

179.1. Blätter mit Blattquerschnitten. *A Mauerpfeffer; B Besenheide*

1. Vergleiche die beiden Teilbilder! Beschreibe, wie Mauerpfeffer und Besenheide an trockene Standorte angepaßt sind!

179.2. Besenheide

2. Nenne Lebensbedingungen der Besenheide!

Pflanzen äußerst trockener Standorte

Sieh dir die beiden nebenstehenden Pflanzen einmal genauer an! Auf den ersten Blick sehen sie wie Kakteen aus. Doch nur eine der beiden Pflanzen ist ein Kaktus. Der Unterschied ist nicht leicht zu finden. Betrachte die Ansatzstellen der Dornen! Beim **Kaktus** springen immer viele Dornen aus einer Stelle des Stammes, bei der anderen Pflanze sind es nur zwei! Schneidet man diese Pflanze an, so quillt weißer Milchsaft aus der Wunde. Sie ist ein **Wolfsmilchgewächs.** Der Biologe sagt dazu Euphorbie. Die Heimat der Euphorbien ist Afrika, die der Kakteen Amerika. Wie kommt es, daß zwei verschiedene, weit voneinander lebende Pflanzen so ähnlich aussehen? Beide Pflanzen bewohnen Wüsten, also Lebensräume, in denen große Trockenheit herrscht. Daran sind sie in gleicher Weise angepaßt. Ihr Stamm ist „fleischig“: er speichert Wasser. Ihre Blätter sind die Dornen. Auf diese Weise verdunstet sehr wenig Wasser. Kakteen und Euphorbien sind also Wassersparer durch Verdunstungsschutz und Wasserspeicher.

179.3. Kaktus und Wolfsmilch

3. Besorge aus einer Gärtnerei eine Pflegeanleitung für Kakteen! Informiere dich auch auf Seite 9 und Seite 165! Versuche, die empfohlenen Pflegeanweisungen zu begründen!

4. Zeichne einen Längsschnitt von Kaktus und Euphorbie ähnlich wie den Blattquerschnitt vom Mauerpfeffer! Beschrifte und erläutere!

180.1. Feuchtgebiet mit Pestwurz. *Die Blüten der Pestwurz erscheinen im Frühjahr, ehe die Blätter hervortreten. Die Fruchtstände werden völlig von den riesigen Blättern überdeckt.*

180.2. Sumpfdotterblume. *Die Blätter der Sumpfdotterblume sind weich, glatt und saftig. Trotz Sonneneinstrahlung und Wind vertrocknen sie nicht. Pflückt man sie ab, verwelken sie dagegen sehr schnell.*

1.2. Pflanzen können am Wasser und im Wasser leben

Weißt du, wie groß die größten Blätter von Pflanzen unserer Heimat werden können? Du wirst staunen: Es gibt bei uns eine Pflanzenart, deren Blätter einen Durchmesser von bis zu 1 m erreichen können. Diese „Riesenpflanze" heißt **Pestwurz.**

Dort, wo die Pestwurz wächst, kommt Wasser in der Nähe vor. Die Pestwurz ist ein *Nässezeiger*. Mit den großen Blättern verdunstet sie viel Wasser, das aus dem Boden immer wieder nachgeliefert werden muß. Sie ist eine *Feuchtpflanze*. Sie kann deshalb nur dort leben, wo genügend Wasser zur Verfügung steht.

Auch der **Froschlöffel** gehört zu den Feuchtpflanzen. Seine Blätter sind steif und löffelförmig. Er wächst am Ufer von Gewässern. Wir finden den Froschlöffel jedoch auch im Wasser. Vergleicht man die untergetaucht lebende Pflanze mit der am Ufer, so könnte man meinen, es seien zwei verschiedene Pflanzenarten. Die Blätter des untergetaucht lebenden Froschlöffels sind lang und schmal. In ihrer Form gleichen sie den Blättern vieler Wasserpflanzen. So hat zum Beispiel die im Aquarium gehaltene Pflanze Sumpfschraube (Vallisneria) bandförmige Blätter. Mit solchen Blättern könnte der Froschlöffel auf dem Lande nicht leben. Sie lägen schlaff auf dem Boden und würden bald von anderen Pflanzen überwuchert. Das steife, löffelförmige Blatt der Landform aber ragt aus der Umgebung empor. Das Blatt der Tauchform dagegen wird vom Wasser getragen. Es kann deshalb die langgestreckte Form haben. Der Froschlöffel ist als Wasserpflanze an den Lebensraum „Wasser", als Landpflanze an den Lebensraum „Land" angepaßt. Eine Pflanze, die sowohl auf dem Lande als auch im Wasser leben kann, nennt man eine *amphibisch lebende Pflanze.*

Im Aquarium wird häufig das **Tausendblatt** Myriophyllum gehalten, das wie ein kleiner Tannenzweig aussieht. Die Blätter sind dünn wie Fäden und reich verzweigt. Wenn du ein Pflänzchen aus dem Wasser nimmst, wird es in

181.1. Froschlöffel

1. Beschreibe die Teilabbildungen und erkläre daran die amphibische Lebensweise der Pflanze und ihre Angepaßtheit an den Standort!

sich zusammenfallen. Es ist überhaupt nicht versteift, denn das Wasser trägt die einzelnen Blätter. Aber welchen Vorteil bringt die Verzweigung für die Pflanze? Die Blätter erinnern an fein verzweigte Wurzeln. Die Wurzel der Landpflanze nehmen Nährsalze aus dem Bodenwasser auf. Ähnlich ist es auch beim Tausendblatt. Statt mit Wurzeln nehmen diese Pflanzen vorwiegend mit ihren weit verzweigten Blättern lebenswichtige Stoffe aus dem Wasser auf. Daher sind ihre Wurzeln nur schwach ausgebildet.

2. Vergleiche die Abbildungen vom Tausendblatt und vom Wasserhahnenfuß! Finde eine Erklärung für die verschiedenen Blattformen des Wasserhahnenfußes!

3. Untergetaucht lebende Blütenpflanzen blühen über der Wasseroberfläche. Finde dafür eine Erklärung!

181.2. Wasserpflanzen. *A Wasserhahnenfuß; B Tausendblatt und Sumpfschraube*

182.1. Schneeglöckchen

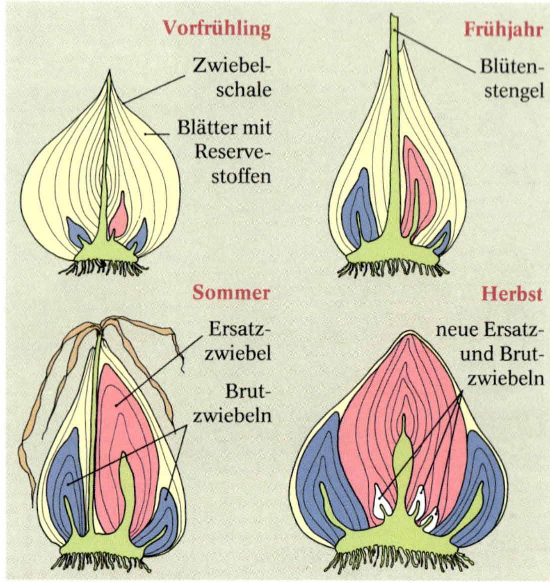

182.2. Blumenzwiebel im Jahreslauf

2. Blütenpflanzen sind den Jahreszeiten angepaßt

2.1. Wo sind die Frühblüher im Sommer, im Herbst und im Winter?

Es ist im Frühjahr jedesmal wie ein Wettrennen: Welche Pflanze blüht zuerst? Meist sind es die *Winterlinge*, deren gelbe Blüten auffällig hervorleuchten. Aber fast gleichzeitig brechen die *Schneeglöckchen* durch. Häufig liegt sogar noch Schnee auf den Beeten. Und dann geht es Schlag auf Schlag: *Krokusse*, *Märzbecher*, *Traubenhyazinthen*, und schon steht der Garten in voller Blüte. Wir nennen Pflanzen, die im Frühjahr als erste blühen, **Frühblüher.**
Wie schaffen es diese Pflanzen, ihre Blätter durch den kaum aufgetauten Boden zu schieben und bei Schnee und Eis ihre Blüten zu entwickeln?

Schon seit dem Herbst liegen haselnußgroße *Zwiebeln* der Schneeglöckchen im Erdboden. Schneiden wir eine solche Zwiebel auf, finden wir mehrere Schichten von dickfleischigen Blättern. Die Iodprobe zeigt uns, daß hier große Mengen von Stärke gespeichert sind. Man nennt solche Blätter auch **Speicherorgane.** Aus ihnen bezieht das Schneeglöckchen im Frühjahr die Nährstoffe, um auszutreiben und zu blühen. Die Zwiebelblätter werden dabei immer dünner, sie werden sozusagen ausgelaugt. Aber woher kommen dann die Zwiebeln für das nächste Jahr? Fast gleichzeitig mit den Blüten treibt das Schneeglöckchen auch grüne Blätter aus. Diese bilden Stärke für den Aufbau einer neuen Zwiebel. Die neue Zwiebel war also in der alten schon angelegt. Als kleine Knospe lag diese *Ersatzzwiebel* zwischen den Blattschichten. Sie wächst im späten Frühjahr zur neuen Zwiebel heran und füllt sich mit Speicherstoffen. Gleichzeitig bilden sich noch *Brutzwiebeln*, aus denen weitere Schneeglöckchenpflanzen entstehen können.
Alle Frühblüher haben Speicherorgane, die sie nach der Blütezeit mit Reservestoffen füllen. Von ihnen leben sie im nächsten Frühjahr. Aber nicht nur Zwiebeln, sondern auch unterirdische Stengelteile können Reservestoffe speichern. Die Schlüsselblume zum Beispiel hat einen solchen *Erdstengel*. Beim Krokus schwillt der Stengel zu einer zentimeterdicken *Knolle* an. Hier wird die Stärke gespeichert.

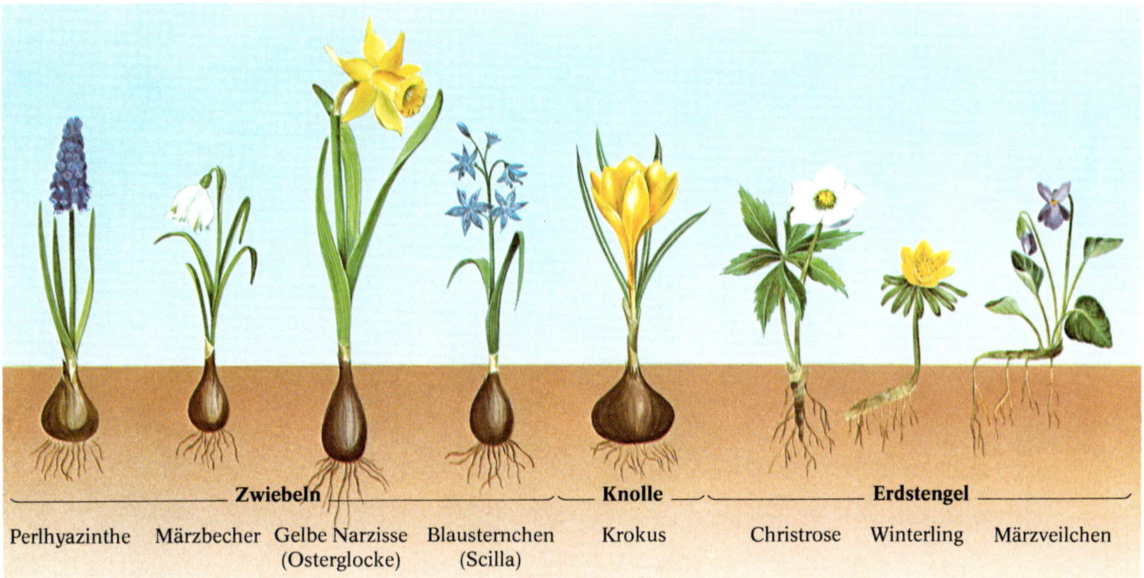

183.1. Frühblüher im Garten

1. Zeichne eine Zwiebel und eine Knolle im Längsschnitt! Vergleiche und beschrifte!

2. Beobachte im Frühjahr in Gärten und Parkanlagen das Austreiben der Frühblüher! Lege einen ‚Blumenkalender' an: Schreibe die Namen der Pflanzen auf und notiere Beginn und Ende der Blütezeit!

Der Kalender könnte etwa so aussehen:

Pflanze	Beginn der Blütezeit	Ende der Blütezeit	Fundort
Schneeglöckchen	26. Feb.	20. März	Schloßpark
Winterling	25. Feb.	24. März	Schulgarten

3. In Abb. 183.2. sind verschiedene Formen der Überwinterung dargestellt. Beschreibe, wie diese Pflanzen den Winter überdauern!

4. Fertige eine Serie von Zeichnungen an, die den Entwicklungslauf einer Tulpenpflanze während des ganzen Jahres zeigt!

183.2. Formen der Überwinterung

184.1. Laubwald im Winter

5. Beschreibe die Umweltbedingungen, denen die Pflanzen im Winter ausgesetzt sind! Denke dabei an Lichtverhältnisse, Temperatur und Niederschläge! Wie sind die Frühblüher, zum Beispiel das Buschwindröschen, in dieser Zeit den Umweltbedingungen angepaßt?

184.2. Laubwald im Frühjahr

6. Beschreibe den Ausschnitt aus einem Laubwald im Frühjahr! Welche Umweltbedingungen trifft das Buschwindröschen an, wenn es im Frühling aus dem Boden hervortritt? Zeige am Beispiel des Buschwindröschens, wie die Frühblüher der Jahreszeit angepaßt sind! Wodurch wird das Austreiben der Frühblüher im Frühjahr ermöglicht?

184.3. Laubwald im Sommer

7. Beschreibe den Unterschied zwischen dem Laubwald im Frühjahr und dem Laubwald im Sommer! Welche Umweltbedingungen führen zum Absterben der oberirdischen Pflanzenteile des Buschwindröschens?

185.1. Scharbockskraut mit Wurzelknollen.
Das Scharbockskraut wächst zum Beispiel unter Hecken und in lockerem Buschwald.

8. Untersucht eine Scharbockskrautpflanze! Spült die Erde von den Wurzelknollen ab und zählt die Wurzelknollen! Welche Bedeutung haben sie für die Pflanzen?

9. Schneidet eine der Wurzelknollen auf und führt die Iodprobe durch! Erklärt das Ergebnis!

Auch im Wald gibt es Frühblüher. Ein Spaziergang durch einen Buchenwald im Frühling kann ein Erlebnis sein! Die Bäume haben noch keine Blätter, und die Sonne erhellt den Waldboden. Wie von einem Teppich ist er mit verschiedenen Frühblühern bedeckt. An manchen Stellen erscheint er völlig weiß: *Buschwindröschen* leuchten mit ihren Blüten hell in der Sonne. An anderen Plätzen finden wir *Schlüsselblumen*, *Lerchensporn* und das gelbblühende *Scharbockskraut*, dessen glänzende, rundliche Blätter sofort auffallen.

Machen wir den gleichen Spaziergang im Sommer! Welch ein Unterschied! Die Buchen sind dicht belaubt, die Sonne dringt nur noch mit wenigen Strahlen bis auf den Waldboden vor. Von der Blütenpracht des Frühjahrs ist nichts mehr zu sehen. Waldgräser und andere Pflanzen bedecken den Boden; die Buschwindröschen aber suchen wir vergebens. Nur vereinzelt zwischen den Grashalmen entdecken wir noch einige der tief zerteilten Buschwindröschenblätter. Gelb und verwelkt sehen sie aus. Sie sind offenbar abgestorben.

Die Buschwindröschen wachsen also nur, wenn andere Pflanzen noch in der Winterruhe liegen. In dieser Zeit finden die kleinen, zarten Pflanzen Platz und Licht und entfalten ihr volles Wachstum. Zwischen den zerteilten Blättern fällt auch noch genügend Licht hindurch, das die unteren Blätter der Pflanzen belichtet.

Später im Jahr wird es im Walde schattig. Andere Waldbodenpflanzen können jetzt hier anstelle der Frühblüher wachsen. Dann hat das Buschwindröschen schon genügend Speicherstoffe in seinem Erdstengel gesammelt, um im nächsten Frühjahr erneut austreiben zu können.

10. Suche im Frühjahr im Walde nach Frühblühern! Bestimme sie mit Hilfe von Bildbestimmungsbüchern! Pflücke die Pflanzen nicht ab, da viele von ihnen vom Aussterben bedroht sind!

11. Lege einen Blütenkalender für Frühblüher des Waldes an! Notiere die Namen sowie Beginn und Ende der Blütezeit!

186.1. Ein Kastanienbaum in der beginnenden Herbstfärbung

1. Sammle im Herbst Blätter verschiedener Laubbäume! Notiere die Namen und die Farben der Blätter!

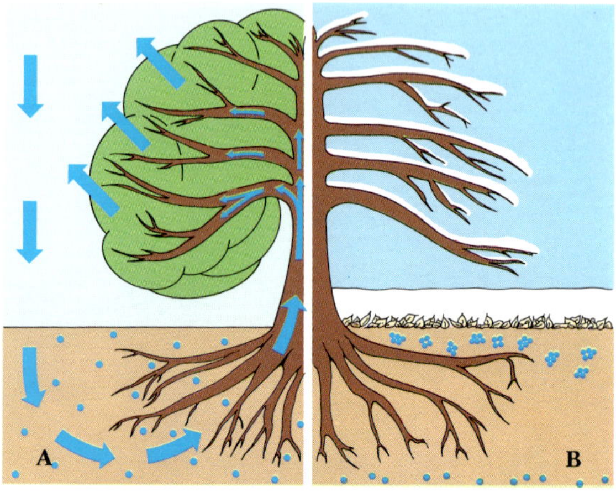

186.2. Wasseraufnahme und Wasserverdunstung eines Laubbaumes

2. Beschreibe Wasseraufnahme, Wasserleitung und Wasserverdunstung im Sommer und im Winter! Erkläre den Unterschied!

2.2. Besitzen Bäume und Sträucher im Winter keine Blätter mehr?

Jedes Jahr im Herbst färben sich die Blätter der Laubbäume bunt und fallen schließlich ab. Aber warum tritt immer wieder dieser Wechsel ein? Warum verlieren die Bäume Blätter, um sie im nächsten Jahr neu hervorzubringen? Man könnte das Abwerfen des Laubes fast als Verschwendung bezeichnen!

Um diese Frage beantworten zu können, müssen wir uns daran erinnern, welche Rolle die Blätter im Leben des Baumes spielen. Mit ihnen fängt er das Sonnenlicht auf, um Stärke herzustellen. Durch die Blätter verdunsten große Mengen von Wasser, die über die Wurzel nachgeliefert werden. Eine Birke mit etwa 200000 Blättern verdunstet zum Beispiel an einem Sommertag 40 bis 150 Liter Wasser. Von einem Hektar Birkenwald werden täglich etwa 47000 Liter Wasser abgegeben. Diese Menge entspricht ungefähr dem Inhalt eines großen Tankwagens. Mit diesem Saftstrom werden Stoffe wie Nährsalze und Zucker durch die Bäume transportiert.

Vergleichen wir nun die Lebensverhältnisse des Baumes im Sommer mit denen im Winter: Im Sommer fällt genügend Regen, so daß der Baum immer Wasser zur Verfügung hat. Im Winter dagegen kann das Wasser im Erdboden gefroren sein. Hätte der Baum noch seine Blätter, würden diese weiter Wasser verdunsten, aber durch die Wurzeln käme kein Wasser nach. Der Baum würde vertrocknen. So ist der **Laubfall** eine Anpassung an die winterliche Trockenheit.

Wie kommt aber die prächtige **Herbstfärbung** der Bäume und Sträucher zustande? In den Blättern befinden sich Farbstoffe, die die Pflanze zur Herstellung von Nährstoffen braucht. Der grüne Farbstoff Chlorophyll wird im Herbst abgebaut und im Inneren des Baumes gespeichert. Es bleiben meist gelbe oder rote Farbstoffe in den Blättern zurück. Deshalb sehen die Blätter im Herbst gelb oder rot aus.

Stimmt es nun, wenn man sagt: „Die Bäume haben im Winter keine Blätter mehr“? Sehen wir genauer hin! In den Achseln der Blätter finden wir schon im Herbst kleine **Knospen.** In

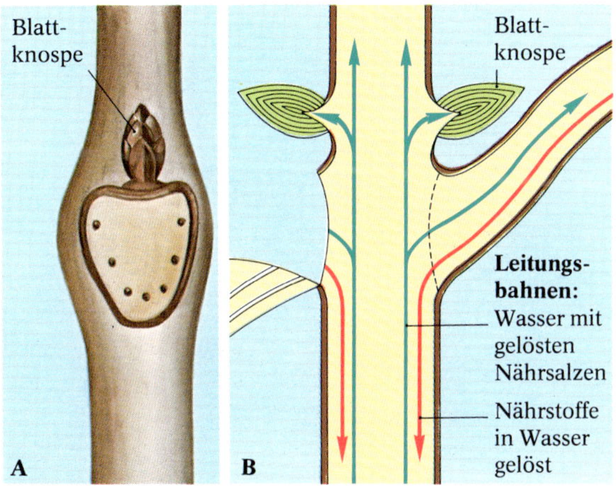

187.1. ***Laubfall.*** *A Blattnarbe eines abgefallenen Kastanienblattes; B Längsschnitt durch einen Kastanienzweig*

3. *Zeige an den Teilbildern A und B, wie die Kastanie an den Winter angepaßt ist!*

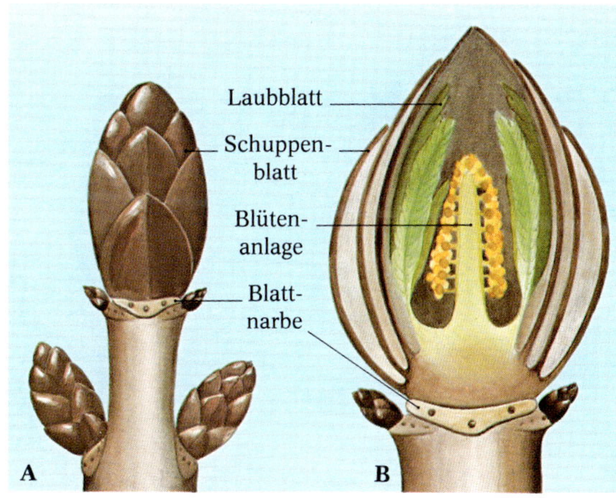

187.2. ***Kastanienknospen im Winter.*** *A Zweigende mit Knospen; B Längsschnitt durch eine Blütenknospe*

4. *Beschreibe Abb. 187.2.! Zeige, daß die Laubbäume auch im Winter Blüten und Blätter besitzen!*

ihnen sind bereits die neuen Blätter für das nächste Frühjahr angelegt. Sie treiben im Frühling aus, wenn wieder Wasser mit den Wurzeln aufgenommen wird und im Stamm aufsteigen kann.

Es gibt aber auch Bäume, die sogar im Winter ihre grünen Blätter behalten. Dazu gehören die meisten *Nadelbäume* wie Fichte, Kiefer und Tanne. Woran mag es liegen, daß diese Bäume ihr Laub im Herbst nicht abwerfen? Die Antwort findest du im Bau der Blätter der Nadelbäume. Diese Nadelblätter sind meist länglich, schmal und hart. Alte Nadeln können nur noch sehr wenig Wasser durch ihre feste Außenschicht verdunsten. So entsteht für den Baum im Winter kein Schaden, wenn die Wurzeln kein Wasser liefern können.

Alle **immergrünen Pflanzen**, zu denen neben den Nadelbäumen auch *Rhododendron* und *Stechpalme* gehören, haben solche harten, widerstandsfähigen Blätter. Durch die feste Außenschicht sind sie gegen Verdunstung geschützt.

187.3. ***Fichtenzweig.*** *Oben rechts Nadel im Mai; unten rechts Nadel im September*

5. *Erkläre den Unterschied der Fichtenzweige in Abbildung 187.3.!*

6. *Stelle zwei etwa gleich große Zweige eines Nadelbaumes und eines Laubbaumes in jeweils einen wassergefüllten Glaszylinder! Gieße auf die Wasseroberfläche eine dünne Schicht Speiseöl! Miß täglich den Wasserstand und notiere die Werte! Erkläre das Ergebnis!*
Welche Bedeutung hat die Ölschicht auf der Wasseroberfläche?

Verwandtschaft von Lebewesen

188.1. Laubbaum und Nadelbaum

1. Bäume und Sträucher erkennt man an auffälligen Merkmalen

Sicher kannst du eine Buche von einer Fichte leicht unterscheiden. Die Fichte ist ein *Nadelbaum*, die Buche dagegen ein *Laubbaum*. Sie haben also unterschiedliche Blätter. Auch der dreieckige Wuchs der Fichte ist deutlich von der kugelförmigen Krone der Buche zu unterscheiden. Schwerer fällt es dir jedoch bei Fichte und Tanne. Beide sind Nadelbäume. Auch hier unterscheiden sich die Blätter. Du fühlst eine rundliche Nadel bei der Fichte, eine flache dagegen bei der Tanne. Noch ein Unterschied ist auffällig: Der Tannenzapfen steht aufrecht, der Fichtenzapfen hängt nach unten.

An solchen einprägsamen Merkmalen kannst du auch die beiden Laubbäume Buche und Eiche unterscheiden. Schon von weitem siehst du, daß die Äste unterschiedlich geformt sind. Bei der Buche verlaufen sie fast gerade, bei der Eiche dagegen sind sie knorrig und verwinkelt gewachsen. Dies führt zu einer bestimmten Ausbildung der Baumkronen. Auch die Borke zeigt auffällige Unterschiede. Bei der Buche ist sie glatt und hellgrau. Der Stamm der Eiche dagegen hat eine dunkle, rissige Borke.

Vergleichst du ein Buchenblatt mit einem Eichenblatt, stellst du unterschiedlich verlaufende Blattränder und Blattadern fest. Ebenso auffällig sind die Merkmale der Früchte. Die eiförmigen Eicheln sitzen in schuppigen, schüsselförmigen Fruchtbechern. Mit ihrem Fruchtstiel sehen sie wie kleine Pfeifen aus. In einem stacheligen Fruchtbecher dagegen sitzen die dreikantigen Nüsse der Buche, die Bucheckern. Im Herbst springt der Fruchtbecher mit vier Klappen auf: Die Bucheckern fallen heraus und werden von Tieren fortgeschleppt.

1. Suche Blätter von Laubbäumen und bestimme sie! Nimm dabei auch die Abbildungen der Umschlagseiten zu Hilfe!

2. Beschreibe Blätter, die du gesammelt hast, mit Hilfe der Fachausdrücke aus Abbildung 189.2.!

3. Fertige für jeden Baum und für jeden Strauch, dessen Blätter du gesammelt hast, einen „Steckbrief“ an! Beachte dabei Wuchsform, Blätter, Früchte sowie Farbe und Beschaffenheit der Borke!

189.1. Fichtenzweig mit Fichtenzapfen

189.3. Tannenzweig mit Tannenzapfen

4. Sammle Früchte wildwachsender Bäume und Sträucher und bestimme sie! Verwende dabei auch die Abbildungen der vorderen und hinteren Umschlagseiten!

5. Fertige für einige Arten von Nadelbäumen einen „Steckbrief" an! Beachte: Wuchsform, Form und Anordnung der Nadeln und Zapfen, Farbe und Beschaffenheit der Borke!

189.2. Blattformen und Blattränder

Wir legen eine Blättersammlung an

1) Sammle Blätter von Bäumen und Sträuchern! Bestimme sie anhand der Abbildungen der Umschlagseiten oder mit Bildbestimmungsbüchern! Schreibe die Namen der Pflanzen auf kleine Zettel!
2) Besorge dir alte Zeitungen! Lege die Blätter, die du bestimmt hast, zwischen zwei Zeitungen und lege den Zettel mit dem Namen dazu!
3) Beschwere den Papierstapel gleichmäßig mit Büchern und laß ihn zwei Tage liegen!
4) Lege die gepreßten Blätter zwischen zwei neue trockene Zeitungen! Wiederhole das Umlegen so lange, bis die Blätter ganz trocken sind!
5) Klebe die getrockneten Blätter mit schmalen Klebestreifen auf weißes Papier! Beschrifte die Seiten mit dem Namen der Pflanze, dem Fundort und dem Funddatum!
6) Ordne die einzelnen Blätter in einer Sammelmappe! Du hast jetzt ein **Herbarium.** Das ist eine Sammlung von getrockneten und gepreßten Pflanzen.

190.1. ***Raps.*** *A ganze Pflanze; B Einzelblüte; C Blütendiagramm; D Blütenlängsschnitt*

2. Pflanzen einer Familie ähneln sich im Bau ihrer Blüten

2.1. Kreuzblütler erkennt man auf den ersten Blick

Raps, Wiesenschaumkraut und Hirtentäschelkraut sind mit dem Radieschen verwandt? Überprüfen wir dies! Wenn die Pflanzen miteinander verwandt sind, müssen sie gemeinsame Merkmale haben. Schauen wir uns also zunächst die Blüte an! Die vier Blütenblätter der Rapsblüte stehen einander direkt gegenüber. Auch die Blütenblätter beim Wiesenschaumkraut sind kreuzförmig angeordnet. Die Blüte des Hirtentäschelkrauts ist so klein, daß die Untersuchung schwierig ist. Wir müssen eine Lupe zu Hilfe nehmen. Damit können wir deutlich die kreuzförmige Stellung der Blütenblätter feststellen. Untersuchen wir nun die Blüte des Radieschens, so sehen wir auf den ersten Blick: Auch das Radieschen gehört zu den **Kreuzblütlern!** Der Biologe nennt eine solche Verwandtschaftsgruppe eine **Familie.**

Die Verwandtschaft der Kreuzblütler zeigt sich noch in weiteren gemeinsamen Merkmalen des Blütenbaus: Bei genauer Untersuchung finden wir außer den vier kreuzförmig angeordneten Blütenblättern vier Kelchblätter, sechs Staubblätter und einen Stempel.

Die Angehörigen der Familie der Kreuzblütler unterscheiden sich aber auch in einigen Merkmalen voneinander: Der Raps blüht gelb, das Wiesenschaumkraut sieht hellviolett aus, und die Blüten des Hirtentäschelkrauts sind weiß. Das Radieschen blüht zwar auch weiß, es hat aber die bekannte rote Knolle. Auch in der Blattform können wir Unterschiede feststellen. Deshalb ordnet der Biologe die verschieden gestalteten Pflanzen einer Familie in **Gattungen.** Die Pflanzen, die wir untersucht haben, zählen also zu Gattungen der Familie Kreuzblütler. So gehört das Wiesenschaumkraut zur Gattung Schaumkraut.

Das Wiesenschaumkraut finden wir häufig auf feuchten Wiesen. Ein naher Verwandter aber kommt in feuchten Buchenwäldern vor. Seine Blütenblätter sind weiß, und die Staubblätter besitzen violette Staubbeutel. Es ist das Bittere Schaumkraut. Wenn sich Pflanzen einer Gat-

*191.1. **Gattung Schaumkraut.** A und B Wiesenschaumkraut; C Bitteres Schaumkraut*

tung nur so geringfügig unterscheiden, nennt man sie **Arten.** Wiesenschaumkraut und Bitteres Schaumkraut sind also Arten der Gattung Schaumkraut.

1. Zergliedere die Blüten verschiedener Kreuzblütler wie Raps und Wiesenschaumkraut! Stelle ein Legebild her, wie es auf Seite 151 gezeigt wird!

2. Zeichne Blütendiagramme von verschiedenen Kreuzblütlern! Nenne die gemeinsamen Merkmale dieser Familie!

3. Zerquetsche Samen der Rapspflanze auf Filtrierpapier oder Löschpapier! Was stellst du fest (siehe dazu Seite 27!)?

4. Kohlpflanzen sind auch Kreuzblütler. Betrachte dazu die Abbildung 191.2.! Worauf haben die Züchter der verschiedenen Kohlsorten geachtet? Erkläre die Abbildung!

191.2. Veränderungen des Wildkohls durch Züchtung

192.1. Heckenrose

192.2. Schlehe

192.3. Gänsefingerkraut

1. *Zergliedere die Blüten verschiedener Rosengewächse! Zeichne ihre Blütengrundrisse! Vergleiche mit den Seiten 150 und 151!*

2. *Ordne die Früchte von Apfel, Kirsche, Schlehe, Himbeere und Erdbeere den Gruppen von Früchten zu, die du auf den Seiten 156 und 157 findest!*

2.2. Die Heckenrose hat viele Verwandte

Im Frühjahr ist dir sicher schon die Blütenpracht der Obstbäume in den Gärten aufgefallen. Hast du gewußt, daß die meisten Obstbäume zu einer Familie gehören? Auch Erdbeere, Schlehe, Vogelbeere und Heckenrose gehören dazu. An der Blüte kannst du die Verwandtschaft gut erkennen. Die Heckenrose zeigt die Merkmale besonders deutlich. Deshalb nennt man diese Familie **Rosengewächse.**

Wir finden fünf Kelchblätter, fünf Blütenblätter, einen Kranz von vielen Staubblättern und in der Mitte ein Fruchtblatt oder mehrere Fruchtblätter. Die Fruchtknoten sind entweder oberständig oder unterständig. An diesem Merkmal kann man häufig die Gattungen unterscheiden: der Apfel zum Beispiel hat einen *unterständigen Fruchtknoten,* bei der Erdbeere dagegen sind es mehrere *oberständige Fruchtknoten.* Aus den verschiedengestalteten Fruchtknoten entwickeln sich auch unterschiedliche Früchte: Die Kirsche ist eine Steinfrucht, Apfel und Erdbeere dagegen sind Scheinfrüchte. Dabei ist die Erdbeere eine Sammelfrucht mit Nüßchen als Einzelfrüchten. Am Beispiel der Erdbeere siehst du, daß die Familie der Rosengewächse nicht nur Bäume und Sträucher umfaßt. Bei Bäumen und Sträuchern sind die Sproßachsen *verholzt.* Die Erdbeere dagegen gehört zu den *krautigen Pflanzen,* deren Stengel nicht verholzen. Auch das bekannte gelbblühende Gänsefingerkraut, der Frauenmantel mit seinen unscheinbaren kleinen Blüten und der Große Wiesenknopf mit dem kolbenförmigen roten Blütenstand sind krautige Rosengewächse.

Besonders fallen die Rosen auf, die als **Zierpflanzen** in den Gärten gezogen werden. Bei ihnen ist es oftmals schwierig, die Familienmerkmale in der Blüte wiederzufinden, da die Anzahl der Blütenblätter oft größer als fünf ist. Einige der Staubblätter sind nämlich in Blütenblätter umgewandelt. Die Züchter haben diese Formen ausgelesen und weitervermehrt.

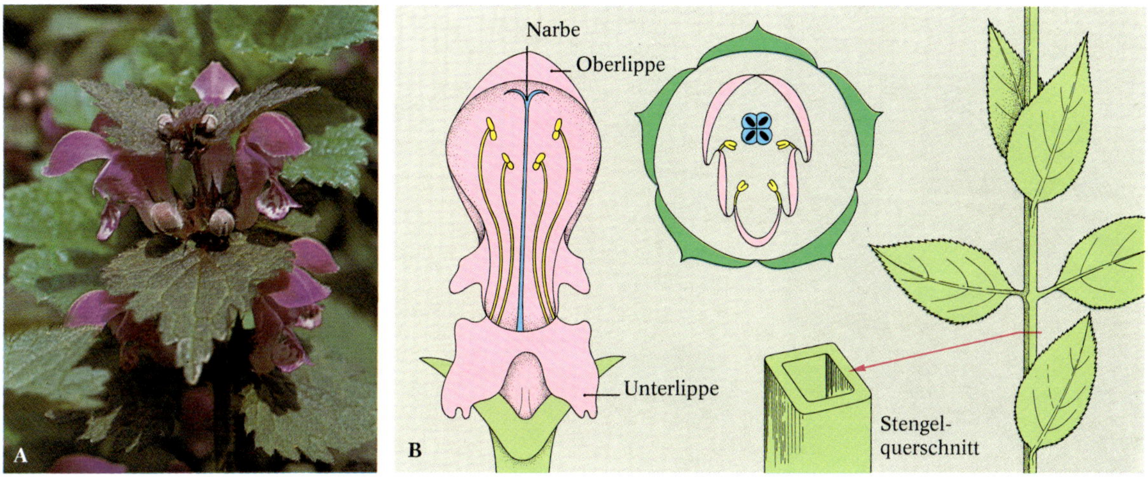

193.1. Lippenblütler. *A Gefleckte Taubnessel; B Bau von Blüte und Stengel*

1. Vergleiche die Blütengrundrisse von Kreuzblütlern und Lippenblütlern! Welche Unterschiede kannst du feststellen? Trage die Ergebnisse in eine Tabelle ein!

2.3. Taubnesseln haben Lippenblüten

Die Taubnessel bekommt Besuch! Eine Hummel läßt sich auf dem „Landeplatz" der Blüte nieder. Es sieht fast so aus, als ob die Blüte darauf eingerichtet sei. Die Blütenblätter sind im unteren Abschnitt zu einer Röhre verwachsen. Man nennt solche Blüten *verwachsenkronblättrig.* Du kannst dies mit der Lupe an den feinen Falten in der Röhre erkennen. An der Öffnung der Röhre sind die Blütenblätter besonders geformt. Sie bilden eine Art „Mund" mit einer *Oberlippe* und einer *Unterlippe.* Daher gehört die Taubnessel zur Familie der **Lippenblütler.** Die Unterlippe ist der Landeplatz für Hummeln und Bienen. Dadurch ist die Blüte besonders an den Besuch dieser Insekten angepaßt.
Vergleichst du die Stengel und Blattstellungen verschiedener Lippenblütler, zum Beispiel von Weißer Taubnessel und Gefleckter Taubnessel, Goldnessel und Salbei, so findest du weitere gemeinsame Merkmale: Die Stengel sind immer vierkantig und hohl; die Blätter stehen einander kreuzweise gegenüber.

Der „Salbei-Trick"

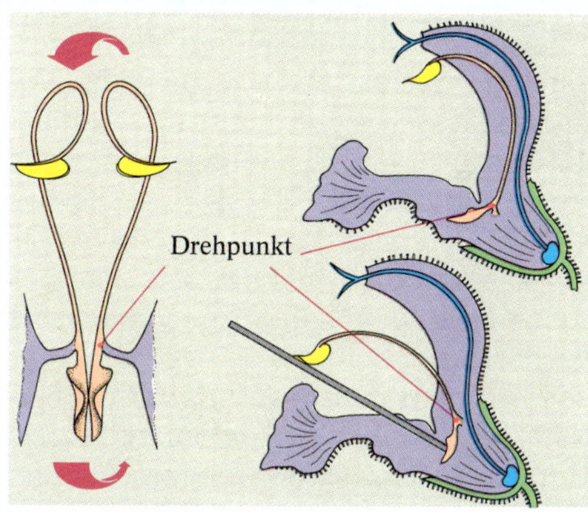

2. Sieh mit einer Lupe in das Innere einer Salbeiblüte! Am Grunde der Staubblätter erkennst du eine Art „Platte". Stoße mit einer Bleistiftspitze oder mit einem Halm vorsichtig an diese Platte! Beobachte die Bewegung des Staubblattes!

3. Beschreibe den „Salbei-Trick"! Erkläre, warum diese Einrichtung sinnvoll ist!

194.1. *Gartenerbse*

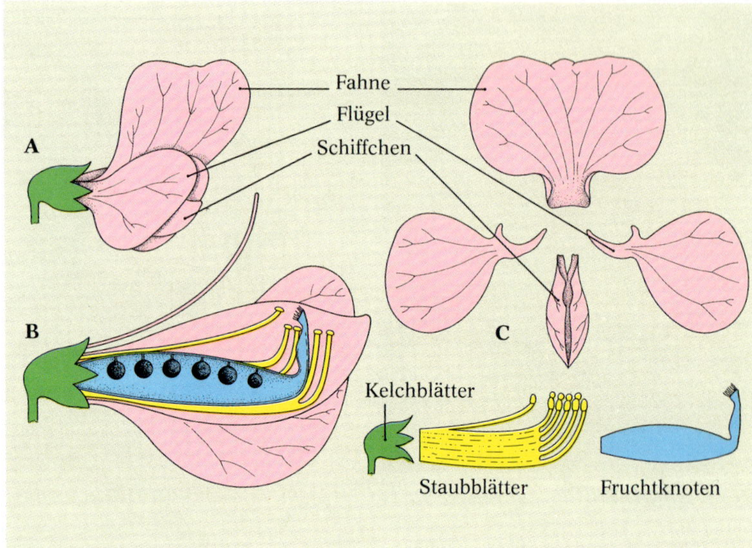

194.2. *Erbsenblüte.* *A Gesamtansicht; B Längsschnitt; C zergliederte Blüte*

2.4. Erbsen gehören zu den Schmetterlingsblütlern

Sieh dir eine Erbsenblüte von vorn an! Die Blütenblätter stehen fast wie die Flügel eines Schmetterlings. Deshalb heißt die Familie, zu der diese Pflanze gehört, **Schmetterlingsblütler.** Wegen der Ähnlichkeit nennt man die beiden äußeren Blütenblätter auch *Flügel.* Das obere, auffällige Blütenblatt heißt *Fahne.* Die beiden unteren sind zu dem kahnförmigen *Schiffchen* verwachsen. Im Schiffchen liegt der *Fruchtknoten,* der von den *Staubblättern* umgeben ist. Neun Staubblätter sind miteinander zu einer Art Rinne verwachsen, während das zehnte wie ein Deckel obenauf liegt.

Auch die Schmetterlingsblüte ist an die Bestäubung durch Insekten angepaßt. Wenn sich ein schweres Insekt auf die Blätter des Schiffchens setzt, um Nektar zu saugen, drückt es diese nach unten. Die Staubbeutel stäuben das Tier dabei mit Pollenkörnern ein. An der nächsten Blüte wird der Blütenstaub dann von einer kleinen Bürste an der Narbe wieder abgeputzt. Diese Art der *Fremdbestäubung* kann aber nur stattfinden, wenn das bestäubende Insekt schwer genug ist, um die Schiffchenblätter nach unten zu drücken. Die meisten einheimischen Insekten sind nicht so schwer, so daß die Schiffchen in vielen Schmetterlingsblüten bei uns immer geschlossen bleiben. So fallen die reifen Pollenkörner von selbst auf die Narbe des darunterliegenden Stempels. Es findet eine **Selbstbestäubung** statt.

In anderen Gegenden der Erde, wie in den Tropen, gibt es viel mehr Insekten, die auch eine Fremdbestäubung bei den Schmetterlingsblütlern durchführen können.

1. Zergliedere die Blüten von Bohne oder Wicke (siehe Seite 151)! Zeichne die Blütenteile!

2. Sammle die Blüten von Löwenmäulchen, Goldlack, Ginster, Stiefmütterchen, Lupine, Klee, Robinie! Welche dieser Pflanzen sind keine Schmetterlingsblütler? Begründe deine Feststellungen!

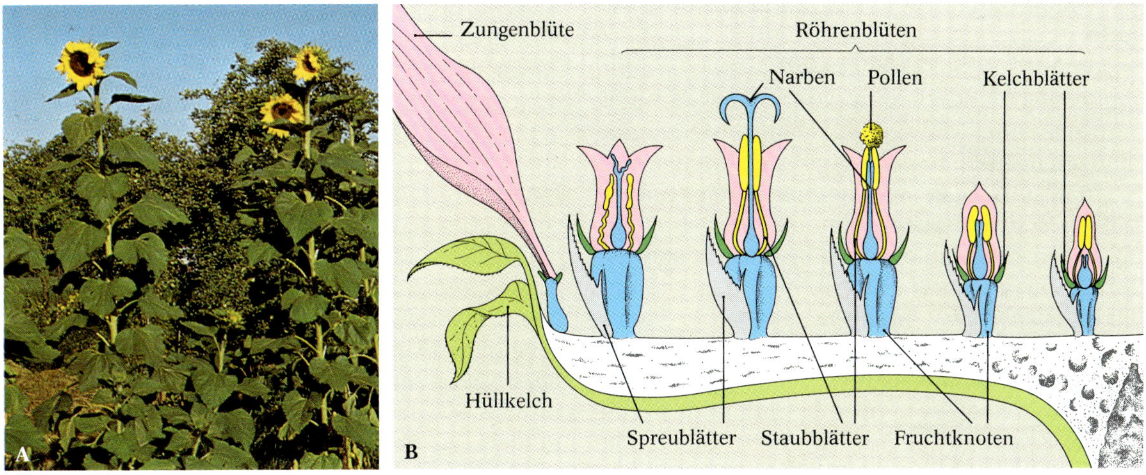

195.1. Sonnenblume. *A Gesamtansicht; B Längsschnitt durch den Blütenstand (Schema)*

1. Vergleiche die Blütenstände von Gänseblümchen, Löwenzahn und Sonnenblume! Welche Pflanzen sind einander ähnlicher? Begründe!

2. Unter Zierpflanzen gibt es sehr viele Korbblütler. Stelle eine Liste von Gartenpflanzen zusammen, die zu den Korbblütlern gehören!

2.5. Korbblütler sind eine verbreitete Pflanzenfamilie

Auf den ersten Blick kann man sich ganz schön irren! Die Blüte der Sonnenblume ist gar keine einzelne Blüte. Untersuchen wir die „Blüte" der Sonnenblume näher! Dazu schneiden wir die „Blüte" von oben nach unten so auf, daß wir den Stiel in der Mitte treffen. Jetzt können wir von der Seite in die „Blüte" hineinschauen. Was wir sehen, ist erstaunlich: Die „Blüte" der Sonnenblume besteht aus vielen kleinen *Einzelblüten.* Sie ist also ein *Blütenstand.* Die Randblüten heißen **Zungenblüten.** Ihnen fehlen Stempel und Staubgefäße. Sie haben die Aufgabe, mit ihrer auffälligen Blütenkrone Insekten anzulokken. Im Gegensatz dazu besitzen die Scheibenblüten oder **Röhrenblüten** im Inneren des Blütenstandes nur kleine Blütenkronen. Sie öffnen sich nacheinander von außen nach innen. Dabei werden zuerst die Staubblätter aus der Blütenröhre geschoben, später folgt der Griffel mit der Narbe. Du kannst das daran sehen, daß auf den Staubblättern dicke Pollenhäufchen sitzen, während die Narbe an den beiden gebogenen Narbenästen zu erkennen ist. Das unterschiedliche Reifen von Staubblättern und Narbe kommt der *Fremdbestäubung* zugute: Eine Einzelblüte wird nur selten von den eigenen Pollenkörnern bestäubt.

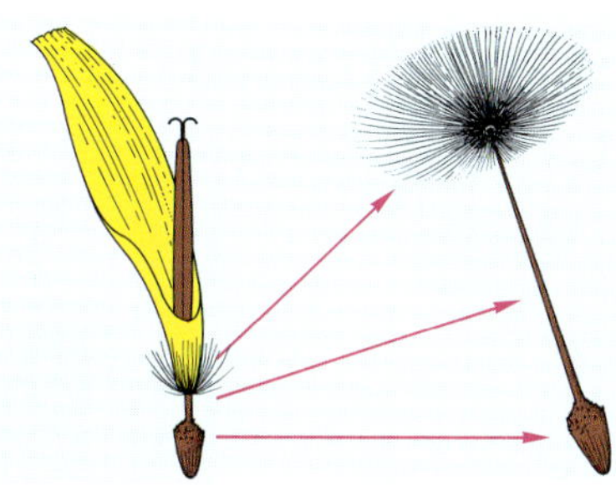

195.2. Einzelblüte und Frucht des Löwenzahns

3. Untersuche verschiedene Blütenstände des Löwenzahns: eine junge Knospe, einen aufgeblühten Blütenstand, einen verblühten Blütenstand und eine „Pusteblume"!
Beschreibe, wie der „Fallschirm" der Löwenzahnfrucht entsteht!
Was wird aus den einzelnen Teilen der Blüte? Nimm auch Abbildung 158.1. zu Hilfe!

2.6. Die Vielfalt der Pflanzen kann man ordnen

Regale und Schränke eignen sich gut, um Gegenstände übersichtlich unterzubringen. Ähnlich kann man auch die unübersehbare Menge der Pflanzen ordnen. In der Abbildung unten siehst du einen Vorschlag, wie das geschehen könnte: Alle **Arten** einer Gattung sammeln wir in Kästen, auf denen die Namen der **Gattungen** stehen. Die Gattungen einer **Familie** befinden sich im „Familienschrank". Mehrere verwandte Familien bilden eine **Ordnung,** in der die Familienschränke zusammenstehen. Alle Ordnungen, die eng miteinander verwandt sind, bilden eine **Klasse.** In unserem Bild stehen sie zusammen in einem „Klassenzimmer". Ähnliche Klassen liegen wie in der Schule auf einem Flur. Hier heißt er **Abteilung.** So findet man in dem Gebäude „Pflanzenreich" schnell den Weg zu einer bestimmten Art.

Man kann mit diesem System eine Pflanze aber nur finden, wenn man sie schon kennt. Für Arten, deren Namen man herausfinden will, gibt es sogenannte **Bestimmungsschlüssel.** Auf der gegenüberliegenden Seite findest du ein Beispiel, mit dem man einige Arten der Familie der **Hahnenfußgewächse** bestimmen kann. In den roten Kästchen steht immer ein Pflanzenteil, nach dessen Merkmal gefragt wird. Du mußt die zu bestimmende Pflanze daher genau ansehen und dich zwischen zwei Möglichkeiten entscheiden. Dann geht der Weg entweder nach unten oder zur Seite. Wenn du alle Fragen richtig beantwortest, kommst du zu dem Namen der Pflanze, die du bestimmen willst.

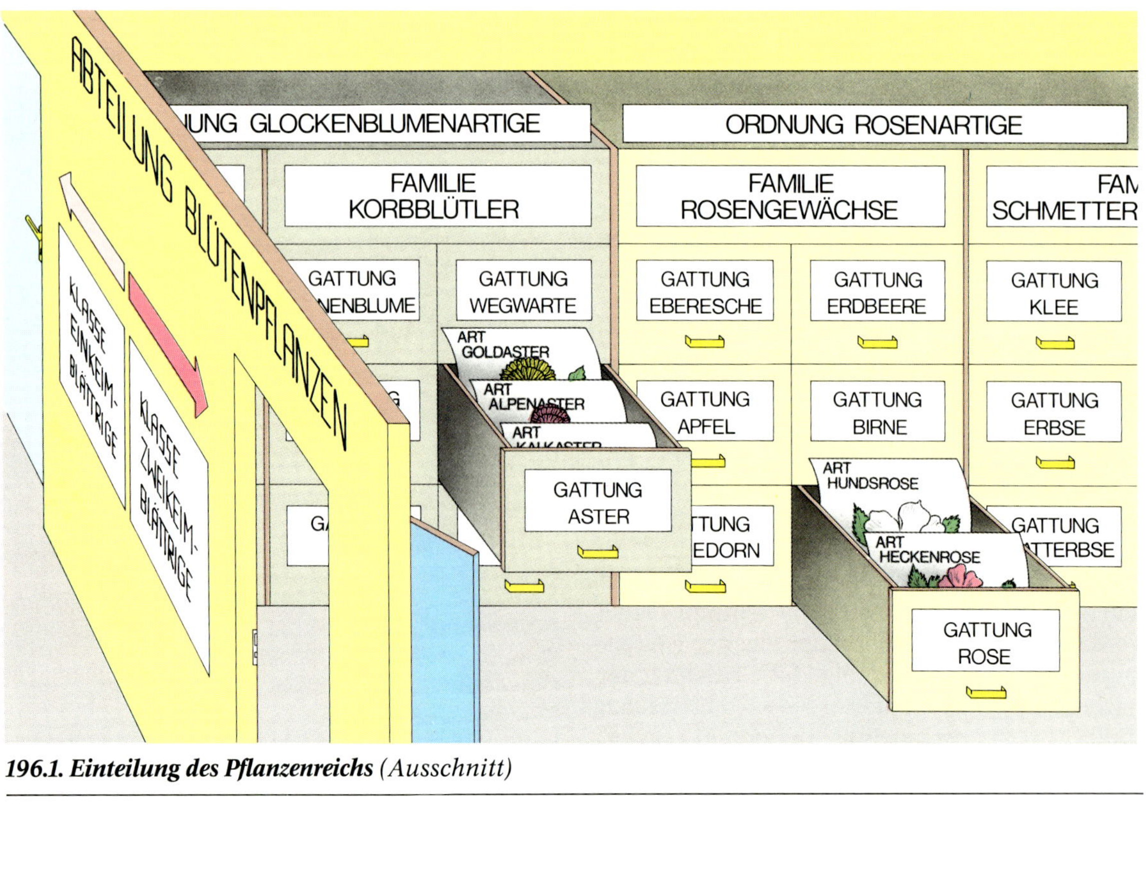

196.1. Einteilung des Pflanzenreichs (Ausschnitt)

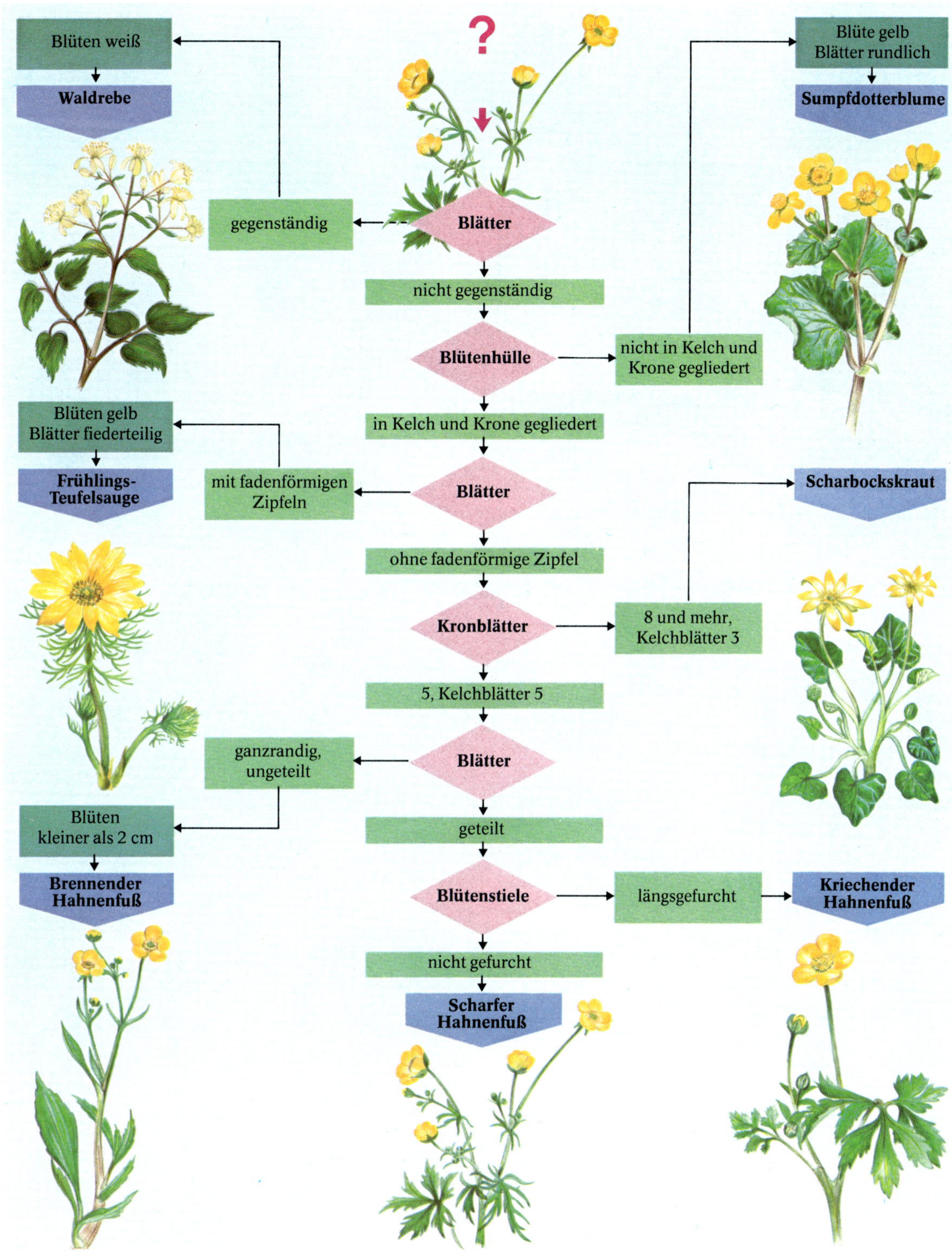

197.1. ***Bestimmungsschlüssel für Hahnenfußgewächse*** *(Ausschnitt)*

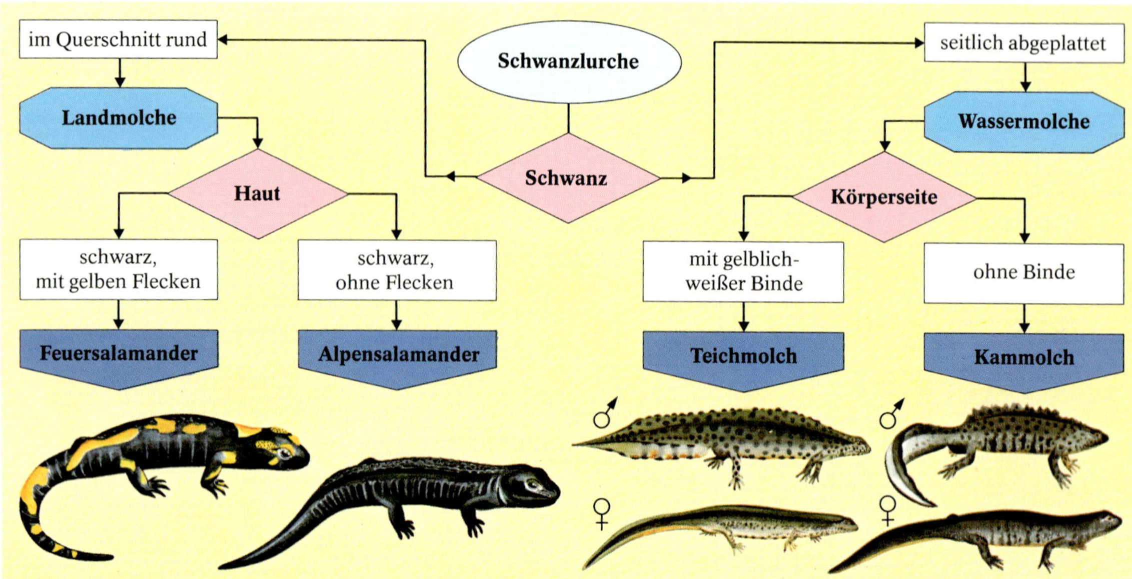

198.1. Bestimmungsschlüssel für Schwanzlurche

3. Lurche unterscheiden sich in auffälligen Merkmalen

Frösche und Molche leben in Tümpeln und Teichen. Es sind Lurche. Sie haben auffällige Merkmale, an denen du sie leicht voneinander unterscheiden kannst. Die Bestimmungsschlüssel dieser Seiten sollen dir dabei helfen.

Die Bestimmung eines Lurches beginnen wir mit der nebenstehenden Abbildung. In den roten Vierecken stehen die Körperteile, nach deren Merkmalen gefragt wird. Hat der Lurch zum Beispiel einen Schwanz, so gehst du am linken Pfeil entlang und gelangst zu der Bezeichnung „Schwanzlurche". Jetzt führt dich Abb. 198.1. weiter. Wieder wird nach Merkmalen des Schwanzes gefragt. Ist er seitlich abgeplattet, handelt es sich um einen Wassermolch. In diesem Bestimmungsschlüssel sind zwei häufig vorkommende Wassermolche aufgeführt, die sich voneinander durch die Zeichnung der Körperseite unterscheiden.
Auf die gleiche Weise kannst du auch Froschlurche bestimmen.

Lurche sind stark gefährdet und deshalb **geschützt!**

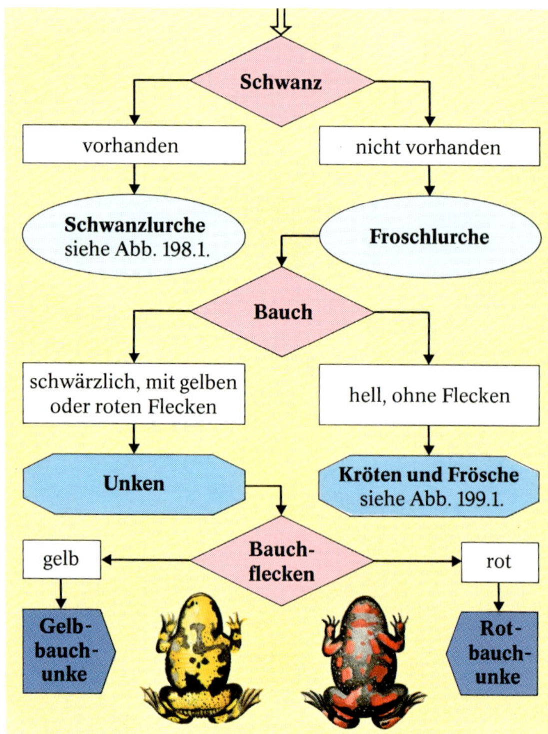

198.2. Bestimmungsschlüssel für Lurche

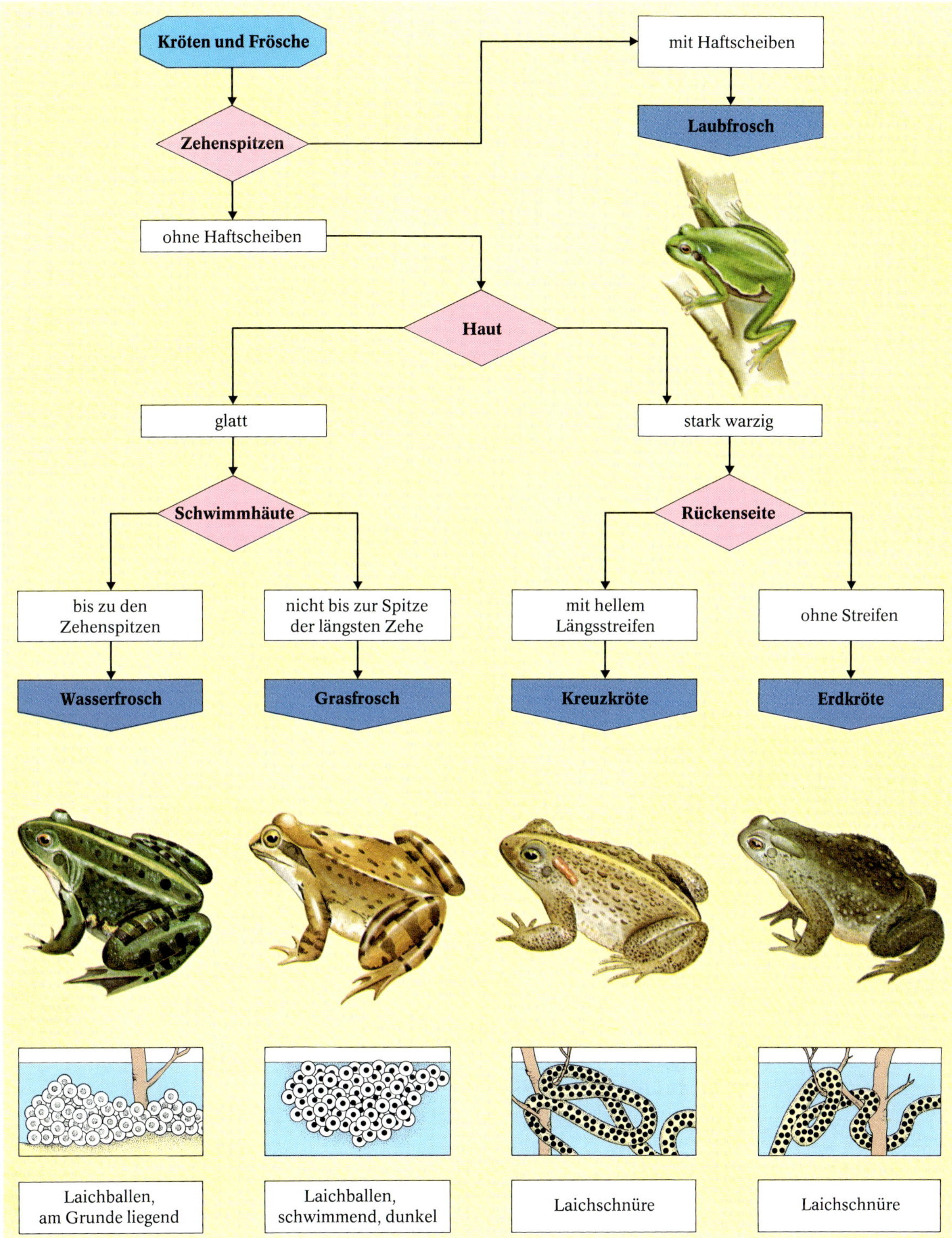

199.1. Bestimmungsschlüssel für Kröten und Frösche

200.1. Ordnungen der Klasse Säugetiere

4. Wirbeltiere kann man auf wenige Grundformen zurückführen

4.1. Wie ist der Schäferhund mit anderen Säugetieren verwandt?

Um diese Frage zu beantworten, müssen wir den Schäferhund im Tierreich erst einmal suchen. Ein „Spaziergang“ durch einen Zoo, wie er in Abb. 200.1. dargestellt ist, soll uns dabei helfen. Dieser „Zoo“ unterscheidet sich aber von einem wirklichen Zoo. In Tiergärten leben gewöhnlich solche Tiere zusammen, die auch in der Natur den gleichen Lebensraum bewohnen. In unserem „Zoo“sind die Tiere so zusammengefaßt, wie sie miteinander verwandt sind. Alle Tiere zum Beispiel, die ihre Jungen mit Milch ernähren, sind *Säugetiere.* Sie bilden die **Klasse** der Säugetiere. Du siehst das entsprechende Schild am Eingang. Die Klasse der Säugetiere umfaßt viele **Ordnungen.** Im „Zoo“ hat jede Ordnung ihr eigenes „Gehege“. Wir wollen der Ordnung *Raubtiere* einen Besuch abstatten. Ihre „Gehege“ findest du in Abb. 201.1. dargestellt. Wir sehen hier viele verschiedene Tiere. Sie sind zu **Familien** zusammengefaßt. In jeder Familie gibt es verschiedene **Gattungen.** Bei der Familie der Hundeartigen sind es zum Beispiel die Gattungen *Füchse* und *Wölfe.* Hier finden wir auch den Schäferhund. Die Gattung „Wölfe“ enthält mehrere **Arten.** Wir sehen den *Wolf* und den *Haushund.* Die verschiedenen Hunde, die du kennst, sind Hunderassen. **Rassen** nennt man die unterschiedlichen Formen, die sich innerhalb einer Art entwickelt haben. Der Schäferhund ist also eine Rasse der Art Haushund. So siehst du, daß der Schäferhund über ein verzweigtes System von Familien und Ordnungen mit allen anderen Säugetieren verwandt ist.

1. Schreibe Säugetiere auf, die in diesem Buch genannt sind! Ordne sie nach ihrer Verwandtschaft!

2. Wähle eine Ordnung der Säugetiere aus, zum Beispiel die Ordnung Paarzeher! Schreibe alle Merkmale auf, die für diese Ordnung auffällig sind! Nimm dabei dieses Buch zu Hilfe! Stelle in einer Tabelle zusammen, was hier über die Vertreter dieser Ordnung gesagt ist!

201.1. Familien der Ordnung Raubtiere

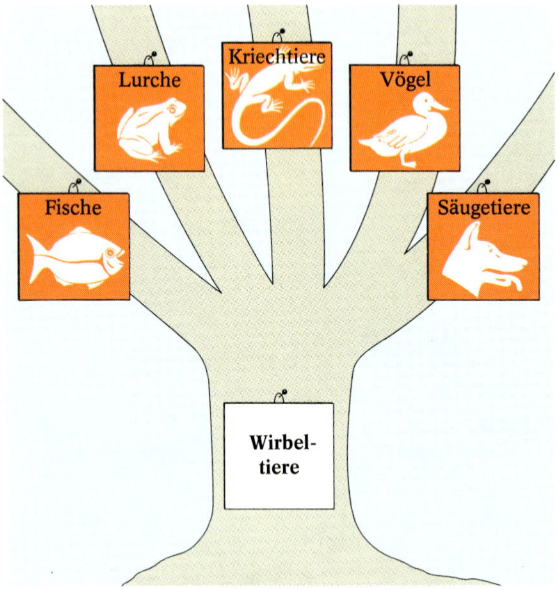

202.1. Stamm der Wirbeltiere

Klasse:
Fische

Körperbedeckung:	Schuppen
Gliedmaßen:	Flossen
Atmung:	Kiemen
Körpertemperatur:	wechselwarm
Vermehrung:	Eier; wenige Gattungen lebendgebärend, z.B. Guppy
Lebensraum:	Wasser
Beispiele:	Hecht, Hering, Goldfisch

4.2. Die Wirbeltiere bilden einen Stamm

Bei unserem „Zoobesuch“ ist dir vielleicht aufgefallen, daß an den Wegen auch Hinweisschilder zu den Gehegen anderer Tierklassen wie Fische, Lurche, Kriechtiere und Vögel standen. Auf den ersten Blick haben die Tiere wenige Gemeinsamkeiten. Aber ein Merkmal besitzen sie alle: Ihr Skelett enthält als Hauptstütze eine *Wirbelsäule,* die aus vielen Wirbelknochen zusammengesetzt ist. Dieses Merkmal findest du bei keiner anderen Tiergruppe. Wir können daraus schließen, daß solche Tiere auch miteinander verwandt sind. Man nennt sie wegen des gemeinsamen Merkmals **Wirbeltiere.**
Die Wirbeltiere bilden einen **Stamm.** Das ist die Gruppe, in der die verschiedenen Klassen zusammengefaßt werden. Man kann also sagen: Die Klassen Fische, Lurche, Kriechtiere, Vögel und Säugetiere gehören zum Stamm der Wirbeltiere. Neben den Wirbeltieren gibt es auch noch andere Tierstämme, zum Beispiel die „Weichtiere“ wie Muscheln und Schnecken. Auch sie haben gemeinsame Merkmale. Alle Tierstämme zusammen bilden das **Tierreich.**

Nun kennst du alle Begriffe, die man braucht, um die Verwandtschaft von Lebewesen zu beschreiben: Es sind *Reich, Stamm, Klasse, Ordnung, Familie, Gattung, Art* und *Rasse.*

1. Aus jeder Tierklasse der Wirbeltiere sind dir einige Vertreter bekannt. Suche sie in Tierbüchern! Schreibe die Tiere und die dazugehörige Ordnung auf! Vielleicht findest du dabei noch andere Tiere, die du kennst. Schreibe sie auf und stelle sie zu der richtigen Ordnung!

2. Sammle aus Illustrierten und anderen Zeitschriften Tierbilder! Schneide sie aus und überlege, wie man sie ordnen könnte! Klebe die Abbildungen auf eine große Pappe! Gib an, nach welchen Gesichtspunkten du sie geordnet hast!

3. Im Zoo leben oft Tiere unterschiedlicher Klassen in einem Gehege. Welche Tiere könnten so zusammenleben? Begründe!

Klasse:
Lurche

Körperbedeckung: nackte Haut
Gliedmaßen: 4 Beine; vorn 4 Finger, hinten 5 Zehen
Atmung: Kiemen bei Larven, Lungen bei erwachsenen Tieren
Körpertemperatur: wechselwarm
Vermehrung: Eier, die ins Wasser gelegt werden (Entwicklung über Metamorphose)
Lebensraum: Land und Wasser; wenige Arten nur im Wasser
Beispiele: Feuersalamander, Teichmolch

Klasse:
Kriechtiere

Körperbedeckung: Schuppen
Gliedmaßen: 4 Beine mit je 5 Zehen
Atmung: Lungen
Körpertemperatur: wechselwarm
Vermehrung: Eier, die im Boden vergraben werden; wenige Arten lebendgebärend, z.B. Kreuzotter
Lebensraum: Land; wenige Arten im Wasser
Beispiele: Ringelnatter, Nilkrokodil, Sumpfschildkröte, Zauneidechse

Klasse:
Vögel

Körperbedeckung: Federn
Gliedmaßen: 2 Flügel, 2 Beine
Atmung: Lungen
Körpertemperatur: gleichwarm
Vermehrung: Eier
Lebensraum: Land; Luft; einige Arten auf oder im Wasser
Beispiele: Mäusebussard, Kohlmeise, Specht, Stockente, Pinguin, Fasan, Haushuhn

Klasse:
Säugetiere

Körperbedeckung: Haare
Gliedmaßen: 2 Arme und 2 Beine oder 4 Beine; je 5 Zehen oder Finger
Atmung: Lungen
Körpertemperatur: gleichwarm
Vermehrung: lebendgebärend (Junge werden gesäugt)
Lebensraum: Land; wenige Arten im Wasser oder in der Luft
Beispiele: Schäferhund, Blauwal, Fledermaus, Schimpanse, Mensch

Mensch und Umwelt

204.1. Extremer Lebensraum

1. Beziehungen zwischen den Lebewesen in ihren Lebensräumen

1.1. Lebensräume unterscheiden wir auf den ersten Blick

Am Tage herrschen viele Monate lang Temperaturen über 40° C; in den Nächten fällt das Thermometer auf mehrere Grad unter den Gefrierpunkt. Geregnet hat es seit fast einem Jahr nicht. Der sandige Boden ist ausgetrocknet. Diese lebensfeindliche Landschaft, in der nur wenige Tier- und Pflanzenarten überleben, ist zum Beispiel die *Sandwüste.* – In der *Kältewüste* dagegen herrschen entgegengesetzte Lebensbedingungen. Die Temperaturen sinken in der Nacht auf −30° C bis −40° C ab. Selbst am Tage erreichen sie nur selten den Gefrierpunkt. Der Boden ist gefroren und von Schnee- und Eismassen bedeckt. Auch an diese extremen Lebensbedingungen sind nur wenige Pflanzen und Tiere angepaßt.
Solche Lebensräume gibt es bei uns nicht. Daher sehen unsere Landschaften auch ganz anders aus. Das wird dir besonders deutlich, wenn du einmal durch unser Land fährst oder auf einen Berg steigst. Dann unterscheidest du auf den ersten Blick *Felder, Wiesen, Weiden, Wälder* und *Gewässer.* Dazwischen liegen *Siedlungen,* die durch Straßen miteinander verbunden sind. Es sind verschiedene Lebensräume, die sich durch eine bestimmte Tier- und Pflanzenwelt auszeichnen. Du kannst sie allein schon von der Pflanzenwelt her voneinander unterscheiden. Aber erst wenn du dir den einen oder anderen Lebensraum genauer angesehen hast, wirst du Zusammenhänge zwischen Pflanzen, Tieren und Menschen und ihrer Umwelt erkennen.
Alle Lebewesen brauchen eine für sie geeignete Umwelt, in der sie gesund leben und für Nachkommen sorgen können. Auch der Mensch ist wie die Pflanze und das Tier von einer lebensfreundlichen Umwelt abhängig. Zu einer solchen Umwelt gehören zum Beispiel bestimmte durchschnittliche *Temperaturen,* günstige *Lichtverhältnisse,* ausreichendes *Wasser,* reine *Luft* und geeigneter *Boden.*

1. Beschreibe einen Lebensraum mit extremen Lebensbedingungen!

205.1. Landschaft mit unterschiedlichen Lebensräumen

2. Welche Lebenräume erkennst du auf dem obigen Bild? Nenne zu jedem Lebensraum Pflanzen und Tiere, die ihn kennzeichnen!

206.1. Urwald

206.2 Nadelwald

1.2. Unsere Wälder haben verschiedene „Gesichter"

Sieh dir einmal die obere Bildreihe genauer an! Du bemerkst: Keiner der abgebildeten Wälder gleicht dem anderen. Jeder hat sein eigenes „Gesicht". Vielleicht bist du auch schon in einem solchen **Wald** spazieren gegangen oder hast ihn bei der Wanderung durchquert. Es gibt bei uns und in benachbarten Ländern verschiedenartige Wälder, die sich durch auffällige Merkmale voneinander unterscheiden.

In **Urwäldern** sind Pflanzen sich selbst überlassen. Dort stehen junge und alte, gesunde, kranke und morsche Bäume so nebeneinander, wie sie aus Samen einmal hervorgegangen sind. Altersschwache Bäume liegen umgestürzt auf dem Boden. Sie vermodern langsam. Der Mensch greift in diesen Lebensraum nicht ein. Einen solchen natürlichen Wald gibt es bei uns kaum noch. Nur in abgelegenen Hochlagen der Gebirge und Mittelgebirge können wir noch auf solche Urwälder treffen.

In alle anderen Wälder hat der Mensch eingegriffen. Er fällt einzelne Bäume oder rodet ganze Waldflächen; er entfernt kranke, schwache und morsche Bäume; er legt neue Wälder mit solchen Baumarten an, mit denen er in möglichst kurzer Zeit viel Geld verdienen kann. Dadurch erhalten die einzelnen Wälder ihr eigenes „Gesicht".

Leicht zu erkennen sind die reinen **Laubwälder** mit Laubbäumen wie Stieleiche, Rotbuche, Hainbuche oder Bergahorn. Weit verbreitet sind die **Nadelwälder** mit Kiefern, Fichten, Lärchen und Tannen. In **Mischwäldern** dagegen wachsen verschiedene Baumarten und unterschiedlich alte Bäume. Solchen Wäldern merkt man oft nicht an, daß auch sie künstlich angelegt und vom Menschen gepflegt werden.

In Mischwäldern scheinen die Pflanzen wild durcheinander zu wachsen. Sehen wir aber einmal genauer hin! Auf dem Waldboden breiten sich *Moose* aus. Viele dieser zarten Pflanzen stehen so dicht nebeneinander, daß sich dadurch regelrechte Moosteppiche bilden. Es ist die **Moosschicht.** Die Moose speichern das Niederschlagswasser über lange Zeit und geben die Feuchtigkeit nur allmählich an den Waldboden

207.1. Laubwald

207.2. Mischwald

ab. Von diesem Wasserspeicher zehren viele andere Pflanzen, die über die Moosschicht hinausragen.
Im Frühjahr und Sommer bedeckt eine fast lückenlose **Krautschicht** weite Flächen des Waldbodens. Zu den häufigsten Kräutern gehören Buschwindröschen, Scharbockskraut und Waldmeister.
Verstreut ragen aus dieser Schicht junge Laub- und Nadelbäume hervor. An manchen Stellen bilden die Jungbäume und die Waldsträucher ein dichtes Unterholz. Hier trifft man häufig Sträucher wie Faulbaum, Kornelkirsche, Weißdorn und Traubenholunder an. Diese Pflanzen gehören zur **Strauchschicht** des Waldes.
Über die Strauchschicht hinaus ragen die Waldbäume. Meist erst in großer Höhe breiten sich ihre Äste aus und schließen sich mit den Nachbarbäumen zu einem dichten Kronendach zusammen. Auf Moosschicht, Krautschicht und Strauchschicht folgt also die **Baumschicht** als oberstes Stockwerk des Mischwaldes.

Achte beim nächsten Spaziergang in einem Mischwald auf diesen *Stockwerkaufbau!*

207.3. Stockwerkaufbau eines Mischwaldes

208.1. Nahrungsketten und Nahrungsnetz in einem Wald

1. Nenne Beispiele für Nahrungsketten im Wald! Stelle diese dar! Erläutere!

2. Erläutere das Nahrungsnetz in Abbildung 208.1.C! Stelle ein ähnliches Nahrungsnetz dar!

1.3. Zwischen den Lebewesen im Wald gibt es vielfältige Beziehungen

Im Wald herrscht reges Leben. Du kannst es beobachten, wenn du dich hier eine zeitlang still verhältst: Eine *Singdrossel* sucht im Fallaub nach Nahrung; aus dem Gesträuch vernimmst du den schmetternden Gesang des *Zaunkönigs; Waldameisen* schleppen eine Raupe ab; eine *Blindschleiche* schlängelt sich über den Weg. Es gibt viele Tiere und Pflanzen in diesem *Lebensraum Wald.* Sie stehen in wechselseitigen Beziehungen zueinander.

Viele Tiere sind von einer besonderen Nahrung abhängig: Die Raupen des *Eichenwicklers,* eines Schmetterlings, fressen nur von den Blättern der Eichen; *Maikäfer* bevorzugen das frische Grün der Buchen; *Borkenkäfer* leben in Stämmen von Kiefern und Fichten; *Waldmäuse* finden unter den Pflanzen am Waldboden ein reichhaltiges Angebot an Früchten und Samen. Diese und viele andere Tiere ernähren sich also nur von Pflanzen. Es sind **Pflanzenfresser.**

Ohne diese pflanzenfressenden Tiere könnten andere Lebewesen im Wald nicht leben. *Kuckucke* zum Beispiel suchen in den Baumkronen nach blätterfressenden Raupen; *Habichte* erbeuten Eichhörnchen; der *Waldkauz* schlägt Wühlmäuse. Diese Tiere leben also von tierischer Nahrung. Es sind **Fleischfresser.**

Verfolgen wir die Abhängigkeit der Lebewesen im Wald an einem anderen Beispiel: Von *Pflanzen* leben *Schnecken;* diese wiederum werden von *Singdrosseln* verzehrt; aus dem Nest der Singdrossel holt sich der *Eichelhäher* die noch nicht flüggen Jungvögel; der Eichelhäher selbst wird vom *Baumfalken* geschlagen. In der Natur gibt es also **Nahrungsketten.** Pflanze → Schnecke → Singdrossel → Eichelhäher → Baumfalke sind Glieder einer möglichen Nahrungskette.

Da die Nahrung der Tiere aber häufig verschieden zusammengesetzt ist, sind die einzelnen Nahrungsketten wie die Maschen eines Netzes vielfach miteinander verschlungen. Man spricht daher auch von **Nahrungsnetzen.**

209.1. Tiere und Pflanzen im Lebensraum Wald

3. *Erläutere einige Beziehungen zwischen den oben abgebildeten Lebewesen! – Stelle eine ähnliche Fotomontage zusammen!*

210.1. Lebensraum Wiese und Waldrand

1. Eine abwechslungsreiche Landschaft hilft Mäuseplagen zu verhindern. Gib hierfür eine Erklärung! – Siehe auch Abbildung 210.2.!

210.2. Natürliche Feinde der Feldmaus

1.4. „Jäger" und „Gejagte" leben in einem Gleichgewicht

Nach der Schneeschmelze kommen die Felder, Wiesen und Weiden wieder zum Vorschein. Viele Landwirte erleben jetzt aber eine böse Überraschung! Ihre Grünflächen sehen stellenweise wie umgepflügt aus. Auch die mit Wintergetreide bestellten Felder sind zum Teil kahlgefressen. Wie so oft haben wieder Tausende von **Wühlmäusen,** darunter vor allem *Feldmäuse* und *Rötelmäuse,* schwere Schäden verursacht.

Auf Feldmäuse deuten die vielen dicht an dicht liegenden Mauselöcher hin. Sie führen zu den Wohnkesseln, die etwa 40 cm unter der Erdoberfläche liegen. Dort bringen die Weibchen bis zu 6mal im Jahr Nachkommen zur Welt. Jeder Wurf hat etwa 6 Junge. Diese können schon nach 4 Wochen selbst wieder Nachkommen haben. Da in einem Lebensraum ohne Baum und Strauch viele natürliche „Jäger" der Feldmaus fehlen, können sich diese vom Landwirt und vom Forstwirt gefürchteten Nager rasch vermehren.

Die Feldmausfamilien leben gewöhnlich auf engem Raum in *Kolonien* zusammen. Diese sind durch oberirdische und unterirdische Gänge miteinander verbunden. Dadurch haben die Mäuse ständig Verbindung miteinander. Stirbt ein Weibchen, übernehmen benachbarte Mäuse die Pflege der Nachkommen. In blind endenden Gängen werden auch gemeinsam Vorräte für den Winter angelegt. Feldmäuse halten nämlich keinen Winterschlaf.

Aber nicht überall gibt es Mäuseplagen. Dort, wo Wiesen, Wälder, Weiden, Hecken und Felder abwechselnd vorkommen, halten sich auch viele natürliche Feinde der Mäuse auf. Sie tragen dazu bei, daß sich die kleinen Nager nicht zu stark vermehren. So herrscht „Ordnung" in der Natur. Diese Ordnung erweist sich als sinnvoll: Sie bietet allen Lebewesen in einem bestimmten Lebensraum eine Lebensmöglichkeit. Pflanzen und Tiere halten sich so die Waage.

2. Rechne nach Abbildung 211.1. aus, wieviel Nachkommen aus einem Feldmauspaar innerhalb eines Jahres entstehen könnten, wenn sich diese ungehindert vermehrten!

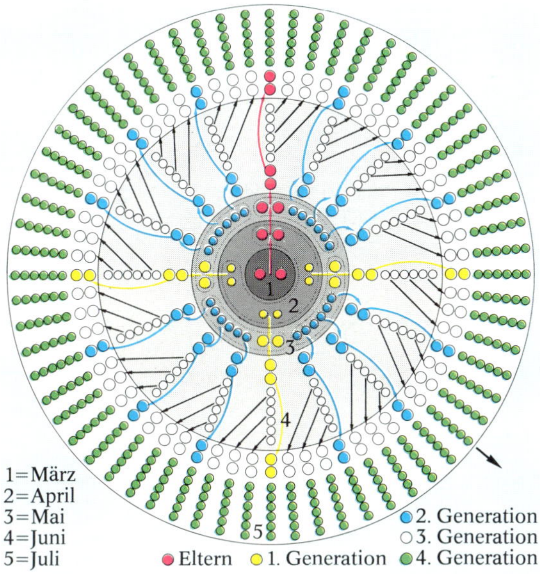

211.1. Nachkommen eines Feldmauspaares

Millionenschaden durch Mäuse

Das Weser-Ems-Gebiet ist nach Beobachtungen von Wissenschaftlern das bevorzugte Gebiet von Mäuseplagen in Deutschland. Der lange, kalte Winter hat den Mäusen nicht viel geschadet. Überall zeigen diese Nagetiere sowohl auf den Wiesen und Weiden als auch auf den Feldern eine lebhafte Wühl- und Fraßtätigkeit. In diesem Jahr ist wieder eine Feldmausplage zu befürchten. Für das laufende Jahr werden Feld- und Flurschäden in Höhe von vielen Millionen Mark geschätzt.
In den Grünlandbetrieben der Wesermarsch haben Feldmäuse im vergangenen Jahr etwa 20000 Hektar Wiesen und Weiden zerstört. Eine Bekämpfung der Nager mit chemischen Mitteln, die über eine halbe Million Mark kostete, hat den Landwirten dieses Gebietes nicht den erhofften Erfolg gebracht.

5. Erläutere anhand der Zeitungsmeldung, wie es zu solchen Mäuseplagen und Flurschäden kommen kann!

3. Eine Waldohreule vertilgt täglich bis zu 6 Mäuse; 100 Feldmäuse fressen in einem Monat etwa 10 kg Getreide. – Was sagen dir diese Angaben?

4. Erläutere Abbildung 211.2.! – Gib Beispiele an, wie ein Ungleichgewicht zwischen „Jäger" und „Gejagten" wieder ins Gleichgewicht kommt!

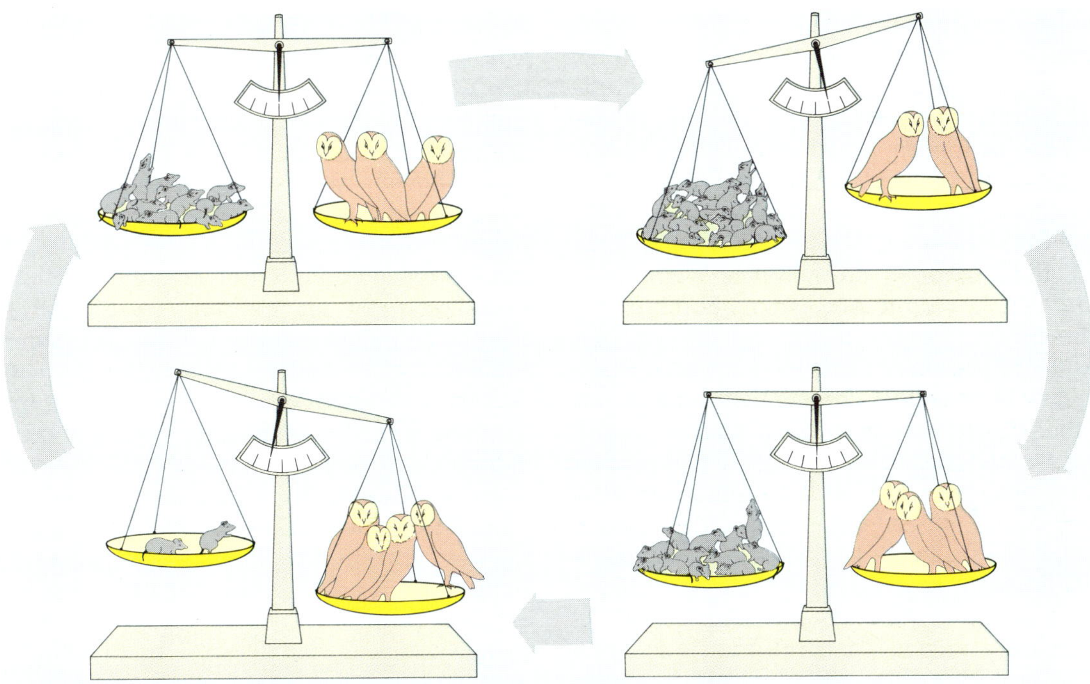

211.2. Gleichgewicht zwischen „Jäger" und „Gejagten" im Zeitraum von mehreren Jahren *(Schema)*

212.1. Abfallfresser. *A Totengräber als Aasfresser; B Mistkäfer als Kotfresser; C Tierwelt der Buchenstreu als Fallaubfresser*

1.5. In einer „gesunden" Waldlandschaft herrscht ein biologisches Gleichgewicht

Wieviele Tierarten kennst du, die im Wald leben? – Schätze jetzt einmal, wieviele verschiedene Arten es zum Beispiel in einem Buchenwald geben könnte! Du wirst es kaum glauben: es sind etwa 7000 Arten! Wissenschaftler haben diese Zahl gefunden.

Die meisten Tiere sind so klein, daß wir sie mit bloßem Auge nicht wahrnehmen. Wir müssen schon die Lupe oder das Mikroskop zu Hilfe nehmen. Die Tiere leben auf dem Waldboden, verborgen zwischen Fallaub oder in der Moosschicht. Viele von ihnen kommen sogar nur im Erdboden vor. Zu diesen *Bodentieren* gehören zum Beispiel Regenwürmer, Milben, Tausendfüßer, Insekten wie Käfer und Ohrwürmer sowie Schnecken. Sie ernähren sich von abgestorbenen Pflanzenteilen und von toten Tieren. Es sind *Abfallfresser.*

Von den Ausscheidungen der Abfallfresser leben die **Zersetzer.** Dazu gehören *Bakterien, Pilze* und *Einzeller.* So hat man in einem Gramm Kot vom Regenwurm schon bis zu 52 Millionen Bakterien nachgewiesen. Durch die Tätigkeit der Abfallfresser wird der Waldboden mit den nährstoffreichen Ausscheidungen angereichert. Er wird zu *Humus.* Humus kennst du zum Beispiel als Kompost, der als fruchtbare Erde im Garten oder für Topfpflanzen verwendet wird. Die Zersetzer lassen von den Pflanzen- und Tierresten nur noch Salze, Wasser und Kohlenstoffdioxid übrig. Diese Stoffe brauchen die grünen Pflanzen des Waldes, um leben und wachsen zu können. Gleichzeitig *erzeugen* die grünen Pflanzen für die pflanzenfressenden Tiere Nahrung in Form von Blättern, Pflanzensaft, Holz, Früchten und Samen. Man nennt sie daher auch **Erzeuger.**

Pflanzenfresser sind also die **Verzehrer** der Pflanzen; sie selbst aber werden von den Fleischfressern verzehrt. Dieser **Nahrungskreislauf** im Wald ist geschlossen, wenn Tiere und Pflanzen sterben; denn nun beginnen die Zersetzer ihre Tätigkeit. Alle Tiere, Pflanzen und Stoffe in einem Lebensraum stehen in einem Zusammenhang. Ist das Zusammenwirken solcher Nahrungskreisläufe ausgeglichen, spricht man vom **biologischen Gleichgewicht.**

213.1. Nahrungskreisläufe in einer Waldlandschaft

1. Beschreibe Nahrungskreisläufe im Wald!

2. Finde heraus, was mit dem unten abgebildeten Mobile zum Ausdruck gebracht werden soll!

3. Was stellst du dir unter einer „gesunden" und unter einer „kranken" Waldlandschaft vor? Denke dabei an Nahrungsketten, Nahrungskreisläufe und an das biologische Gleichgewicht!

213.2. Ausschnitt aus einem biologischen Gleichgewicht, dargestellt als Mobile

214.1. Lebensraum See

1.6. Im Lebensraum See gibt es auffällige Abhängigkeiten

„Tiri tiri tiri zäck zäck zäck zerr zerr zerr zerr trid trid trid tiri tiri ...“. So oder so ähnlich klingt es ununterbrochen aus dem Schilf am Seeufer. Dort singt gerade der *Teichrohrsänger.* Diesen kleinen Singvogel siehst du gewöhnlich nicht, wenn du dich im Frühjahr oder im Frühsommer an einem See aufhältst. Er ist seiner Umgebung nämlich gut angepaßt. Die Farbe seines Gefieders und die Körperhaltung beim Sitzen im Röhricht sind einem Teil des Schilfstengels so ähnlich, daß sich dieser Vogel meist unseren Blicken entzieht.
Auffälliger dagegen verhält sich die *Stockente,* die gerade ihre frisch geschlüpften Jungen aus dem Schutz des Röhrichts durch die Schwimmblattpflanzen hinaus ins freie Wasser führt. – Hastig kommt das *Grünfüßige Teichhuhn* mit nickenden Kopfbewegungen herangeschwommen. Ehe es mit Halmen im Schnabel im Pflanzendickicht der Uferzone verschwindet, läuft es noch ein paar Meter mit seinen hohen Beinen und mit gespreizten Zehen geschickt über die derben Blätter der Seerosen. Es hat den Anschein, als baue es noch an seinem Nest. – Mit dem Fernglas kannst du den *Haubentaucher* dicht an dein Auge heranholen. Dieser Taucher schwimmt weit draußen auf dem See und taucht von Zeit zu Zeit weg, um Fische zu erbeuten.

Auf dem See und an seinem Ufer herrscht also ein reges Vogelleben. Dieser Lebensraum scheint vielen Lebewesen geeignete Voraussetzungen zum Leben zu geben. Stockenten und andere Entenarten haben unmittelbar am Ufer ihre Nester. Sie sind zwischen *Seggen* gebaut. Seggen gehören zu den Sauergräsern. Sie umgeben den See ringsum wie einen Gürtel in einer Breite von mehreren Metern. In diesem **Seggengürtel** wachsen außerdem Bäume wie Erlen, Weiden und Pappeln. Zum See hin geht dieser Seggengürtel in einen **Röhrichtgürtel** über. Hier stehen die Pflanzen bereits im Wasser. In den dicht an dicht wachsenden Schilf- und Rohrkolbenpflanzen können sich Vögel gut verstecken. Sie sind daher nur schwer zu erkennen. Zwischen den Halmen und auf dem schlammigen Untergrund hat das Teichhuhn sein Nest

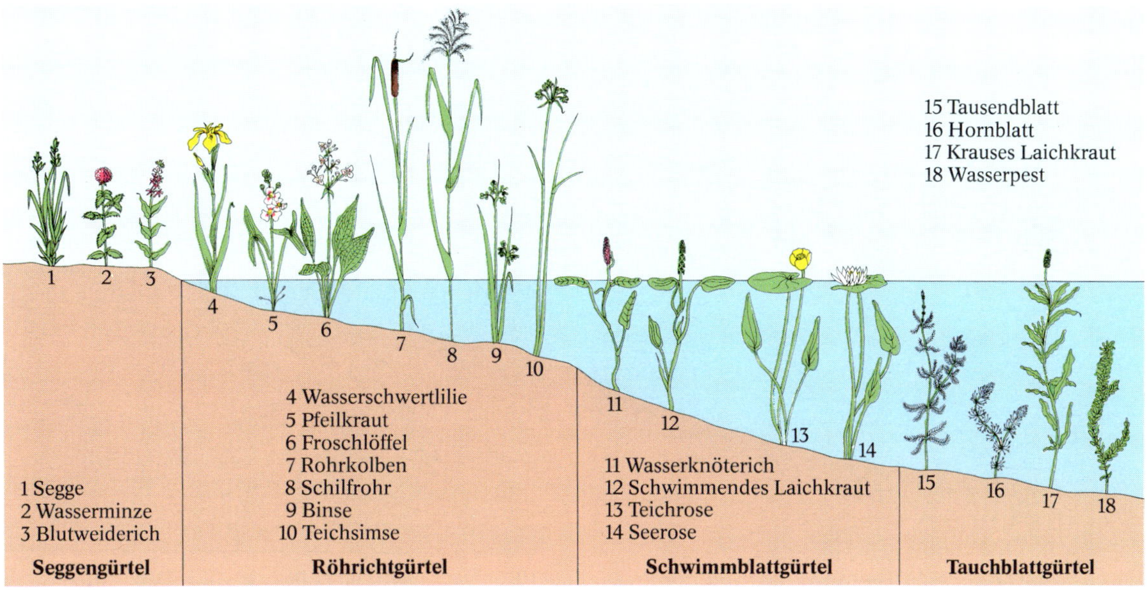

215.1. Pflanzengürtel am Ufer eines Sees

angelegt. Der Teichrohrsänger dagegen ist ein regelrechter *Pfahlbauer.* Sein Nest hängt er an drei Rohrhalmen auf. Die Nestmulde ist so tief gebaut, daß beim Hin- und Herschwingen der Halme kein Ei und kein Jungtier herausfallen.

Der Haubentaucher zeigt sich besonders scheu. Sein Nest schwimmt wie ein Floß an der Grenze zwischen Röhrichtgürtel und **Schwimmblattgürtel** mit Pflanzen wie Seerosen, Teichrosen und Wasserknöterich. Droht Gefahr, verläßt er das Nest und taucht sofort weg; denn dort ist das Wasser bereits metertief.
Diese wenigen Beispiele zeigen dir, daß es im Lebensraum See auffällige Abhängigkeiten gibt. Vom Boden und vom Wasserstand ist zum Beispiel das Vorkommen von Wasserpflanzen abhängig. Dadurch entstehen die genannten *Pflanzengürtel.* Diese wiederum sind für das Vorkommen bestimmter Vogelarten wichtig. Die Vögel des Sees sind diesem Lebensraum angepaßt.

1. Beschreibe Nahrungsketten in einem See!

215.2. Nahrungsketten in einem See

216.1. Großer Buntspecht vor seiner selbstgezimmerten Bruthöhle

216.2. Trauerfliegenschnäpper (♀) beim Füttern vor einer natürlichen Höhle

2. Vogelschutz und seine biologische Bedeutung

2.1. Wir schaffen Nistgelegenheiten für die Vögel

Wanderst du im Frühjahr durch einen Laubwald, wirst du einen vielstimmigen Vogelgesang wahrnehmen. Kommst du dagegen zur gleichen Jahreszeit in einen Nadelwald, hörst du wahrscheinlich nur vereinzelte Vogelstimmen. Manchmal erscheint dieser Wald wie ausgestorben. Woran mag das liegen?

Die meisten Singvögel bevorzugen eine lichte und abwechslungsreiche Landschaft. Hier finden sie reichlich Nahrung und ein sicheres Versteck für die Aufzucht ihrer Nachkommen. Eine solche Umgebung gibt es jedoch nicht mehr überall. Im Nadelwald zum Beispiel stehen häufig gleichaltrige Bäume in Reih und Glied dicht nebeneinander und lassen kaum einen Lichtstrahl auf den Waldboden durch. Solch einen gleichförmigen Lebensraum besiedeln nur wenige Vogelarten.
Mischwälder, Parkanlagen und Gärten dagegen sind Lebensräume für viele Vogelarten. Doch auch hier greift der Mensch ein. Er entfernt alle kranken und morschen Bäume. Auf diese sind aber gerade solche Vogelarten angewiesen, die in Höhlen brüten. Spechte zimmern sich darin ihre Bruthöhlen. In den folgenden Jahren werden diese Höhlen dann häufig von anderen **Höhlenbrütern** wie Kohl- und Blaumeise, Star, Kleiber und Trauerfliegenschnäpper angenommen.

Wir können den Höhlenbrütern jedoch helfen: Anstelle der fehlenden natürlichen Höhlen bieten wir ihnen *künstliche Höhlen* an. Solche Nisthöhlen gibt es in der Regel in Geschäften, die Gartenartikel verkaufen. Künstliche Höhlen bestehen meist aus Holzbeton und sind daher wetterbeständig. Für die kleinen Höhlenbrüter wie Kohl- oder Blaumeise genügen Höhlen, deren Einflugöffnung einen Durchmesser von 28 mm bis 32 mm besitzt. Kleiber mauern die Einflugöffnung so weit mit Lehm zu, daß sie gerade noch hindurchpassen. Hausrotschwanz und Bachstelze dagegen bevorzugen Halbhöhlen, die mit einer halboffenen Vorderwand versehen sind. Man nennt diese Singvögel daher auch **Halbhöhlenbrüter.**

217.1. Fütternde Blaumeise im Nistkasten mit etwa 8 Tage alten Nesthockern

217.2. Künstliche Nisthöhlen für Höhlen- und Halbhöhlenbrüter

Du kannst dir Nistkästen für Höhlenbrüter oder Halbhöhlenbrüter aber auch selber bauen. Einen Vorschlag findest du auf der folgenden Seite. Die Nisthöhlen lassen sich im Garten, vielleicht sogar auf dem Schulgelände, mit Einverständnis der Eigentümer auch in Parkanlagen und in Wäldern aufhängen. Du wirst staunen, wie schnell diese Nisthöhlen von den Vögeln angenommen werden. Du mußt die Höhlen nur rechtzeitig vor Beginn der Brutzeit aufgehängt haben.

Sobald die Jungen ausgeschlüpft sind, tragen die Vogeleltern unermüdlich Insekten herbei. Darunter befinden sich viele Pflanzenschädlinge. Wissenschaftler haben ausgerechnet, daß ein Meisenpaar mit seinen Nachkommen in einem Jahr ungefähr 75 kg Insekten vertilgt. Die Vögel tragen also dazu bei, daß Schadinsekten nicht überhand nehmen. Mit der Bereitstellung von künstlichen Nisthöhlen in Wäldern, Parkanlagen und Gärten betreiben wir daher eine **biologische Schädlingsbekämpfung.** Auch helfen wir, daß viele Vogelarten erhalten bleiben, die sonst diese Lebensräume verlassen müßten.

1. Das Nest eines Höhlenbrüters gibt dir Auskunft darüber, welche Vogelart die Höhle besetzt hat:

Nest	Eier	Vogelart
Unterbau: *überwiegend Moos, kleine Wurzeln* Innenbau: *Haare, Wolle, Federn*	*7–12* *Grundfarbe weiß, hellrot gepunktet*	**Kohlmeise**
Unterbau: *Moos, Tierhaare* Innenbau: *viele Tierhaare, Wolle, Federn*	*8–14* *Grundfarbe weiß, fein hellrot gepunktet*	**Blaumeise**
Heu, Stroh, Fäden, Federn, Papier; unordentlich gebaut; bis zum Dach der Höhle überwölbt	*5–7* *Grundfarbe bläulich-weiß, mit vielen dunkelgrauen Strichen; selten gefleckt*	**Haussperling** **Feldsperling**
Unterbau: *Laub und wenig Moos* Innenbau: *Halme, Fasern, Federn*	*5–7* *tief grünlichblau; glänzend*	**Gartenrotschwanz**
Unterbau: *Laub, Bast, Farnteile, Kiefernnadeln* Innenbau: *Halme, Fasern, Würzelchen fein verflochten; keine Federn*	*5–7* *hellblau bis grünlich-blau*	**Trauerfliegenschnäpper**
lose aufgeschichtete Kiefernrinde	*6–8* *Grundfarbe weiß, rotbraun gepunktet*	**Kleiber**

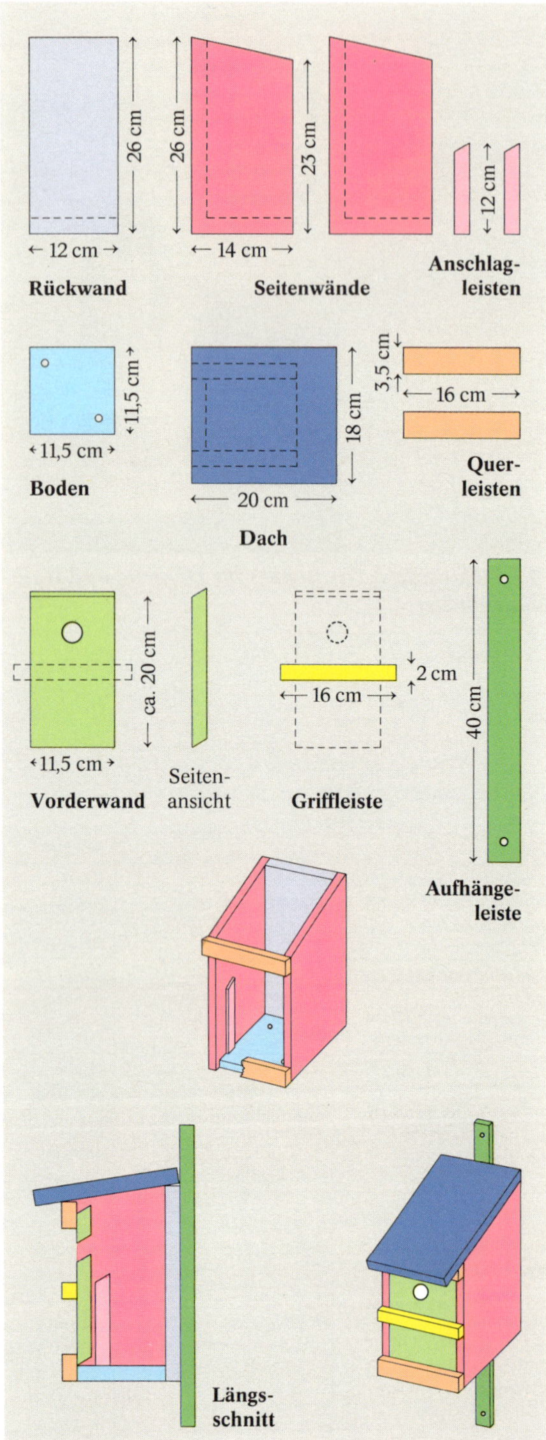

218.1. Bauplan für einen Nistkasten mit herausnehmbarer Vorderwand

218.2. Anbringen eines Nistkastens

2. Mit etwas Geschick kannst du allein oder mit anderen zusammen einen Nistkasten bauen und diesen anschließend im Freien aufhängen.

a) Zeichne die einzelnen Teile des Nistkastens maßstabsgerecht wie in Abbildung 218.1. angegeben auf ein trockenes Brett von Kiefer oder Fichte! Die Bretter sollen eine Stärke von 2 cm haben. Für die beiden Anschlagleisten kannst du schmalere Bretter nehmen.

b) Säge die einzelnen Teile aus!

c) Bohre in das Bodenbrett zwei Abflußlöcher! Dadurch kann Regenwasser, das in den Kasten gelangt, abfließen.

d) Schräge das obere und untere Ende der Vorderwand wie angegeben ab! Das Flugloch erhält einen Durchmesser von 28 mm bis 32 mm. Es sollte einwärts ansteigend ausgefeilt werden, damit später nicht so leicht Regenwasser in den Kasten dringen kann.

e) Nagele die einzelnen Teile wie angegeben zusammen!

f) Streiche den Kasten außen mit einem Holzschutzmittel an und schütze das Dach mit Dachpappe!

g) Bis spätestens Ende März sollte der Nistkasten im Garten, im Park, im Wald hängen!

h) Im Spätsommer die Reinigung nicht vergessen!

219.1. Ein Mäusebussard lauert auf Beute

219.2. Vögel am Futterplatz

2.2. Wie kannst du den Vögeln im Winter helfen?

Es hat geschneit. Eine dichte Schneeschicht bedeckt die Landschaft. Unter dem Schnee liegen Samen und Früchte, aber auch überwinternde Insekten. Vor den Blicken ihrer Feinde verborgen fressen Feldmäuse von den Wurzeln und Halmen der Gräser auf Wiesen und Weiden. Jetzt haben es die bei uns überwinternden Singvögel wie Blau- und Kohlmeise schwer, ausreichend Nahrung zu finden. Das gilt auch für Greifvögel wie Mäusebussard und Turmfalke und für Eulen.

Viele Vogelarten haben ihre Brutheimat schon lange vor dem Einsetzen des ersten Frostes verlassen. Zu ihnen gehören Schwalben, Rotschwänzchen, Stare, Nachtigallen und Störche. Diese *Zugvögel* sind in nahrungsreiche Gebiete ohne Schnee und Eis ausgewichen. Vogelarten, die auch in der kalten und oft schneereichen Jahreszeit nicht fortziehen, sondern in ihrer Brutheimat bleiben, bezeichnet man als **Standvögel.**

Von Natur aus überstehen alle gesunden und kräftigen Vögel die kalte Jahreszeit ohne unsere Hilfe. Bis in den Winter hinein finden sie ihre Nahrung. Sie fressen Unkrautsamen, Wildfrüchte und Insekten. Auch kleine Säugetiere wie Feldmäuse und Waldmäuse werden vertilgt. Daher sollten wir mit der Fütterung der Vögel erst beginnen, wenn durch Frost, Eis und Schnee viele Vögel zu verhungern drohen.

Bereits im Spätsommer kannst du anfangen, Vogelfutter zu sammeln. Die Früchte von Eberesche, Weißdorn, Heckenrose, Holunder und vielen Ziersträuchern sind für manche Vogelart eine bevorzugte Nahrung. Wenn du die Früchte gut trocknest und an einem luftigen Ort aufbewahrst, hast du im Winter einen ausreichenden Futtervorrat. Ölhaltige Samen gewinnst du zum Beispiel von Sonnenblumen. Gern gefressen werden auch die Kerne von Äpfeln, Birnen, Kürbis und Gurken. Unkrautsamen, beispielsweise von Disteln und Löwenzahn, findest du in der Natur in reicher Fülle.
Mit den selbstgesammelten Früchten und Samen kannst du die vorbereiteten Futterplätze ver-

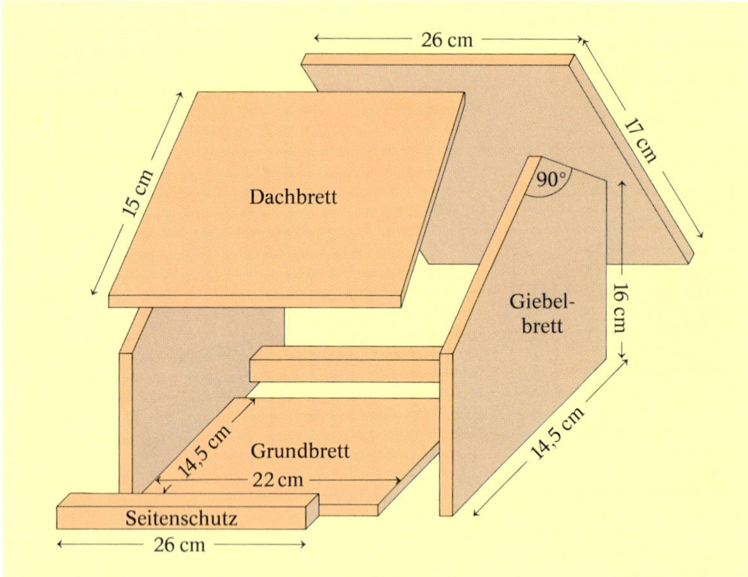

220.1. Bauplan für ein Futterhäuschen

220.2. Futtergeräte

sorgen. Dort stellen sich bald verschiedene **Körnerfresser** ein. Du erkennst sie an dem dicken, kegelförmigen Schnabel. Zu ihnen gehören Finkenvögel wie *Buchfink, Bergfink, Grünfink* und *Dompfaff*. – *Meisen* und *Kleiber* stellen sich erst dann auf ölhaltige Sämereien um, wenn die Insektennahrung knapp wird. Ihr spitzer Schnabel eignet sich nicht so recht zum Aufschneiden und Quetschen hartschaliger Samen. Sie müssen die Schalen regelrecht aufmeißeln. Vielleicht hast du schon einmal beobachtet, wie eine Meise mit wenigen Schnabelhieben einen Sonnenblumensamen geöffnet und den Kern herausgeholt hat.

Schwarzdrosseln, Rotkehlchen und *Zaunkönige* sind ausgesprochene **Weichfresser.** Sie suchen in der Laubstreu nach Insekten, Spinnen, Asseln und Würmern. Sobald der Schnee jedoch längere Zeit liegenbleibt, kannst du für diese Arten eine geschützte Bodenfutterstelle mit Haferflocken, einem Fettfuttergemisch, Mohnsamen und getrockneten Beeren versehen. Alles Futter muß ungesalzen, trocken und frei von chemischen Mitteln sein. Auch Trinkwasser gehört nicht an den Futterplatz.

1. Abbildung 220.1. gibt dir Anregung und Hilfe zum Bau eines Futterhäuschens.
Übertrage die einzelnen Teile mit den angegebenen Maßen auf ein etwa 2 cm dickes Brett! Säge die einzelnen Teile aus! Setze das Futterhäuschen zusammen! Suche einen geeigneten Platz zum Aufstellen!

2. Stelle ein Fettfuttergemisch für Futtergeräte her! Siehe hierzu auch Abbildung 220.2.! Verwende dabei folgende Mischung: 350 g Talg, 100 g Sonnenblumenkerne, 300 g kleine Samen, 50 g Beeren, 100 g Paniermehl.
Erwärme den Talg und gib die Zutaten hinzu! Verteile die Mischung auf die vorbereiteten Futtergeräte!

3. Stelle fest, welche Vogelarten sich an den Futterplätzen einstellen! Abbildung 221.1. kann dir dabei helfen. Schreibe die Namen auf!

4. Ein Meisenpaar verzehrt mit seinen Nachkommen im Jahr etwa 75 kg Insekten. Eine mittelgroße Raupe wiegt zum Beispiel 0,5 g, 1000 Insekteneier wiegen etwa 1 g.
Rechne! Welche biologische Bedeutung hat danach die Winterfütterung der Vögel?

221.1. Vögel am Futterplatz

222.1. Gebirgsbach

222.2. In einem Wasserschutzgebiet

3. Wasser und Gewässerverschmutzung

3.1. Sauberes Wasser ist lebensnotwendig

Rohrbruch im Netz der örtlichen Wasserleitung! Eine braune Brühe tröpfelt aus dem Wasserhahn. Das Wasserwerk muß daher mindestens einen Tag lang die Wasserzufuhr abstellen, um den Schaden reparieren zu können. Jetzt erst merken die Menschen, wie sehr sie vom Wasser abhängig sind. – Stelle dir selbst einmal vor, welche Schwierigkeiten bei euch zu Hause auftreten würden, wenn morgen unverhofft kein Wasser mehr zur Verfügung stände! Es gäbe keinen Kaffee, du kämest ungewaschen zur Schule, die Wasserspülung der Toilette funktionierte nicht, die Wäsche in der Waschmaschine bliebe ungewaschen, und selbst die Zubereitung des Mittagessens stieße auf Schwierigkeiten.

Im Jahre 1977 verbrauchte jeder Bürger in der Bundesrepublik Deutschland durchschnittlich 151 Liter Wasser täglich. Aber auch die Industrie, die Gewerbebetriebe und die Landwirtschaft sind auf große Mengen von Wasser angewiesen. Es wird für die verschiedensten Zwecke gebraucht: als Kühlwasser, zum Lösen von Chemikalien, zum Reinigen und zum Bewässern von Feldern. Wenn wir dieses Wasser auch noch berücksichtigen, dann entfallen auf jeden Bundesbürger zur Zeit täglich etwa 1500 Liter. Du kannst jetzt schnell ausrechnen, welche Menge allein für eure Familie an einem Tag, in einem Monat oder in einem Jahr verbraucht wird!

Über die Hälfte unseres Trinkwassers beziehen wir aus dem **Grundwasser.** Dieses ist gewöhnlich sehr sauber. Bestimmte Gebiete unserer Landschaft sind als **Wasserschutzgebiete** gekennzeichnet. Sie besitzen für die Gewinnung von Trinkwasser eine große Bedeutung. In solchen Landschaftsteilen darf nichts unternommen werden, was zu einer Verschmutzung der Grundwasservorräte führen könnte. In vielen Teilen unseres Landes ist das Grundwasser durch den steigenden Verbrauch bereits knapp geworden. Viele Wasserwerke müssen daher das lebensnotwendige Wasser als **Oberflächenwasser** aus Stauseen und Flüssen entnehmen. Diese Gewässer sind aber oftmals durch Abwässer stark verschmutzt. Es kostet daher viel Geld,

223.1. Folgen der Wasserverschmutzung

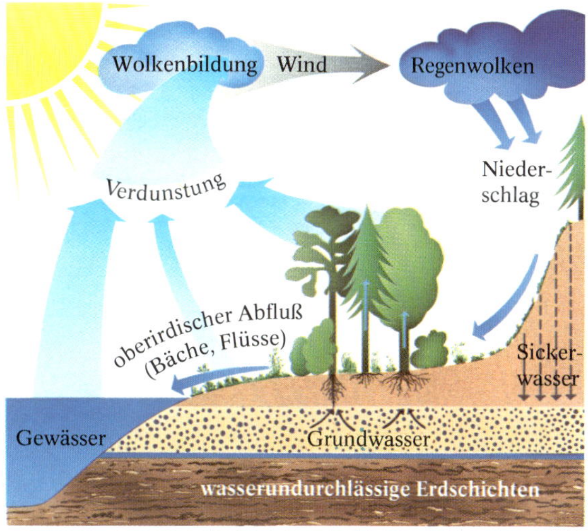

223.2. Kreislauf des Wassers

1. Beschreibe am Beispiel der Abbildung den Kreislauf des Wassers!

dieses zunächst ungenießbare und gesundheitsgefährdende Wasser zu sauberem Trinkwasser aufzubereiten.

Von schmutzigem Trinkwasser oder verschmutzten Gewässern gehen lebensbedrohende Gefahren für den Menschen und die Tiere aus. Mit den ungereinigten Abwässern gelangen zum Beispiel viele Abfallstoffe in einen Bach, See oder Fluß. Solche Stoffe können dann faulen und sich zersetzen. *Bakterien,* die am Vorgang der Fäulnis beteiligt sind, verbrauchen dabei viel Sauerstoff. Dieser fehlt den Fischen, und sie müssen ersticken. Besonders gefährlich sind chemische Abfälle, die ins Wasser gelangen. Tiere nehmen diese Gifte mit der Nahrung auf, erkranken und verenden schließlich. Verzehren nun sogar Menschen mit Chemikalien verseuchte Fische, Krabben oder Muscheln, so können sie ernsthafte gesundheitliche Schäden davontragen. In Japan zum Beispiel starben Menschen an den Folgen einer Quecksilbervergiftung. Sie hatten Fische verzehrt, die mit Quecksilber verseucht waren. Viele Menschen erkrankten schwer und wurden zeitlebens zu Krüppeln.

2. Bei welchen Gelegenheiten braucht ihr zu Hause Wasser? – Rechne aus, wieviel Wasser ihr in der Familie durchschnittlich an einem Tag, in einem Jahr verbraucht! – Überlege, wie man Wasser sparen könnte!

3. Ein Mensch in der Steinzeit brauchte täglich nur wenige Liter Wasser. Vergleiche mit deinem Bedarf! Fertige dazu eine Tabelle an! Erkläre!

4. Unser Trinkwasser ist vielerlei Gefahren ausgesetzt. Nenne Beispiele!

5. Erläutere das folgende Poster! – Stelle ein ähnliches zusammen! Ergänze durch Abbildungen!

224.1. Übersicht über eine Kläranlage

3.2. Geklärte Abwässer halten unsere Gewässer sauber

Wasser in einer Blumenvase, das lange Zeit nicht gewechselt wurde, kann abscheulich stinken. Sicher hast du das selbst schon einmal erfahren. Wie ist dieses nur möglich? Deine Mutter hatte doch sauberes Leitungswasser eingefüllt, und trotzdem hat sich das Trinkwasser in eine trübe, ungenießbare Flüssigkeit verwandelt. Selbst die Blumenstiele sehen unansehnlich aus und fühlen sich glitschig an.

Untersuchen wir einen Tropfen des Blumenwassers mit Hilfe des Mikroskops, finden wir die Erklärung. Allein in einem einzigen Tropfen wimmelt es nur so von *Bakterien* und anderen Lebewesen. In dem Blumenwasser müssen demnach Milliarden von *Kleinstlebewesen* vorkommen. Diese sind zusammen mit den Blumen in das Wasser gelangt und haben sich dort kräftig vermehrt. Sie zersetzen die untergetauchten Pflanzenteile. Würden wir die Pflanzen lange genug in der Vase mit Wasser stehen lassen, bliebe schließlich nichts mehr von den untergetauchten Teilen übrig. Sie wären von den Kleinstlebewesen vollständig zersetzt worden. Bei diesem **Fäulnisvorgang** entstehen die übelriechenden *Faulgase*, die dem Wasser entweichen.

Ähnliche Vorgänge, wie du sie vom Inhalt der Blumenvase her nun kennst, geschehen auch in freier Natur. Blätter, abgestorbene Pflanzenteile oder tote Tiere gelangen in ein Gewässer. Dort werden sie von verschiedenen Kleinstlebewesen gefressen und zersetzt. Diese dienen nun wiederum Fischen und anderen Wassertieren als Nahrung. So kann es nicht zu einer starken Vermehrung der Kleinstlebewesen kommen. Das Wasser bleibt klar. Bei normaler Verschmutzung reinigt sich das Gewässer also selbst. Nur wenn zu viele Abfallstoffe oder ungereinigte Abwässer in einen Fluß oder in einen See gelangen, geschieht etwas Ähnliches wie in der Blumenvase: Die Fäulnisstoffe nehmen überhand. Lebewesen, die am Abbau beteiligt sind, sterben. Das biologische Gleichgewicht ist gestört. Das Gewässer kann sich nicht mehr selbst reinigen. Der Fachmann sagt dazu: *Das Gewässer kippt um.*

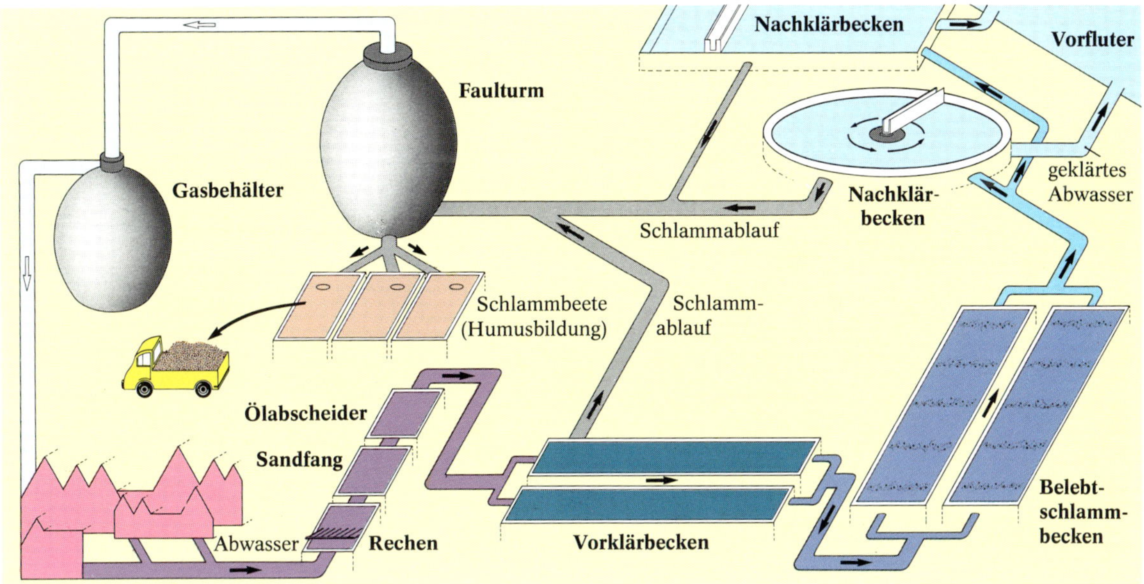

225.1. ***Kläranlage*** *(schematische Übersicht)*

Daher ist es wichtig, daß nur gereinigte und ungefährliche Abwässer in einen Fluß, in einen See oder in das Meer gelangen. Diese Aufgabe übernehmen **Kläranlagen** in den meisten Gemeinden und in den Städten unseres Landes. Dorthin gelangen die ungereinigten Abwässer zunächst. Das Abwasser wird zuerst **mechanisch gereinigt**. Der *Rechen* hält alle groben Bestandteile zurück. Im *Sandfang* setzt sich der Sand ab. Das an der Oberfläche schwimmende Öl und Fett wird im *Öl- und Fettabscheider* entfernt. Im *Vorklärbecken* sinkt der Schlamm zu Boden. Der Schlamm wird zum *Faulturm* gepumpt und dort mit Hilfe von Bakterien zersetzt.

Nach der mechanischen Reinigung folgt die **biologische Reinigung** des Abwassers. Das noch trübe, ungeklärte Abwasser wird in einem *Tropfkörper* über Schlacken gesprüht. Während das Abwasser durch die Schlacke rieselt, zersetzen *Fäulnisbakterien* die noch vorhandenen Pflanzen- und Tierreste. – Viele Kläranlagen besitzen anstelle von Tropfkörpern sogenannte *Belebtschlammbecken*. Diesen wird fortlaufend Luft und damit Sauerstoff zugeführt. Er ist für die Fäulnisbakterien lebensnotwendig.

Über *Nachklärbecken*, in denen sich weiterer Schlamm absetzen kann, gelangt das jetzt geklärte Abwasser in den *Vorfluter*. Von dort fließt es weiter in einen See, in einen Fluß oder in das Meer. Die Gewässer bleiben sauber.

1. Entnimm stark riechendem Blumenwasser mit der Pipette einen Tropfen und untersuche diesen mit dem Mikroskop! Was stellst du fest? Erkläre!

2. Beschreibe anhand der Abbildung 225.1., wie die Klärung von Abwässern erfolgt!

3. Sehr viele Abfälle verschmutzen unsere Gewässer. Woher kommen die Abfälle?

4. Bringe Gartenerde oder Sand in Wasser! Wie kann dieses „verschmutzte“ Wasser mechanisch „gereinigt“ werden? Mache Vorschläge für entsprechende Versuche! Führe einen Versuch durch und berichte darüber!

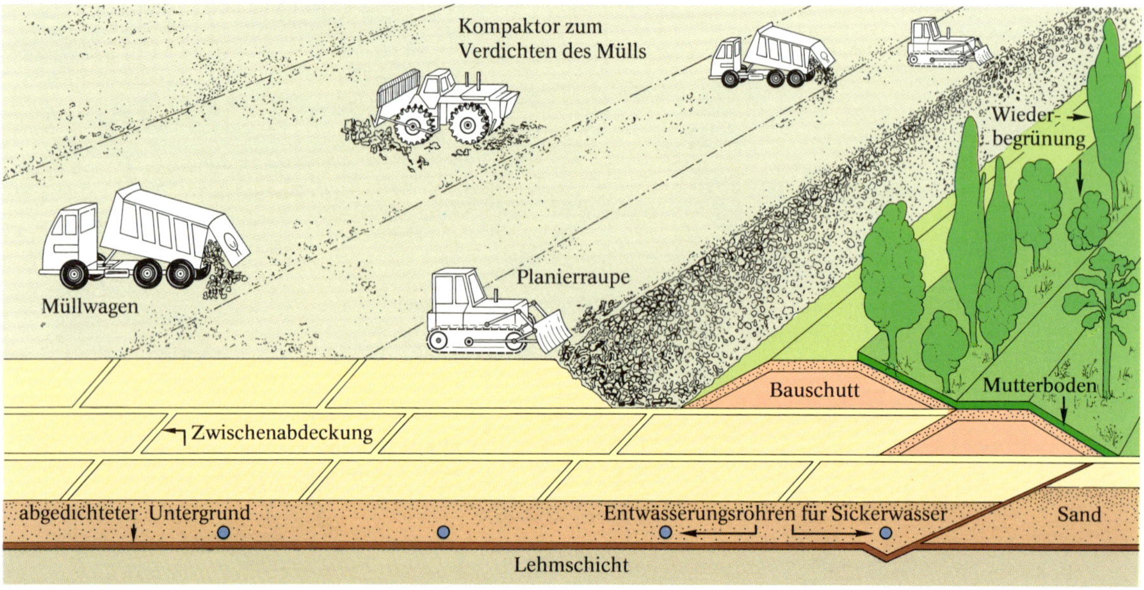

226.1. ***Geordnete Müllkippe*** *(Mülldeponie)*

4. Wohin mit dem Abfall?

Hast du dich nicht schon einmal gewundert, wieviel **Hausmüll** in einer einzigen Woche bei euch zu Hause zusammenkommt? Wieviel mag das erst in einem ganzen Jahr sein? Man schätzt, daß jährlich im Durchschnitt 300 kg Hausmüll auf jeden Bürger kommen. Den Hauptanteil davon nimmt das Verpackungsmaterial ein. Seit es die Selbstbedienungsläden gibt und alle Waren zum Teil verschwenderisch verpackt zum Kauf angeboten werden, ist die Menge des Mülls ständig gestiegen. Jährlich müssen in der Bundesrepublik Deutschland etwa 20 Millionen Tonnen Hausmüll beseitigt werden. Jeder Haushalt bezahlt dafür im Durchschnitt über 100 DM.

Der Hausmüll ist aber nur ein Teil des jährlich anfallenden Abfalls. Daneben gibt es den **Sperrmüll,** zu dem zum Beispiel sperrige Abfälle wie alte Fernseher, Möbel und Waschmaschinen gehören. Sperrmüll wird meist einmal im Monat von der städtischen Müllabfuhr abgefahren. Der meiste Abfall, fast 150 Millionen Tonnen im Jahr, kommt aus den Gewerbebetrieben und aus der Industrie. Zu diesem **Gewerbeabfall** gehören Bauschutt, Abraum, Asche und Schlacken. Auch *Klärschlamm,* der bei der Abwasserreinigung anfällt, muß beseitigt werden. Besonders gefährlich ist der **Sondermüll** aus chemischen Industrien und Atomkraftwerken. Sondermüll besteht aus giftigen und gefährlichen Abfällen.

Da von dem Müll gesundheitliche Gefahren ausgehen können, wird dieser auf verschiedene Weise beseitigt. Bei der Ablagerung auf **geordneten Müllkippen** sorgt man für eine Abdichtung des Untergrunds, damit keine Giftstoffe in das Grundwasser gelangen können. Erst dann wird der Müll zu einer 2 bis 3 Meter dicken Schicht aufgefahren, gepreßt und sofort mit einer Erdschicht abgedeckt. Dadurch vermeidet man Brandgefahr, Geruchsbelästigung, Umherfliegen von Abfällen und Ausbreitung von Ungeziefer. Kostspieliger ist die Beseitigung des Mülls durch *Müllverbrennung.* Bei der *Müllkompostierung* dagegen wird ungiftiger Müll zerkleinert und von allen Stoffen befreit, die nicht von Bakterien zersetzt werden können. Durch ein besonderes Verfahren entsteht so aus Müll wertvoller Kompost.

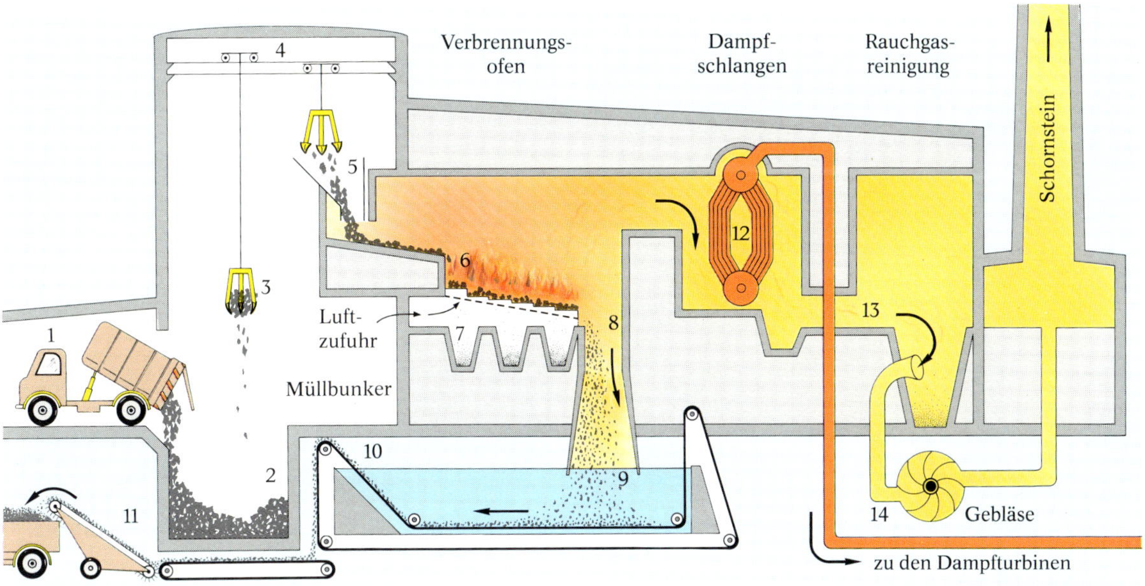

227.1. *Müllverbrennungsanlage* *(Schema)*

1. Jeder Bundesbürger erzeugt jährlich im Durchschnitt 300 kg Hausmüll. Dieser setzt sich wie folgt zusammen: 75 kg Papier, Pappe; 68 kg Asche, Kehricht; 63 kg Metall, Blech, Steingut, Porzellan; 37 kg Küchenabfälle; 32 kg Glas; 14 kg Textilien, Leder, Gummi; 11 kg Kunststoffe. – Veranschauliche die Zahlen in Form eines Säulendiagramms! Was fällt dir auf?

2. Wieviel muß euer Haushalt jährlich für die Müllbeseitigung bezahlen? – Vergleiche diese Ausgaben mit den Angaben auf Seite 226!

3. Mache Vorschläge, wie man den Müllabfall einschränken könnte!

4. Abfälle lassen sich wieder verwenden! Nenne Beispiele!

5. Beschreibe die Beseitigung von Müll auf einer geordneten Müllkippe! Siehe Abbildung 226.1.!

6. Beschreibe die Abbildung 227.1.!

7. Beschreibe die Abbildung 227.2.!

227.2. *Müllverbrennungsanlage*

Heizgas aus der Müllkippe

... Auch das neue Verwaltungsgebäude der Kreisverwaltung kann den gesamten Bedarf an Heizenergie aus der zentralen Müllkippe des Landkreises beziehen. Seit Anfang des Jahres wird das Verwaltungsgebäude mit Methangas aus der Deponie beheizt. Es kommt aus einer bereits vollgeschütteten und für die Bepflanzung vorbereiteten Ecke des Müllabladeplatzes. Dort wurden vier Schächte von je zehn Metern Tiefe und zwei Meter Durchmesser ausgehoben und mit Gesteinsbrocken gefüllt. Aus diesem Brunnen werden pro Tag bis zu 500 Kubikmeter Methan abgesaugt, die bei der Verrottung des Mülls entstehen. Die Verwaltung hofft, etwa 20 Jahre lang Gas aus dem verrotteten Müll zu gewinnen ...

(Zeitungsmeldung vom 10. 6. 81)

228.1. Luftverschmutzung durch Autoabgase

1. Welchen Gefahren sind diese Kinder ausgesetzt?

228.2. Luftverschmutzung durch Industrieabgase

2. Kennst du ähnliche Beispiele? Berichte darüber! Nenne Gefahren, die von Abgasen ausgehen!

5. Luftverschmutzung und Luftreinhaltung

Alle zwei Jahre müssen Autos dem Technischen Überwachungsverein, dem TÜV, vorgeführt werden. Dieser überprüft die Verkehrssicherheit der Wagen. Bei der Untersuchung der Auspuffgase stellt er fest, ob der Motor richtig eingestellt ist. Die Abgase dürfen einen bestimmten Anteil schädlicher Stoffe nicht überschreiten. Bei der Verbrennung des Kraftstoffs entsteht nämlich unter anderem das giftige Gas *Kohlenstoffmonoxid.* Wenn beim Wagen jedoch nichts zu beanstanden ist, erhält das Nummernschild für zwei weitere Jahre die Zulassungsplakette.

Einmal im Jahr kommt der Schornsteinfeger in alle Haushalte, deren Heizung mit Öl versorgt wird. Er will jedoch nicht den Kamin fegen, sondern das Abgas im Ofenrohr zum Schornstein überprüfen. Dazu besitzt er spezielle Meßgeräte. Wenn das Abgas zum Beispiel zu viel Ruß mit sich führt, muß der Heizungsmonteur den Brenner richtig einstellen.

Diese Beispiele zeigen dir, wie man durch regelmäßige Kontrollen erreichen möchte, die Luftverschmutzung möglichst gering zu halten. Aber nicht nur der Kraftfahrzeugverkehr und die Hausbrandfeuerung verursachen die Luftverschmutzung. Hinzu kommen die vielen verschiedenen Betriebe und Industrien. Aus ihren Schornsteinen entweichen zum Teil giftige Abgase, zum Beispiel das *Schwefeldioxid,* sowie Staub und Ruß. Besonders in Industriegebieten macht sich die Luftverschmutzung bemerkbar. Dort bilden die Abgase manchmal eine so dichte Dunstglocke, daß die Sonne kaum hindurchzudringen vermag.

Von all diesen Abgasen und Stäuben gehen gesundheitliche Gefahren für den Menschen und für die Tiere aus. Pflanzen, die Schwefeldioxid ausgesetzt sind, beginnen sich zu verfärben und sterben schließlich ab. Menschen, die das farb- und geruchlose Kohlenstoffmonoxid einatmen, bekommen Atembeschwerden. Schon geringe Mengen führen zu Kopfschmerzen, Ermüdung und Übelkeit.
Besonders gefährlich ist die **Bleiverschmutzung** der Luft. Sie wird durch Verbrennung von Benzin im Motor verursacht. Dabei gelangt feiner Bleistaub mit den Auspuffgasen ins Freie.

229.1. Schadwirkung durch Industrieabgase

3. Beschreibe die Schadwirkung durch Abgase, wie sie bei Pflanzen zu beobachten ist!

229.2. Schadwirkung durch Industrieabgase

4. Beschreibe die Schadwirkung und nenne die Ursachen! Siehe hierzu auch den Zeitungsbericht!

Auch aus den Schornsteinen von Hüttenwerken, die Blei produzieren, entweicht bleihaltiger Staub. Er setzt sich auf den Pflanzen ab. Tiere nehmen diesen zusammen mit dem Futter auf. Auch Menschen sind gefährdet, wenn sie bleihaltiges Gemüse und bleihaltiges Obst essen. Das Blei gelangt in das Blut und wird vom Körper gespeichert. Es verursacht bei Tieren und Menschen Vergiftungserscheinungen. Atmungsorgane, Gelenke, Haut- und Verdauungsorgane erkranken. Als im Jahre 1972 in der Nähe einer Bleihütte plötzlich 130 Rinder auf der Weide starben, stellte man als Todesursache eine Bleivergiftung fest.

In gefährdeten Gebieten wird die Luft daher ständig überwacht. Automatisch arbeitende Meßstationen messen die Anteile verschiedener gas- und staubförmiger Schadstoffe in der Luft. Sie geben die ermittelten Werte an eine Zentrale weiter. Diese wertet die Ergebnisse ständig aus und ermittelt die Verursacher gefährlicher Luftverschmutzung. Mit einem solchen Luftüberwachungsdienst hofft man, Gefahren für Mensch, Tier und Pflanze zu verhindern.

Gefährlicher Bleistaub

Frau Peters, die in dem kleinen Ort B. wohnt, hat zwar nur 3 Personen zu versorgen, doch kochen muß sie für vier. Die Extra-Portion kommt nicht auf den Tisch, sondern in das Labor einer Untersuchungs- und Forschungsanstalt. Zusammen mit 19 weiteren Familien dienen die Angehörigen der Familie Peters als Testpersonen. Ihre Nahrung wird auf Bleigehalt untersucht. Man will feststellen, wie stark die Einwohner von B. durch Abgase der benachbarten Blei- und Silberhütte und durch den Staub der Schlackenhalde gefährdet sind.

Im Jahre 1980 stellte man bei ärztlichen Untersuchungen bei jedem 10. Schüler einen überdurchschnittlich hohen Bleigehalt im Blut fest. Die Kinder kamen daraufhin zur Kur auf eine Nordseeinsel. Über 2000 Liter Wein mußten vernichtet werden, da dieser zu viel Blei enthielt. In einem Kilogramm Petersilie fanden Wissenschaftler bis zu 56 Milligramm Blei. Damit enthielt diese Pflanze, die gern bei der Zubereitung von Speisen verwendet wird, etwa 50mal mehr Blei als zulässig ist. Das Gesundheitsamt hat empfohlen, in den Wohnungen jedes Aufwirbeln von Staub zu vermeiden.

(Aus einer Wochenzeitschrift)

230.1. Naturlandschaft

1. Beschreibe die Naturlandschaft! Welche Merkmale erkennst du?

6. Der Mensch und sein Lebensraum

6.1 Der Mensch gestaltet seine Umwelt

Betrachtest du deinen Wohnort auf der Landkarte, so findest du in dessen Umgebung Dörfer, Kleinstädte und manchmal auch Großstädte. Sie alle sind verbunden durch Straßen, Autobahnen und Eisenbahnlinien. Das war nicht immer so. Noch vor 100 Jahren war unsere Landschaft dünn besiedelt. Vor 4000 Jahren lebten sogar nur etwa 60 Millionen Menschen auf der ganzen Erde. Das waren etwa so viele Menschen, wie heute allein in der Bundesrepublik Deutschland leben. Wälder und Moore bedeckten damals unser Land. Als die Menschen seßhaft wurden, begannen sie, diese **Naturlandschaft** zu verändern. Sie rodeten Wälder und entwässerten Moore, um Siedlungen, Felder und Wiesen anzulegen.

Die Bevölkerung wuchs ständig. Immer mehr Land wurde für Siedlungen und Straßen benötigt. Immer mehr Fläche wurde für den Anbau von Getreide, Rüben und Kartoffeln genutzt. Auf diese Weise entstanden großflächige **Monokulturen.** Das sind Flächen mit immer nur einer Pflanzenart: Weizen, Roggen, Gerste, Hafer, Raps, Zuckerrübe oder Kartoffel. Selbst Wälder, die wieder aufgeforstet wurden, bestehen nur noch aus einer Baumart. Es sind Fichtenwälder oder Kiefernwälder. Die ursprüngliche Naturlandschaft wurde bei uns zu einer **Kulturlandschaft.**

Auch diese Kulturlandschaft wird weiter ausgestaltet. Immer mehr Wohngebäude, Fabriken, Industrieanlagen und Verkehrswege verändern das Landschaftsbild. Für die ständig zunehmende Anzahl der Menschen müssen immer mehr Nahrungsmittel und Verbrauchsgüter des täglichen Bedarfs geschaffen werden. Zur Zeit gibt es auf der Erde fast 4,5 Milliarden Menschen. Im Jahre 2000 werden es über 7 Milliarden sein. Immer mehr Menschen müssen auf der gleichen Fläche leben.

Bei uns lebt der größte Teil der Bevölkerung in Klein- und Großstädten. In manchen dieser **Stadtlandschaften** fühlen sich die Bewohner nicht wohl. Ihnen fehlt dort eine Umgebung mit Wäldern, Wiesen, Feldern und Gewässern. Die

231.1. Kulturlandschaft

2. Beschreibe die Kulturlandschaft! Welche Merkmale stellst du fest?

Städteplaner bemühen sich daher heute, gesunde **Wohnlandschaften** zu schaffen mit Rasenflächen, Blumenbeeten, Baumgruppen, Teichen und Kinderspielplätzen. Solche Wohnlandschaften bieten Abwechslung und Möglichkeiten zur Erholung.
Dennoch vermissen viele Städter eine Landschaft in unmittelbarer Nähe, in der sie sich erholen können. Sie fahren daher am Wochenende häufig in eine Gegend, wo sie wandern, schwimmen, klettern oder auf einem „Trimm-Dich-Pfad" den Körper leistungsfähig erhalten können.

3. Beschreibe, wodurch sich eine Naturlandschaft von einer Kulturlandschaft unterscheidet! Siehe hierzu auch Abbildung 205.1.!

4. Nenne Merkmale einer Stadtlandschaft!

5. Beschreibe die Umwelt des Menschen, der entweder vorwiegend in der Stadt lebt oder der vorwiegend auf dem Lande lebt! Vergleiche!

231.2. Stadtlandschaft

232.1. Weißstorch in einem Feuchtgebiet

232.2. Weißstörche im Horst

1. Vorkommen von Weißstörchen in Baden-Württemberg in Paaren: 150 (1955); 145 (1960); 68 (1965); 35 (1970); 15 (1975). Ähnliche Ergebnisse liegen aus anderen Gebieten vor. Vergleiche die Zahlenangaben! Finde eine Erklärung für die unterschiedlichen Angaben! – Zeichne die Zahlen als Säulendiagramm!

6.2. Gefährdung der Wildtiere durch den Menschen

Du hast sicher schon *Schwalben* beobachtet und dich an ihren Flugkünsten erfreut. Wirst du das auch in Zukunft noch tun können? Schwalben kommen in der Nähe von Menschen vor. Sie sind *Kulturfolger*. Zu ihrem Lebensraum gehören Gebäude in vorwiegend ländlichen Gebieten. Dort nisten sie an den Außenwänden von Ställen und Wohngebäuden oder in den Ställen selbst. *Rauchschwalben* zum Beispiel bauen ihre Nester am häufigsten in Kuhställen. Dort finden sie Rindermist zum Nestbau sowie Insekten als Nahrung und zur Aufzucht der Jungen. Die Rinderhaltung hat aber in den letzten Jahren abgenommen. Auch die Anzahl der landwirtschaftlichen Betriebe ist von Jahr zu Jahr zurückgegangen. Überall dort, wo als Folge davon die Dörfer stadtähnlicher wurden, ist die Anzahl der Schwalben daher deutlich geringer geworden. Daraus können wir entnehmen: Wenn der Mensch seinen Lebensraum verändert, dann entscheidet er auch über das Leben der dort vorkommenden Lebewesen.

Weißstörche siehst du bereits viel seltener als Schwalben. Sie ernähren sich von Fröschen, Kröten, Molchen, Mäusen, Insekten, Regenwürmern und anderen Kleintieren, die sie vor allem auf nassen Wiesen und Weiden finden. Durch **Entwässerung von Feuchtgebieten** haben wir den Störchen in vielen Gegenden die Lebensgrundlage genommen. Sie finden nicht mehr genügend Nahrung. Alt- und Jungstörche verhungern. Auf diese Weise hat die Anzahl der Weißstörche in den letzten Jahrzehnten so stark abgenommen, daß ihr Bestand in Deutschland gefährdet ist.

Auch *Fischotter* leben in Feuchtgebieten. Sie brauchen ungestörte und saubere Gewässer. Die Ufer müssen bewachsen und zerklüftet sein, damit sie dort Unterschlupf finden und in einer selbstgegrabenen Burg ihre Jungen großziehen können. Neben Fischen, Schnecken, Fröschen und Wasserinsekten jagen sie Mäuse und Ratten. Durch die **Zerstörung ihrer Lebensräume** ist die Anzahl der Fischotter in der Bundesrepublik Deutschland auf etwa 200 Tiere zurückgegangen. Einige geraten auch in Fisch-

233.1. Laichplatz von Kröten

2. Menschen schütten Teiche und Tümpel zu und legen Feuchtgebiete trocken. – Nenne Tiere, die dadurch gefährdet werden! Begründe!

233.2. Kröten auf der Wanderung zum Laichplatz

3. Auf den Straßen findet man oft Tiere als Opfer des Verkehrs. – Nenne Beispiele! Berichte darüber, wie es vermutlich dazu gekommen ist!

reusen und verenden dort. Bei ihren nächtlichen Jagdzügen überqueren sie manchmal Straßen und werden dabei von Kraftfahrzeugen überfahren.

Opfer des Verkehrs werden auch viele andere Tiere. Zu diesen gehören die *Igel*. Diese nächtlich aktiven Tiere suchen mit Vorliebe die toten Insekten von der Straße. Naht ein Auto, rollen sie sich vor der drohenden Gefahr zusammen. Dieses angeborene Verhalten schützt sie in ihrem natürlichen Lebensraum vor Feinden. In dieser besonderen Situation aber führt das Verhalten häufig zum „Verkehrstod“. – Ähnlich ergeht es den *Kröten*, die im Frühjahr auf ihren meist nächtlichen Wanderungen zu den Laichgewässern Straßen überqueren und dabei überfahren werden.

4. Manche Wildtiere werden Opfer der Mode. – Berichte über einige Beispiele!

5. Nenne Beispiele, wie Wildtiere durch den Menschen in ihrem Bestand gefährdet werden!

Wale vom Aussterben bedroht!

Im Jahre 1981 tagte die „Internationale-Walfang-Kommission“. Sie beriet darüber, wie man die Wale vor dem Aussterben bewahren kann. In der Vergangenheit erlegten die Walfänger mehr erwachsene Tiere als Nachkommen vorhanden waren. Allein die Bundesrepublik Deutschland, die keine Walfangflotte besitzt, führt zur Zeit jährlich Walprodukte von etwa 4000 Walen ein. Vom Wal verwendet der Mensch nämlich nahezu alles. Aus dem Speck wird Walöl gewonnen. Es findet Verwendung bei der Herstellung von Margarine, in der Farbstoff- und Waschmittelindustrie. Walfleisch ist häufig im Futter von Hunden und Katzen enthalten. Auch die Nerze in den Pelztierfarmen erhalten häufig Walfleisch als Futter. Selbst die Knochen und übrigen Reste werden zu „Fisch“-Mehl verarbeitet und als Tierfutter verwendet.
Diese **Übernutzung** des Wales hat fast zu seiner Ausrottung geführt. Die Kommission hat daher jährliche Fangzahlen festgelegt, um so die Wale vor dem Aussterben zu schützen.

234.1. Landschaftsschutzgebiet. *Hier sind alle Maßnahmen untersagt, die den gegenwärtigen Zustand verändern könnten.*

1. Beschreibe das abgebildete Landschaftsschutzgebiet! Nenne auffällige Merkmale!

2. Welche Landschafts- oder Naturschutzgebiete gibt es in deiner Nähe? Berichte darüber!

6.3. Wie können wir Pflanzen und Tiere schützen?

Manchmal lesen wir in der Zeitung, daß sich Naturschützer für selten gewordene Pflanzen und Tiere einsetzen. So bewachen sie zum Beispiel den Horst von einem *Wanderfalken*, wenn dieser brütet und seine Jungen großzieht. Auch hindern sie Schaulustige daran, in die Brutkolonien von *Graureihern* vorzudringen. Sie wollen damit Tierarten, die vom Aussterben bedroht sind, vor dem Menschen schützen! Leider gibt es immer wieder Menschen, die sich aus Neugier den Nestern von Vögeln nähern. Die Vögel werden dadurch beunruhigt und kehren schließlich nicht mehr zu ihrer Brut zurück. Besonders verwerflich ist es, wenn Nester geplündert oder Jungvögel mit nach Hause genommen werden.

Daher ist es wichtig zu wissen, daß es **Naturschutzgesetze** gibt. Diese enthalten Bestimmungen, die jeder von uns beachten sollte. Es werden dort Tier- und Pflanzenarten genannt, die *geschützt* sind. Einige davon siehst du auf der folgenden Seite abgebildet. Die Pflanzen zum Beispiel dürfen weder gepflückt noch ausgegraben und von ihrem Standort entfernt werden. Die geschützten Tiere darf man weder mutwillig beunruhigen noch jagen, fangen oder töten. Wer dagegen verstößt, kann bestraft werden.

Naturschutzbehörden und Polizei überwachen die Einhaltung der Bestimmungen. Mitglieder von *Naturschutzvereinen* und der *Naturschutzwacht* unterstützen sie dabei. Auch du kannst Mitglied in einem Naturschutzverein werden und dich für die Erhaltung der Natur einsetzen.

Oft hat es wenig Zweck, einzelne Tiere oder Pflanzen zu schützen. Wenn zum Beispiel ein Teich zugeschüttet wird, in dem noch *Kreuzkröten* vorkommen, dann nimmt man ihnen die Lebensgrundlage. Sie sterben dort aus. Die Gesetze schützen daher auch die Lebensräume gefährdeter Pflanzen und Tiere. Diese Gebiete sind durch Schilder gekennzeichnet mit der Aufschrift: **Landschaftsschutzgebiet; Naturschutzgebiet.**

235.1. ***Geschützte Tiere.*** *1 Fischotter; 2 Auerhuhn; 3 Blindschleiche; 4 Kreuzkröte; 5 Weinbergschnecke; 6 Rote Waldameise*

235.2 Geschützte Pflanzen. *1 Bleiches Waldvöglein; 2 Türkenbund; 3 Rundblättriger Sonnentau; 4 Akelei; 5 Teichrose; 6 Hirschzunge*

Wandertag in ein Naturschutzgebiet

Unser letzter Wandertag fand an einem heißen Julitag statt. Wir wanderten in ein nahegelegenes **Naturschutzgebiet.** Es war durch ein grün umrandetes „Achtung-Schild“ gekennzeichnet, auf dem auf weißem Grund ein fliegender Seeadler abgebildet war. Unser Lehrer wies uns darauf hin, daß wir hier keine Pflanzen abreißen dürften und uns leise verhalten sollten. Auch sollten wir auf dem Weg bleiben; denn in einem Naturschutzgebiet kommen *seltene Tier- und Pflanzenarten* vor. Sie stehen unter Naturschutz, damit ihr Bestand erhalten bleibt.
Wir kamen durch einen Buchenwald. Plötzlich rief Peter: „Seht mal, lauter Maiglöckchen!“ Nanu, Maiglöckchen mitten im Sommer? Unser Lehrer half uns: „Schlagt einmal euer Bestimmungsbuch auf und vergleicht die Pflanzen mit den Abbildungen auf Seite 186!“ Schnell hatten wir den Namen gefunden: *Bleiches Waldvöglein*, ein Orchideengewächs. „Vollkommen geschützt“ hieß es dort weiter. Jetzt wußten wir es: Diese seltene Orchideenart war nicht nur in dem Naturschutzgebiet geschützt, sondern überall, wo sie noch vereinzelt vorkommt. – Bei unserer Rast sprang Uta auf und schrie: „Eine Schlange, eine Schlange!“ Wir sahen uns das Tier gemeinsam an. Es war nur eine „harmlose“ *Blindschleiche*, eine „Echsenart ohne Beine“, wie unser Lehrer sagte. Auch diese Tierart steht unter Naturschutz. Henning hielt dieses Erlebnis für uns alle auf einem Foto fest. So hatten wir ein schönes Erinnerungsfoto.

236.1. *Farnwedel.* *Abdruck einer über 300 Millionen Jahre alten Pflanze im Erdaltertum, die heutigen Arten ähnelt.*

236.2 *Ammonshorn.* *Versteinertes Gehäuse eines meeresbewohnenden Tieres im Erdmittelalter vor etwa 160 Millionen Jahren.*

236.3. *Urvogel.* *Versteinertes Skelett mit kriechtier- und vogelähnlichen Merkmalen; lebte vor etwa 140 Millionen Jahren im Erdmittelalter.*

6.4. Ausgestorben – ausgerottet – wiedereingebürgert

In Steinbrüchen und Tongruben kann man versteinerte Pflanzen und Tiere finden, die vor vielen Millionen Jahren in unserer Gegend lebten. So hat man zum Beispiel in einem Kalksteinbruch bei Solnhofen, einem Ort in Bayern, das Skelett eines *Urvogels* entdeckt. Dieser gilt als Vorfahre unserer heutigen Vögel. Der Urvogel lebte vor etwa 140 Millionen Jahren. Er besaß noch Merkmale von Kriechtieren und Vögeln, zum Beispiel einen Schnabel mit Zähnen und ein Federkleid. Weitere Beispiele solcher **Fossilien** geben uns Hinweise, wie es in den verschiedenen Zeitaltern der Erdgeschichte auf der Erde ausgesehen hat. Vielleicht hast du schon einmal die *naturhistorische Abteilung* eines Museums besucht und dabei die vielen verschiedenen Fossilien bewundert. Alle diese Lebewesen sind im Laufe der Erdgeschichte ausgestorben, da sich ihre Umwelt grundlegend veränderte.

Auch heute sterben Pflanzen und Tiere aus. Insbesondere der Mensch trägt zur Ausrottung vieler Lebewesen bei, weil er die Umwelt verändert und diesen Lebewesen die Lebensgrundlage nimmt. Den *Kranich* zum Beispiel sehen und hören wir meist nur noch auf dem Durchzug zu seinem Winterquartier in Afrika oder zu seinem Sommerquartier in Skandinavien. Er liebt ausgedehnte Moore, Sümpfe und feuchte Wiesen und verträgt keine Störungen durch den Menschen. Diese Umwelt findet er heute bei uns nicht mehr vor. Ähnlich wie dem Kranich ist es vielen anderen Tierarten ergangen. Auch manche Pflanzenarten blieben nicht davon verschont. Einige Tierarten sind durch rücksichtslose Jagd ausgerottet worden. So finden wir Wisent, Braunbär, Wolf, Wildpferd und Elch nur noch in Tiergärten.

Gegenwärtig versucht man, bei uns ausgestorbene oder selten gewordene Tierarten auszusetzen und damit wieder einzubürgern. Dazu gehören Uhu, Auerhuhn und Fischotter.

237.1. Lebensraum des Bibers

237.2. Der Biber, ein Nagetier

237.3. Wisente in einem Gehege

1. Welche ausgestorbenen Lebewesen kennst du? Wann lebten diese? – Hinweise erhältst du zum Beispiel in naturhistorischen Museen.

2. Nenne verschiedene Ursachen, die zum Aussterben von Lebewesen führen können!

3. Berichte über die nebenstehende Zeitungsmeldung! Denke dabei an: Tierart, Lebensweise, Lebensraum, Versuche zur Wiedereinbürgerung!

Niedersachsens neue Biber stammen aus Masuren

In Niedersachsen leben wieder Biber. Drei Paare hat das Institut für Wildbiologie und Jagdkunde der Universität Göttingen in einem Naturschutzgebiet im nördlichen Niedersachsen in der Nähe extrem sauberer Bäche ausgesetzt. Die sechs Versuchsbiber stammen aus Masuren. Die niedersächsischen Biber wurden 1819 ausgerottet.

Für die Wiedereinbürgerung dieser Tierart wurden bewußt Biber aus Polen gewählt. Sie leben etwa auf der gleichen geographischen Breite, wie sie das niedersächsische Ansiedlungsgebiet aufweist. Das bedeutet, daß sie im nördlichen Niedersachsen die gleichen Tag-Nacht-Verhältnisse vorfinden wie in ihrer bisherigen Heimat.

Alle drei Paare haben sich im Aussetzungsbereich angesiedelt. Leider ist ein Tier eingegangen. Von den beiden anderen Paaren wird erwartet, daß sie in diesem Frühjahr je zwei bis drei Junge aufziehen. Man rechnet nicht damit, daß die Biber ernsthafte Schäden anrichten werden. Die Hölzer, die sie durchnagen und für den Bau ihrer Burgen verwenden, sind zumeist ohne forstliche Bedeutung. Zudem entsteht Raum für den Aufwuchs von Gräsern und Kräutern, die für viele andere Tierarten von großem Nutzen sind.

(Zeitungsmeldung aus dem Jahr 1981)

Register

*Fette Seitenzahlen weisen auf ausführliche Behandlung im Text hin; ein * hinter den Seitenzahlen verweist außerdem auf Abbildungen; f. = die folgende Seite; ff. = die folgenden Seiten.*

A

B

C

D

E

F

T

U

V

W

Z

Esche
Schwarzer Holunder
Robinie